高等学校"十四五"农林规划新形态教材

Animal Physiology
Laboratory Manual

动物生理学实验
（第3版）

主　编　李大鹏　肖向红

副主编　汤　蓉　柴龙会

编　者（按姓氏拼音排序）

柴龙会（东北林业大学）　　　　陈胜锋（佛山科学技术学院）

陈　韬（湖南农业大学）　　　　杜　荣（山西农业大学）

郭慧君（山东农业大学）　　　　何玉琴（甘肃农业大学）

李大鹏（华中农业大学）　　　　李　莉（青海大学）

秦　健（山西农业大学）　　　　曲宪成（上海海洋大学）

汤　蓉（华中农业大学）　　　　王丙云（佛山科学技术学院）

王春阳（山东农业大学）　　　　翁　强（北京林业大学）

肖向红（东北林业大学）　　　　徐在言（华中农业大学）

杨秀平（华中农业大学）　　　　张晶钰（东北林业大学）

高等教育出版社·北京

内容简介

　　《动物生理学实验》(第3版)是新形态教材《动物生理学》(第3版)的配套教材。在第2版基础上调整了教材内容结构,新增了数字资源,丰富了综合性和设计性实验内容,强化了对实验基础技能、科学逻辑思维和实践创新能力的培养要求。

　　本书包括总论、基础性实验和综合设计性实验三大部分,实验内容涉及九大器官系统,实验动物对象包括蛙、兔、鼠、鱼及禽畜类等脊椎动物,为不同层次、不同教学条件的学校开展动物生理学实验教学提供了多样化的选择。本书配套有丰富的数字资源,包括实验操作视频和示范录像、教学课件、拓展知识等多种资源,既能帮助教师做好课前准备以提高实验教学质量,又能为学生自主性学习提供必要的参考资料。

　　本书主要面向全国高等农林、水产院校的动物生产类、水产类、动物医学类、野生动物与自然保护区管理及生物技术等专业的本科生,也可作为综合、师范院校生物类专业本科生、研究生教学用书和科技工作者进行科学研究的参考书。

图书在版编目(CIP)数据

　　动物生理学实验 / 李大鹏,肖向红主编 .--3 版 .
-- 北京:高等教育出版社,2022.2(2023.12 重印)
　　ISBN 978-7-04-056193-7

　　Ⅰ. ①动… Ⅱ. ①李… ②肖… Ⅲ. ①动物学 – 生理学 – 实验 – 高等学校 – 教材 Ⅳ. ① Q4-33

　　中国版本图书馆 CIP 数据核字(2021)第 112491 号

Dongwu Shenglixue Shiyan

策划编辑 单冉东 张 磊　　责任编辑 张 磊　　封面设计 王 鹏　　责任印制 刁 毅

出版发行	高等教育出版社	网　址	http://www.hep.edu.cn
社　址	北京市西城区德外大街4号		http://www.hep.com.cn
邮政编码	100120	网上订购	http://www.hepmall.com.cn
印　刷	北京市鑫霸印务有限公司		http://www.hepmall.com
开　本	850mm×1168mm　1/16		http://www.hepmall.cn
印　张	17.75	版　次	2004 年 2 月第 1 版
字　数	385 千字		2022 年 2 月第 3 版
购书热线	010-58581118	印　次	2023 年 12 月第 3 次印刷
咨询电话	400-810-0598	定　价	39.00 元

本书如有缺页、倒页、脱页等质量问题,请到所购图书销售部门联系调换
版权所有　侵权必究
物料号　56193-00

数字课程（基础版）

动物生理学实验

（第3版）

主编　李大鹏　肖向红

Abook

动物生理学实验（第3版）

　　本数字课程与纸质教材紧密配合，一体化设计，包括教学课件、拓展知识、常见问题和思考题解析等内容，另有实验操作视频和示范录像、知识点动画示意等数字资源以二维码形式展现，充分运用多种形式的媒体资源，为师生提供教学参考。

用户名：＿＿＿＿　密码：＿＿＿＿　验证码：＿＿＿＿　**5 3 6 0**　忘记密码？　**登录**　注册

http://abook.hep.com.cn/56193

扫描二维码，下载Abook应用

第3版前言

《动物生理学实验》（第3版）是新形态教材《动物生理学》（第3版）的配套教材。这本实验教材是在我们建设"动物生理学"国家级精品资源共享课、国家级线上一流课程、国家级线上线下混合式一流课程的过程中，经历了长期课程教学改革研究与实践，由10所高等农林、水产院校18位多年从事动物生理学教学和科研的一线教师，逐步积累编写修订而成，进一步强化实践能力和创新精神的培养，主动适应新时代高校实验教学改革的要求。

修订后全书分为三个部分：第一部分总论，为一般性实验技术、技能的训练及重要的仪器设备的应用；第二部分基础性实验，包括细胞、血液、血液循环、呼吸、消化、能量代谢与体温、泌尿与渗透压调节、神经与感觉、生殖内分泌等生理内容的实验项目，着重训练学生实践动手和观察分析的能力，加强学生对动物生理现象和机制的本质理解；第三部分为涉及多个组织、器官、系统的综合性和设计性实验，使学生能进一步理解动物各种生理活动的特征及内在相互联系的功能关系，建立生命活动整体观，培养学生的科学逻辑思维方式和科学探索精神，提升解决复杂问题的能力。

与纸质教材配套的数字课程和二维码资源网站提供了实验操作视频和示范录像、知识点动画示意、教学课件、拓展知识、常见问题和思考题解析等内容。实验操作视频和示范录像对动物生理学基本实验操作进行了清晰详细的讲解，以便规范实验操作、加强能力训练和提高实验教学质量。拓展知识对纸质教材中总论及各实验项目涉及的知识内容进行了拓展性说明，提供了必要的实验背景资料、关键技术、容易进入的误区的提示与说明。丰富的数字资源既帮助教师及早做好课前准备，以提高课堂教学质量，又对学生的实验自学、开展科技创新性实验训练提供必要的参考资料。

本书主要面向全国高等农林、水产院校的动物生产类、水产类、动物医学类、野生动物与自然保护区管理及生物技术等专业的本科生，也可作为综合、师范院校生物专业的本科生、研究生教学用书和科技工作者进行科学研究的参考书。

本书在编写过程中受到所在高校各方面的大力支持，特别要感谢张桂蓉高级工程师、张曦博士和张霞高级工程师参与实验操作视频和示范录像的录制工作，感谢张曦博士和祝东梅博士校阅部分教材样稿。由于我们的水平有限，书中难免有些错误，我们恳切希望专家、读者能对此书提出宝贵意见，以便再版时改进。

编　者

2021 年 10 月于武汉

第 2 版前言

  《动物生理学实验》(第 2 版)是面向 21 世纪课程教材《动物生理学》(第 2 版)的配套教材。这本实验教材是我们经历了一段面向 21 世纪教育教学改革研究与实践之后，对现代教育教学人才培养的思想有了一定认识的基础上进行编写的。其内容和思路反映出我们开始注意到了对学生实践能力和创新意识的培养，加强了基本技术的训练；增加和设置了一些综合性和设计性实验的内容。

  《动物生理学实验》(第 2 版)分三个部分：第一部分总论，为基础性实验技术、技能的训练及重要的仪器设备的应用。第二部分各论是经典的基础性和综合性实验(两个或多个生理指标的同时观察、记录)，对学生进行生理学实验技能与技术、分析问题能力的训练；配合各章内容而设置的设计性实验，能引导学生发散思维或反向思考，自发提出新的观测点的设计。第三部分为综合设计性实验和实验新技术，是一些涉及多个组织、器官、系统的综合性实验，通过实验观察、综合比较，使学生能进一步理解各研究对象的生命活动特征和相互制约的功能关系，建立生命活动整体性观点；利用不同学科的实验方法来研究生理学上的一个问题，达到相互佐证，得出较为全面、正确的结论；多个学科中方法相似、理论相关的实验有机地结合，从不同角度解释机体的机能性活动；拟提高学生观察、分析、综合、独立思考和解决问题的能力，培养辩证、科学的逻辑思维方式，培养学生科学研究的兴趣和能力。该书在第 1 版基础上削减了陈旧过时的仪器设备的使用和介绍以及陈旧、不必要的经典实验，增加并介绍了较能普遍应用于生理学研究中的现代生物实验技术及其实验。

  书后附有学习卡，能引导学生进入《动物生理学实验》资源网站进行学习。该网站不仅提供了《动物生理学实验》示范教学录像，对动物生理学基本实验操作和经典实验步骤进行了简略的示范，以便规范实验操作、加强能力训练和提高实验教学质量；还以 Word 文档格式对纸质教材中的总论及各论中相应的内容进行了进一步的深入与拓展性的说明，提供必要的实验背景资料、关键技术、容易进入的误区的提示与说明，提出教学建议，使教师能及早做好课前准备，以提高课堂教学质量；对学生的自学、开展科技创新性研究提供必要的参考资料。

  该书由 6 所高等农林水产院校 16 位教师参加编写，他们多年从事于动物生理学教学，工作于科学研究第一线。他们丰富的教学和科学研究实践经验及认真的工作态度，是本书质量的保证。在编写的过程中充分注意和综合了各校的专业特点和长处，并进行了大致的分工：华中农业大学负责第 1、2、3、5、6、7、9、10、11、13、14、15 章，上海海洋大学负责第 3、5、6、7、8 章，东北林业大学负责第 4、7、11、14、15 章，山东农业大学负责 3、8、11、14 章，广东佛山科学技术学院负责 3、10、12 章，山西农业大学负责 10、13 章。该书在编写过程中受到所在院校各方面的大力支持，特别要感谢梁宇君博士提供了宝贵的实验资料，张桂蓉、汤蓉女士参加了部分实验的教学录像。

  该书主要面向全国高等农林、水产院校的动物生产类(含畜牧、水产养殖、名贵经济动物养殖)、动物医学、野生动物与自然保护区管理、动物科学及生物技术等专业的本科学生。也可作为综合性大学、师范院校生物学专业本科生、研究生教学用书和科技工作者进行科学研究的参考书。

　　由于该书涉及多个学科和新的科学技术，因此对某一个概念的习惯性提法和理解的角度可能会有所差异，加之我们的水平有限，书中难免有些错误，我们恳切希望读者能对此书提出宝贵意见，以便再版时改进。

编　者

2009 年 3 月于武汉

第1版前言

随着高等农、林、水产院校本科生物系列课程教学改革的不断深入，"动物生理学"课程的教学内容、教学要求及教学设备有了很大的改变，急需编写一本既能满足高等农、林、水产院校等专业需要，又能适应现代科学技术发展水平的《动物生理学实验》教材。我们在编写面向 21 世纪课程教材《动物生理学》的基础上编写了与之相配套的《动物生理学实验》。

《动物生理学实验》和教材《动物生理学》一样具有适应面广、实用性强、结构系统完整、内容新颖和超前性的特点：

1. 该书的实验对象涉及鱼类、两栖类、鸟（禽）类、哺乳类等脊椎动物达 11 种之多，对 9 个器官系统遴选出 76 个实验，这对高等农、林、水产院校本、专科各专业的需要具有一定的选择余地；对其相关的动物生理的研究也具有较好的指导作用。

2. 该书以实验基本操作技术（包括动物的捉拿、固定、用药方法、麻醉、插管、手术、处死等）为基础；以现代电子科学技术，特别是计算机生物信号采集处理技术（包括刺激、换能、放大、显示、记录结果及处理等）为主要手段；以现代实验教学不仅是传授知识、验证理论，更为重要的是对学生能力、综合素质的培养为宗旨，加强了实验教学体系的理论教学内容，初步形成了独立的动物生理学实验教学体系。

该书对经典的生理实验内容进行了合理的保留和删节，增加了一些综合性实验和设计性实验，在此基础上还比较系统地介绍了生理科学研究、科学论文撰写的基本程序和要求，由浅入深，循序渐进。这对学生牢固掌握生理学理论，培养学生创造（新）性，提高学生自学和动手能力、综合分析思维能力等无疑是非常重要的。

该书由 5 所高等农、林、水产院校 14 位教师编写，南京农业大学韩正康教授担任顾问，中国农业大学乔惠理教授和大连水产学院桂远明教授担任审稿。他们中间既有多年从事动物生理学研究、理论和实验教学实践与改革的专家、教授，也有充实到动物生理学教师队伍中的青年教师。他们以老带新，以新促学，互教互学，合作统一。其大致的分工是：华中农业大学负责第 1、2、5、9、10、12 各章；东北林业大学负责第 4、7、11 各章；山东农业大学负责第 3、8、11 各章；上海水产大学负责第 1、3、6、8 各章；西北农林科技大学负责第 3、13 各章。

由于该书涉及多个学科和新的科学技术，因此对某一个概念的习惯性提法和理解的角度可能会各有所异，加之我们的水平有限，书中难免有些错误，我们恳切希望读者能对此书提出宝贵意见，以便再版时改进。

编　者

2003 年 7 月于武汉

目　　录

第一部分　总　　论

第二部分　基础性实验

第三部分　综合设计性实验

附　录

第一部分　总　论

第 *1* 章

绪 论

生理学是一门实验性学科，生理学的发展及其每一项新理论的建立都需借助大量的动物实验，并获得大量实验数据的支持。因此，学习动物生理学必须亲自动手做一做实验，才能更好地理解和掌握它的基本理论。

1.1　动物生理学实验及其方法

动物生理学实验是指利用一定的仪器设备和方法，人为地控制某些因素再现动物机体的某些生命活动过程，或将一些感官难以观察到的内在的、迅速而微小变化着的生命活动展现、记录下来，便于人们观察、分析和研究。

因为动物生理学是研究动物机体生命活动（机能）及其规律的一门科学，因此动物生理学实验的对象一般都是机能正常的"活体"，而且这种"活体"的特征在动物机体的整体、器官及细胞等不同水平上有不同的表现形式。

动物生理学实验方法一般根据动物的组织器官是在整体条件下进行实验，还是将其解剖取下置于人工环境条件下进行实验，可分为在体实验方法和离体实验方法。

1.1.1　离体实验方法

离体实验是根据实验目的和实验对象的需要，将所需的动物器官或组织按照一定的程序从动物机体上分离下来，置于人工环境中，设法在短时间内保持它的生理机能而进行研究的一种实验方法。此种方法的优点在于能摒弃组织或器官在体内受到的多种生理因素的综合作用，能比较明确地确定某种因素与特定生理反应的关系。但由于离体实验的实验对象已去除了整体时中枢神经的控制，故离体实验得出的结论还不能直接反映整体时的情况。

1.1.2　在体实验方法

在体实验是在动物处于整体条件下，保持欲研究的器官于正常的解剖位置或从体内除去（拟从反证的角度），研究动物或某器官生理机能的实验方法。在体实验又可分为活体解剖实验和慢性实验。

（1）活体解剖实验　在动物麻醉（或去除脑髓）的情况下，对其进行活体解剖，以便观察组织、器官机能在不同情况下的变化规律。这种方法比慢性实验方法简单，易于控制条件，有利于观察器官间的相互关系和分析某一器官机能活动过程与特点，但与正常机能活动仍有一定差别。

（2）慢性实验　使动物处于清醒状态，观察动物整体活动或某一器官对于体内情况或外界条件变化时的反应。在慢性实验前，首先必须对动物进行较为严格的消毒，根据实验目的要求，对动物进行一定处理，如导出或去除某个器官，或埋入某种药物、电极等。手术之后，使动物恢复接近正常生活状态，再观察所暴露器官的某些机能、摘除或破坏某器官后产生的生理机能紊乱等。

慢性实验以完整动物为实验对象，所取得的结果能比较客观地反映组织或器官在正常生活时的真实情况，比离体实验有更大的真实性，但由于动物处于体内各种因素综合控制下，因此，对于实验结果所产生原因比较难以确定。

由于离体实验和活体解剖实验过程不能持久，实验后动物往往不能存活，故又称为急性实验法。急性实验手术毋须进行严格的消毒。

当 21 世纪基因工程获得突飞猛进发展时，研究基因、蛋白质与细胞、组织、器官机能的关系，成为新时代生理学研究的新热点。

1.2 动物生理学实验课的教学内容和目的

动物生理学实验是高等农林、水产院校动物生产、动物医学、水产、动植物检疫、野生动物与自然保护区管理及生物技术专业本科必修的专业基础课，它将在理论上和实验技能上为后续课程的学习打下坚实的基础。

为适应现代教育、教学思想，融传授知识和能力培养为一体，动物生理学实验课除讲授经典的生理学实验外，还特别注重对学生获取知识的能力、观察分析问题的能力的训练，以及科学研究的实事求是作风、严肃认真的工作态度和团结协作精神的培养。因此动物生理学实验课拟使学生通过对经典生理学实验的学习，掌握动物生理学实验所用的仪器、设备的基本操作，熟悉和掌握动物生理学实验的基本技术，掌握观察、记录实验结果和收集、整理实验数据以及编辑实验曲线与图形的方法，学会撰写一般性的实验报告。

通过多个实验项目同时观察或综合性实验，进一步强化、规范实验操作，使学生掌握实验方法，重点培养学生分析、综合和逻辑推理的能力。

通过设计性实验的训练，促进学生创新思维的养成，使学生掌握实验设计的基本原理、原则，掌握撰写科学研究论文的基本方法，为今后进行科学研究打下良好的基础。

1.3 动物生理学实验课的要求

1.3.1 实验前

（1）仔细阅读教材中的有关内容，了解本次实验的目的、要求，充分理解本次实验的原理，熟悉实验项目、操作步骤和程序，了解实验的注意事项。

（2）结合实验阅读相关理论知识，必要时还需要查阅一定的资料，做到充分理解实验原理与方法，力求提高实验课的效果。

（3）预测本次实验结果，对预测的结果尽可能地作出合理的推测与解释；设计好实验原始记录表格。

（4）预估本次实验可能发生的问题，并思考解决问题的应急措施。

（5）有条件的，可利用本书提供的视频资料预习本次实验的技术操作要领。

1.3.2 实验中

（1）遵守实验室规则。实验台上不要放置与实验无关的物品，严禁实验过程中进食和饮水，杜绝危及安全和健康的隐患。

（2）爱惜实验动物和标本，使其保持良好的兴奋性；节约药品、水、电，确保实验完成。

（3）操作前注意倾听教师讲解的实验重点和操作要领，按程序正确操作仪器、手术器械，按实验步骤进行实验。

（4）认真观察和记录实验结果，并加上必要的标记、文字说明；实验过程中还要思考出现了什么样的结果，为什么会有这些结果，这些结果有何意义。若出现非预期结果，还应分析其原因，尽可能地及时解决。

（5）实验中要有耐心，必须等前一项实验基本恢复正常后，才能进行下一项实验，注意观察实验的全过程。

1.3.3　实验后

（1）实验完成后要及时关闭仪器和设备电源；按规定整理实验器具，实验动物放在指定地点；做好台面和教室的清洁卫生；离开实验室前要洗手。

（2）及时整理实验记录，分析实验结果，作出实验结论。

（3）认真撰写实验报告，按时交给教师批阅。

有关实验过程的观察和实验结果的记录、处理及表示方法还可参考第4章中有关内容。

1.4　动物生理学实验报告的撰写

动物生理学实验课中无论是学生自行操作，还是示范的实验项目，每一位学生都应按照实验的具体内容独立、认真地完成实验报告。实验报告是对实验的全面总结，是应用知识、理论联系实际的重要环节，是对学生撰写科学论文能力的初步培养，可为今后的科学研究打下良好的基础。

实验报告要文字简练、条理清晰、观点明确、字迹清楚，正确使用标点符号。实验报告可参考以下格式：

姓名　　　　班级　　　　组别　　　　日期　　　　室（水）温
实验序号及实验题目
实验原理及目的
实验对象
实验方法
实验结果
讨论和结论

书写实验报告时需要注意以下几点：

（1）实验目的要求尽可能简明扼要。

（2）实验原理要求对本次实验设计的基本理论根据（包括技术路线）进行有重点的简明叙述。

（3）实验方法如与教材所提的方法相同，只需简要写出主要实验步骤，不要照搬。若在实验仪器或方法上有所变动，可将变动之处作简要的说明。

（4）实验结果是实验报告中最为重要的部分，包括实验所得的原始资料（如血压、呼吸曲线、神经放电波形、心电图、生理生化指标等）。要根据实验目的将原始数据系统化、条理化，并进行统计学分析（视具体情况而论）。对实验过程中所观察到的现象应如实、客观地加以描述，描述时需要有时间概念和顺序性，注意系统性和条理性。对记录曲线应进行合理的剪切、归类并加以编辑，在实验报告的适当位置进行粘贴，并加以标注和必要的文字说明，如曲线的序号、名称，施加（或撤销）刺激（药物）的标记，刺激及显示、记录的参数（或药物名称、浓度或剂量）、定标单位，效（反）应时程的变化过程。对实验结果的数据，可绘制成图表进行表达（见 4.1.4 节）。在具体写作过程中上述各部分可相互融合，详略得当。

（5）讨论和结论是实验报告中最具创造性的部分；是独立思考、独立工作能力的具体体现，因此，应该严肃、认真，不能盲目抄袭书本和他人的实验报告。讨论的基本思路是以实验结果为论据，论证实验目的。进行实验结果的讨论，首先要判断实验结果是否为预期的，然后根据已掌握的课堂理论或查阅资料所获得的知识，对实验结果进行有针对性的解释、分析，并指出其生理意义。如果出现和预期结果相矛盾的地方，也应分析其产生的原因。如实验中尚有遗留问题没有解决，可尽可能地对问题的关键提出自己的见解。绝对不可以修改实验结果来迎合理论，更不能用已知的理论或生活经验硬套在实验结果上，也不要简单重复教材上的理论知识。

实验结论是从实验结果中进一步归纳出来的一般性、概括性的判断，即对本次实验所能验证的概念、原则或理论的简明总结。结论应与本次实验的目的相呼应。结论的书写要简明扼要，概括性强，不必要再罗列具体的结果，也不要轻易推论和引申。实验中未能得到充分论证的理论分析不要写入结论。所引用的课外参考资料应注明出处。

（李大鹏）

第 2 章

动物生理学实验常用仪器、设备

随着科学技术的发展，科学仪器设备在动物生理学研究中广泛运用，才使我们对生命活动有了更为本质的认识。因此，学习和掌握动物生理学实验常用仪器、设备的使用方法，对做好动物生理学实验也十分重要。进行动物生理学实验所需的仪器总体上可分为四大系统（图 2-1）。

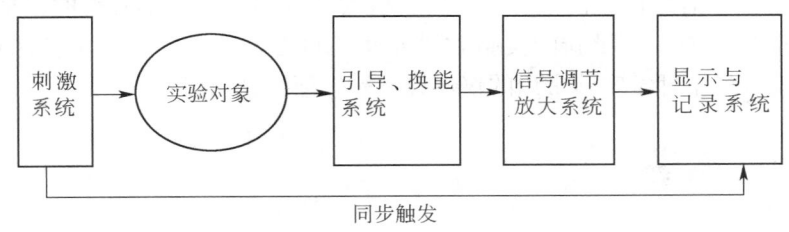

图 2-1　基本生理学实验仪器配置关系

（1）刺激系统　对欲研究的对象施加刺激，引起其生理机能变化（即产生兴奋）的一套仪器设备。多种刺激因素，如光、声、电、温度、机械及化学因素都可兴奋组织，使其产生生理活动的变化。但生理学实验中应用最多的还是电刺激，因为电刺激较容易控制，对组织没有损伤或损伤很小，引导方便，可重复使用。电刺激系统包括电子刺激器、刺激隔离器和各种电极。

（2）引导、换能系统　生理机能变化的信号只有用一定的仪器设备显示、记录下来才有研究的价值，因此需要有一定的装置能将其引导到显示、记录仪器上。若生理信号是电信号，引导系统可能是引导电极，包括记录单细胞活动的玻璃微电极和记录一群细胞电活动的金属电极；若生理现象为其他能量形式时，如机械收缩、压力、振动、温度和某种化学成分变化等，都需要将原始生理信号转换为电信号，加以引导，这就是各种形式的换能器。

（3）信号调节放大系统　有的生理信号较为微弱，尚需进行适当的放大。信号调节放大系统是一种放大器或放大器的组合，对信号基线的位置和输出信号幅度的高低（信号的 Y 轴，增益）进行调节。最原始的经典仪器是各式各样的杠杆、玛利气鼓、各种检压计等。现代仪器设备包括示波器和记录仪中的放大器部分、专用的前置放大器、微电极放大器等。

（4）显示与记录系统　是用纸带记录、显示屏记录或显示信号的仪器。通过调节走纸速度或扫描速度（信号的 X 轴）将信号扩展开来。记纹鼓是一种较为原始的经典记录仪。

由于计算机技术的发展，计算机生物信号采集处理系统已在生理学实验中广泛应用，集刺激器、放大器、记录仪（示波器）等为一身。

进行动物生理学实验有时还需要添置一些维持生命的系统，如恒温槽、一些器官或细胞的灌流装置、神经屏蔽盒（室）、人工呼吸机等。

动物生理学实验仪器设备种类繁多，更新速度快，各院校的仪器设备差距甚大，这里只能作粗略的介绍，让学生对动物生理学实验仪器设备的发展有个初步了解。

我国生理学实验室在 20 世纪 70 年代中期使用的仪器设备主要是杠杆、检压计、记纹鼓、感应线圈。70 年代中期至 80 年代初，沿用了 100 多年的杠杆、检压计等被各种换能器替代，感应线圈被电子刺激器替代，记纹鼓被记录仪替代，生物信号前置放大器和示波器进入生理学实验室。进入 90 年代，随着计算机技术突飞猛进的发展和普及，计算机生物信号采集处理系统也进入了生理学实验室，为实验技术的自动化、信息化提供了有力支持，极大地提高了生理学实验的水平和效率。新技术的应用，使一大批新的实验和研究性实验内容进入生理学实验课堂成为现实。下面就现代生理学实验常用的仪器设备做一简要介绍。

2.1　刺激系统

2.1.1　电子刺激器

电子刺激器是能产生一定波形的电脉冲仪（器）。输出的波形有三角波、锯齿波、尖波（针形波）、矩形方波（方波）等。刺激引起组织兴奋的三要素为强度对时间变化率、刺激强度和刺激持续时间。矩形方波上升及下降的速度快，波的前缘刺激电流对生物组织是较为有效的刺激，易控制，同时组织对它不易产生适应现象，通过调节其参数（包括刺激强度、持续时间和刺激频率）可给组织器官以不同的刺激。根据三要素均要求达到最小值的特点，矩形方波是较好的刺激形式。

1. 刺激方式

（1）单刺激　可为默认选择（计算机）或为手控刺激，即按一次手动开关，就输出一次刺激脉冲。

（2）双刺激、连续刺激　当选择双刺激或连续刺激时，刺激器会按照实验者设定的刺激参数连续输出刺激脉冲，何时开始、何时终止可以人工控制。

（3）串刺激　在每一个刺激周期内（主周期，图 2-2）包含 2 个或 2 个以上的一串刺激脉冲。

2. 刺激器参数

（1）刺激强度　以矩形方波的波幅（方波的高度）表示（图 2-2）。可用电压或电流表示，电流一般从几微安（μA）到几十毫安（mA），电压可在 200 V 以内。实验过程中，过强或过弱的刺激都应避免，因为过弱的刺激不能引起组织机能变化，过强的刺激可引起组织内电解和热效应而损伤和破坏组织。在双刺激中，两个刺激脉冲的强度可以相等，也可以不等。

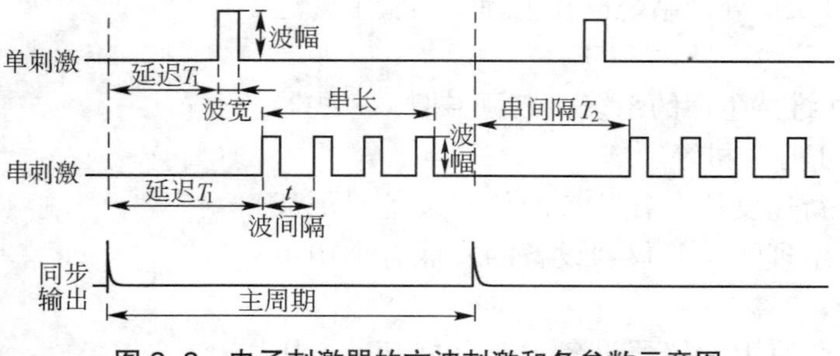

（2）刺激（持续）时间　以矩形方波的波宽表示（图 2-2）。一般刺激持续时间从几十微秒（μs）到数秒（s），并采用正负双向刺激方波。采用单向方波刺激时，时间不宜过长，否则也会产生组织内电解和热效应而损伤组织。故实验中应采取最佳的刺激强度和刺激时间的配比：如选用波宽为 1 ms 的双向波，方波的波幅

图 2-2　电子刺激器的方波刺激和各参数示意图

以 10 mV 为佳；如波宽减少到 0.5 ms，则波幅可增加到 40 ~ 50 mV。

（3）刺激频率　相对于连续刺激而言，表示单位时间内所含主周期的个数，单位为 Hz，如 5 Hz、20 Hz，也可用主周期的时间来表示，如 0.2 s、0.05 s 等。在使用连续刺激时，刺激频率一般少于 1 000 次 /s。刺激频率过高，有一部分刺激会落于组织的不应期内，而成为无效刺激。刺激频率随组织的不同而异。一般组织器官的机能实验的刺激频率在 60 ~ 100 次 /s 为宜。

（4）串长　表示以重复的频率不断地输出数个（一连串）刺激脉冲的（持续）时间（图 2-2）。在串长内可调节刺激脉冲的个数和间隔（波间隔 t）（图 2-2）。

（5）同步输出　有时为了保证实验的精确性，要求整个实验系统保持同步工作，如要求在刺激器发出刺激脉冲稍前时间内，能发出一个尖脉冲（同步脉冲）去触发显示器或其他仪器，使它们能同步工作。

（6）延迟　表示从同步脉冲到刺激脉冲出现的时间差（T_1）（图 2-2）。调节延迟，可使刺激脉冲或由刺激脉冲引起的生理反应能在荧光屏上的适当位置展现，以便观察和记录。

（7）串间隔　表示在连续的串刺激中，一串刺激脉冲连续出现时的时间间隔（T_2）。它可以等于延迟（T_1），也可以不等。

在计算机生物信号采集处理系统中，刺激的上述参数可出现在①模式，包括正电压刺激、负电压刺激、正电流刺激及负电流刺激；②方式；③延时；④波宽；⑤波间隔；⑥频率；⑦强度 1 及强度 2（对双刺激时）；⑧主周期；⑨程控增量，表示程控刺激参数的增量或减量。

3. 生理实验多用仪

在实际中常根据生理学实验需要，把刺激器、记时、记滴器组装在一起成为综合性的生理实验多用仪单独使用，如图 2-3 所示。

（1）受滴和记滴装置　主要记录各种体液（如尿液、胆汁、消化液等）的分泌量。使用时将受滴器电极的插头插入"受滴"插孔，"记滴"输出导线连至计算机生物信号采集处理系统或二导记录仪等记录仪。当液滴将受滴电极短路时，电路导通，记录仪便记录液滴的脉冲一次。

（2）记时部分　主要用于实验过程中的时间标记，在没有时间标记的记录系统中十分有用。使用时，拨动"时间"开关，选择 1、5、10、20 或 40 s，将"记时"

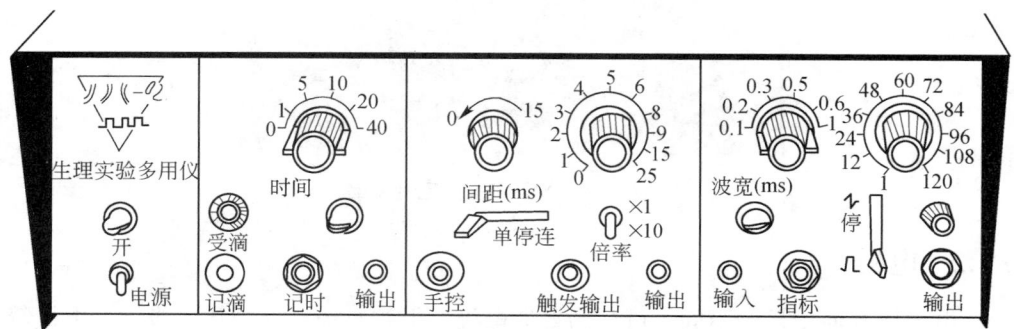

图 2-3　JJC-2 型生理实验多用仪

输出从记录仪外接标记插孔输入，便可按选择的时间间隔进行时间标记。

（3）电子刺激器　有"单、停、连"拨动开关选取单脉冲、无输出或连续脉冲。

波间距旋钮的起始位（反时针方向旋到左端尽头）为单脉冲，顺时针方向旋转为双脉冲，可 0 ~ 15 ms 内调节双脉冲的时间间隔。

当需要重复脉冲时，通过频率旋钮选择不同的频率：若将"倍率"开关置于 ×1，由 0 ~ 25 Hz 分 11 挡调节；"倍率"开关置于 ×10 时，频率为面板读数的 10 倍，即 0 ~ 250 Hz 分 11 挡调节。

当需用人工控制单脉冲时，拨动开关选取"单"，并将手控开关插入手控插孔，每按动手动开关一次，即输出一个脉冲。

通过波形选取拨动开关分别选取矩形波或正负对称的微分波。由波宽选择、刺激强度调节刺激的持续时间（分 0.1 ~ 1 ms 6 挡）和强度（有粗调和微调。粗调：在输出脉冲电压幅度 1 ~ 120 V 间分 11 挡；微调：在粗调选取的电压范围内分压连续选取合适的幅度）。

4. 刺激器使用方法与注意事项

（1）连接好电源线、刺激输出线、同步触发线（当需要触发信号时），接通电源（指示灯亮），根据实验需要选择刺激参数。

（2）在选择刺激参数时，刺激强度和波宽应由小到大，逐渐增加，以免刺激过强损伤组织。

（3）刺激器刺激输出的两个端子不可短路，否则会损坏仪器。

（4）要注意频率（或主周期）与延迟、波宽、串（脉冲的）个数和波间隔等的关系。应保证：主周期 > 延迟 + 波宽，或主周期 > 延迟 + 波间隔 × 串个数。

使用了计算机生物信号采集处理系统之后，有时仍然需要附加使用刺激器，以实现多通道的刺激。该类刺激器被设计成全隔离程控电刺激器（图 2-4），通过 USB 接口和计算机相连，两台刺激器可级联为双通道刺激器，对两个通道同时施加刺激。

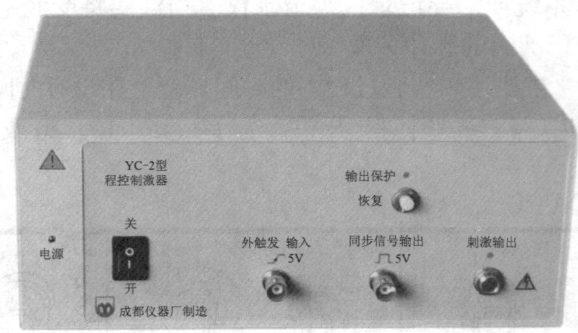

图 2-4　YC-2 程控电刺激器

2.1.2　电极

电极依其使用目的不同，可分为普通电极、保护电极、乏极化电极、微电极等多种。

1. 普通电极

通常是在一绝缘管的前端安装两根电阻很小的金属丝（常用银丝或不锈钢丝、钨丝），其露出绝缘管部分的长度仅 5 mm 左右，金属丝各连有一条导线，可与刺激器的输出端（作刺激电极用时）或放大器的输入端（作引导、记录电极用时）相接。使用此种电极时，应注意电极不要碰到周围的组织（图 2-5）。

2. 保护电极

其结构与普通电极相似，特点是前端的银丝嵌在电木保护套中，使用此种电极刺激在体神经干时，可保护周围组织不受刺激（图 2-5）。

3. 锌铜弓（叉）

锌铜弓实际是一个带有简单锌-铜电化学电池的双极刺激电极，常用来检查坐骨神经腓肠肌标本的机能状况，是平行排列的一根粗锌丝（片）和一根粗铜丝（片），二者的顶端焊接在一起，固定于电木管内，当锌铜弓与湿润的活体组织接触时，由于 Zn 较 Cu 活泼，易失去电子形成正极，使细胞膜超极化；Cu 得电子成为负极，使细胞膜去极化而兴奋。电流按 Zn→活体组织→Cu 的方向流动。注意：用锌铜弓检查活体标本时，组织表面必须湿润（图 2-5）。

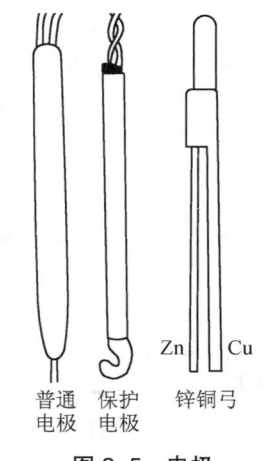

图 2-5　电极

4. 神经-肌肉标本盒

结构：在进行蛙坐骨神经干动作电位、兴奋不应期以及传导速度的测定实验中，为了保持神经干的良好机能状态，必须使用神经-肌肉标本盒（图 2-6）。标本盒通常用有机玻璃制成，盒内有两根导轨，导轨上有 5~7 个装有银丝电极的有机玻璃滑块，电极滑块可以在导轨上随意移动，用以调节电极间的距离。每个电极滑块通过导线与标本盒侧壁的一个接线柱相联，其中 1 对作刺激电极，1~2 对作记录电极，记录电极与刺激电极间的电极接地。标本盒盒盖上装有小尺，用以测量电极间的距离。

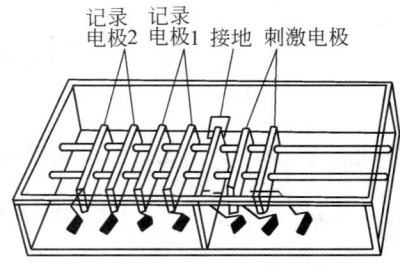

图 2-6　神经-肌肉标本盒

标本盒中还可安装肌肉标本，并把张力换能器装在标本盒内，可同时记录肌肉动作电位和肌肉收缩曲线，使用十分方便。

使用及注意事项：

① 滑块电极的银丝必须保持清洁，如有污垢可用浸有任氏液的棉球轻轻擦拭，仍不能清除时，可用细砂纸轻轻擦净。

② 移动滑块电极时动作要轻，以免将电极与接线柱间的导线弄断。

③ 实验时标本应经常保持湿润，标本安好后应将上盖盖好。标本两端的扎线要悬空。

5. 银-氯化银（Ag/AgCl）电极

当用金属丝直接接触生物组织，在用直流电刺激时会产生极化作用，即组织外液中的阴离子在正极下聚集，阳离子在负极下聚集。这种极化现象对直流电有抵消作用，使刺激强度减弱或停止刺激；而在停止刺激时阴、阳离子会形成反向电流。

拓展知识
Ag/AgCl 电极

此外，电解所产生的物质附于电极上，可使电极电阻变大，电流变小，同时影响到组织的兴奋性。因此，在用直流电刺激组织时，常用银 – 氯化银电极来避免产生这种干扰。该种电极有时也用于记录电极。

6. 微电极

（1）金属微电极　常用银丝、白金丝、不锈钢、碳化钨丝在酸性溶液中电解腐蚀而成，尖端以外部分用漆或玻璃绝缘。有双极或单极引导电极，多用于细胞外记录和皮层诱发电位等。

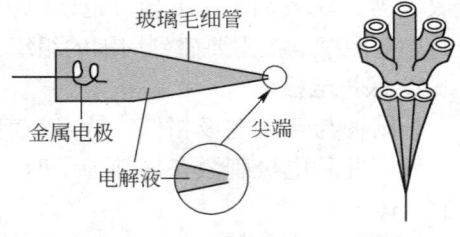

（2）玻璃微电极　有单、双、多管，用硬质的毛细玻璃管拉制而成（图 2-7）。用于细胞内记录时，其尖端外径须小于

图 2-7　玻璃微电极结构

0.5 μm；用于细胞外记录时，其尖端外径可为 1 ~ 5 μm。微电极内常充灌 3 mol/L KCl 溶液，从电极的粗端插入银 – 氯化银电极丝。

2.2　引导、换能系统

2.2.1　机械引导（传动）装置

（1）肌动器　肌动器是固定并刺激蛙类神经 – 肌肉标本的装置（图 2-8），有平板式和槽式。

（2）其他机械引导（传动）装置。

2.2.2　换能器

换能器也称传感器，是一种能将一种能量形式转变为另一种形式的器件装置。生理学实验常用的换能器是将一些非

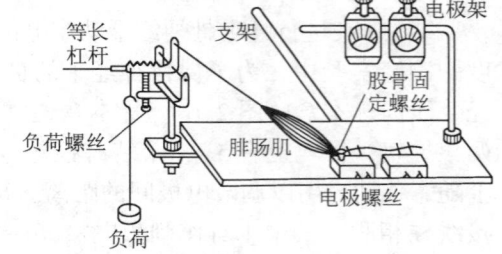

图 2-8　肌动器

电信号（如机械、光、温度、化学等的变化）转变为电信号，然后输入不同的仪器进行测量、显示、记录，以便对其所代表的生理变化作深入的分析。换能器的种类很多，例如：张力换能器、压力换能器、胃肠运动换能器、心音换能器、脉搏换能器、呼吸流量换能器、温度换能器、体温换能器等，这里仅介绍几种。

1. 张力（机械 – 电）换能器

（1）原理及结构

（2）使用方法　张力换能器的外观如图 2-9 所示。使用时根据测量方向，将换能器固定在合适的支架上，既要保证受力方向和力敏感悬梁（弹簧片）的平面垂直，又要保证换能器的受力方向正确。

换能器初次与记录仪（或生物信号采集处理系统）配合使用时，需要定标。将换能器水平固定在合适的支架上。换能器和主机接通电源，预热 10 min，按等质量

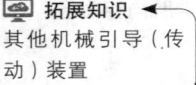
拓展知识
玻璃微电极的拉制

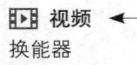
拓展知识
其他机械引导（传动）装置

视频
换能器

拓展知识
张力换能器工作原理

（满量程的 1/5）加砝码到满量程，此时在记录仪上得到相应的等距离的标定线（注意在正式标定前，先用满量程砝码预压两次。换能器的辅助调零电位器在传感器外壳表面沉孔中）。

（3）使用注意事项

① 正式记录前，换能器应预热 10 ～ 30 min，以确保精度。

② 换能器调零时，不得用力太大。

③ 实验时不能用猛力牵拉或用力扳弄换能器的悬梁臂，以免损坏换能器。测力时负荷量不得超过满量程的 20%。

④ 防止生理盐水等溶液渗入换能器。

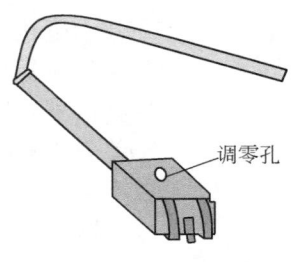

图 2-9　张力换能器外观

2. 压力换能器

（1）原理及结构　压力换能器是将各种压力变化（如动、静脉血压，心室内压等）转换为电信号。然后将这些电信号输入前级放大器或示波器，原理同上，电信号输出的大小与外加压力大小成线性关系。

压力换能器的结构如图 2-10 所示，头端是一个半球形的结构，内充抗凝剂稀释液，其内面后部为薄片状的应变元件，组成桥式电路。其前端有两个侧管，一个用于排出里面的气体，另一个与血管套管相连。

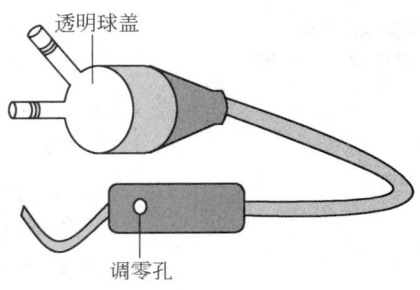

图 2-10　压力换能器外观

（2）使用方法及注意事项

① 注意换能器的工作电压与供电电压是否一致和压力测量范围。对超出检测范围的待测压力不能进行测量。

② 进行液体耦合压力测量时，先将换能器透明球盖内充满用生理盐水稀释的抗凝剂稀释液，注意将透明球盖及测压导管内的气泡排净，以免引起压力波变形失真。注液时应首先检查导管是否通畅，避免阻塞形成死腔，引起高压而损坏换能器。

③ 压力换能器在使用时应固定在支架上，尽可能保证液压导管的开口处与换能器的感压面在同一水平面上，或有一个固定的距离，不得随意改变其位置，以免引起静水柱误差。

④ 将换能器与主机连接好，启动并预热 15 ～ 30 min，将系统调到零位即可进行测量。换能器结构中有调零电位器，可以单独调节零点位置。也可与记录仪或计算机配合调整。测量中如需要进行零位校准，可采用两个医用三通阀分别接于换能器两个接嘴上，其中一个用来沟通大气压即可。

⑤ 为了使测量结果准确，使用前需要标定。

⑥ 严禁用注射器从侧管向闭合测压管道内推注液体；避免碰撞，要轻拿轻放，以免断丝；用后洗净并放在干燥无菌、无毒、无腐蚀的容器内保存。

3. 其他形式的换能器

拓展知识 ◀
其他形式的换能器

2.3　信号调节放大系统

从生物体各器官引导出的生物电信号特性差异很大，一般在几十微伏（μV）

到几十毫伏（mV）之间，且记录环境中常常掺杂有同级或更大量级的干扰信号，要得到满意的结果必须借助生物电放大器从中提取微弱的生物信号，再输入计算机生物信号采集系统或记录仪才能显示、记录，因此常用的生物电放大器必须满足：①差分式平衡放大，有较高的抗市电干扰能力，信号/噪声比值大；②最大放大倍数不小于 1 000 倍；③频率响应为 0 ~ 100 Hz；④低噪声，整机噪声不大于 15 μV；⑤仪器本身不受静电及磁场的干扰。

2.3.1　生物电放大器的基本要素

拓展知识
生物电放大器的基本要素

2.3.2　微电极放大器

拓展知识
微电极放大器的放大原理

微电极放大器使用方法及注意事项：

（1）良好接地。

（2）按要求接通所需要的电压电源。

（3）在输入为短路状态时调零　调节调零旋钮时，数字指示应出现正或负方向的连续变化，并能调到零，否则放大器不能用。

（4）高频补偿及电阻测试　放大器输入端连接充灌好的玻璃微电极，微电极尖端浸入接地的电解质溶液中，加入校正信号，调节电容补偿旋钮，尽量使输出信号达到方波。

2.4　显示与记录系统

生理学实验中，各种生理信号都需要进行记录才能进行观察、测量和分析。20 世纪 70 年代之前第一代记录仪，以记纹鼓占主导地位，另外还有些示波器等；20 世纪八九十年代，第二代记录仪以二道生理记录仪占主导地位，示波器种类繁多，常与生物电前置放大器连用；从 20 世纪 90 年代开始，随着计算机科学的高速发展，出现了以计算机技术为基础的生物信号采集、记录分析系统，并不断走向完善，处于主导地位。

2.5　生物信号采集处理系统

生物信号采集处理系统是应用大规模集成电路、计算机硬件和软件技术开发的一种集生物信号的放大、采集、显示、处理、存储和分析的电机一体化仪器。该系统可替代传统的刺激器、放大器、示波器、记录仪，一机多用，机能强大，广泛地被应用于生理学、病理学、药理学实验。

2.5.1　生物信号采集处理系统的基本组成和工作原理

目前我国的生物信号采集处理系统多达十余种，因各制造商开发的年代和使用风格不同，相互之间存在着一定的差异。早期的产品基于 DOS 操作系统，而近期产品多基于 Windows 操作系统，虽然产品有不同的特点，但基本的结构和工作原理具有一定的共性，现仅做一简要的介绍。

该系统由硬件和软件两大部分组成。硬件主要完成对各种生物电信号（如心电、肌电、脑电）与非电生物信号（如血压、张力、呼吸）的采集，并对采集到的信号进行调整、放大，进而对信号进行模 / 数（A/D）转换，使之进入计算机。软件主要用来对已经数字化了的生物信号进行显示、记录、存储、处理及打印输出，同时对系统各部分进行控制，与操作者进行人机对话（图 2-11）。

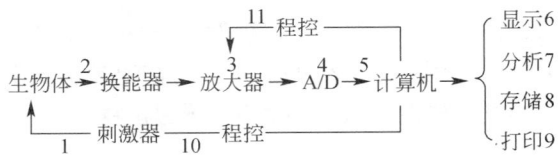

1. 设置刺激参数；2. 确定是否需要换能器；3. 确定是直流输入还是交流输入以及设置放大倍数（增益）；
4. 对模拟信号参数离散采样，确定采样速度；5. 是否对数据进行滤波；6. 设置显示方式，是记录方式还
是示波器方式？若是示波器方式，还要设置是连续示波、信号触发，还是同步触发等；7. 反演实验结果，
对图形或数据进行进一步处理；8. 采样数据是否存盘；9. 对实验数据、图形、实验标记进行编辑、打印等；
10. 程控刺激器；11. 程控放大器。

图 2-11　生物信号采集处理系统基本结构及工作原理示意图

1. 换能器和放大器

生物所产生的信息，其形式多种多样，除生物电信号可直接检取外，其他形式的生物信号必须先转换成电信号，对微弱的电信号还需经过放大，才能作进一步的处理。生物信号采集处理系统中的刺激器和放大器都是由计算机程控的，其工作原理和一般的刺激器、放大器完全一样。主要的区别在于一般仪器是机械触点式切换，而生物信号采集系统是电子模拟开关，由电压高低的变化控制，是程序化管理，提高了仪器的可靠性，延长了仪器的寿命。

2. 生物信号的采集

计算机在采集生物信号时，通常按照一定的时间间隔对生物信号取样，并将其转换成数字信号后放入内存。这个过程称为采样。

（1）A/D 转换器　生物信号通常是一种连续的时间函数，必须转换为离散函数，再将这离散的函数按照计算机的"标准尺度"数字化，以二进制表达，才能被计算机所接受。A/D 转换设备能提供多路模 / 数转换和数 / 模转换。A/D 转换需要一定时间，这个时间的长短决定着系统的最高采样速度。A/D 转换的结果是以一定精度的数字量表示，精度愈高，（曲线的）幅度的连续性愈好。对一般的生物信号采样精度不应低于 12 位数字。转换速度和转换精度是衡量 A/D 转换器性能的重要指标。

（2）采样　与采样有关的参数包括通道选择、采样间隔、采样方式和采样长度等方面。

① 通道选择：一个实验往往要记录多路信号，如心电、心音、血压等。计算机对多路信号进行同步采样，是通过一个"多选一"的模拟开关完成的。在一个很短暂的时间内，计算机通过模拟开关对各路信号分别选通、采样。这样，尽管对各路信号的采样有先有后，但由于这个"时间差"极短暂，因此，仍可以认为对各路

信号的采样是"同步"的。

②采样间隔：原始信号是连续的，而采样是间断进行的。对某一路信号而言，两个相邻采样之间的时间间隔称为采样间隔。间隔愈短，单位时间内的采样次数愈多。采样间隔的选取与生理信号的频率也有关，采样速率过低，就会使信号的高频成分丢失。但采样速率过高会产生大量不必要的数据，给处理、存储带来麻烦。根据采样定律，采样频率应大于信号最高频率的2倍。实际应用时，常取信号最高频率的3~5倍来作为采样速率。

③采样方式：采样通常有连续采样和触发采样两种方式。在记录自发生理信号（如心电、血压）时，采用连续采样的方式；而在记录诱发生理信号（如皮层诱发电位）时，常采用触发采样的方式。后者又可根据触发信号的来源分为外触发和内触发。

④采样长度：在触发采样方式中，启动采样后，采样持续的时间称为采样长度。它一般应略长于一次生理反应所持续的时间。这样既记录到有用的波形，又不会采集太多无用的数据造成内存的浪费。

3. 生物信号的处理

计算机生物信号采集处理系统因其强大的计算机能，可起到滤波器的作用，而且性能远远超过模拟电路，恢复被噪声所淹没的重复性生理信号。人们可以测量信号的大小、数量、变化程度和变化规律，如波形的宽度、幅度、斜率、零交点数等参数，做进一步的分类统计、分析，给出各频率分能量（如脑电、肌电及心率变异信号）在信号总能量中所占的比重、对信号源进行定位。对实验结果可以用计数或图形方式输出。对来自摄像机或扫描仪的图像信息经转换后，也可输入计算机进行分析。所以计算机生物信号采集处理系统，不仅具备了刺激器、放大器、示波器、记录仪和照相机等仪器的记录机能，而且还兼有微分仪、积分仪、触发积分仪、频谱分析仪等信号分析仪器的信息处理机能。为节省存储空间，计算机可对其获得的数据按一定的算法进行压缩。

4. 动态模拟

通过建立一定的数学模型，计算机可以仿真模拟一些生理过程。例如激素或药物在体内的分布过程、心脏的起搏过程、动作电位的产生过程等均可用计算机进行模拟。除过程模拟外，利用计算机动画技术还可在荧光屏上模拟心脏泵血、胃肠蠕动、尿液生成、兴奋的传导等生理过程。

2.5.2　生物信号采集处理系统的基本操作

计算机生物信号采集处理系统种类繁多，用其进行实验操作方法各有所异，这里只能做一般的、原则性的介绍。掌握实验的一般流程、配置实验和刺激参数设置方法是用好生物信号采集处理系统的关键。

（1）进入系统，选择通道　确定信号输入到哪个通道，以打"√（对勾）"表示。

（2）刺激方式的选择　根据实验的需要，确定是否需要刺激。一般有7种刺激方式可被选择（后述，刺激器的设置）。

（3）选择输入方式　根据生物信号的性质：是非电信号（如骨骼肌张力、血压、呼吸道压力、心肌收缩力、肠肌张力等）还是电信号（如神经干动作电位、心电、神经放电、脑电等），确定是否需要换能器。

（4）交 / 直流的选择　根据生物信号是快信号（如神经干动作电位、心室肌动作电位、神经放电等）还是慢信号（如血压、呼吸、心电、平滑肌张力等），确定以何种电流输入。一般电信号选择交流输入，非电信号经换能后选择直流输入。来自另外的生物电放大器的输入信号，采用直流输入的方式（如经微电极放大器后的心室肌动作电位信号），可用放大器的时间常数进行选择（或有专门的开关）。

（5）放大器放大倍数的选择　采样卡的有效采样电压一般为 ±5 V。所以输入信号的强度一般不能超过 5 V，根据信号的强弱选择适当的放大倍数，在不溢出的前提下，放大倍数选大一些为好。

（6）滤波选择　根据是否需要滤波确定高频滤波和时间常数，使采样在最好的波段中进行。

（7）选择显示模式　用计算机生物信号采集处理系统进行实验时有两种显示模式的选择：一类为快捷（或标准）方式，系统内提供了许多常规的生理、病理、药理专项实验方法，所配置及标定的参数都已提供在每一专项实验选项中。因此只要进入系统，激活实验菜单，选择具体的实验项目，即可按照标准实验内容做好各项配置、标定而进行实验。另一类是一般性（或通用）方式，适用于科研与特殊教学实验，可根据需要而不断改变系统参数（进行显示设置），使采集的波形更好，更适合于观察并符合实验结果。

①"连续记录"方式：用来记录变化较慢、频率较低的生物信号。如电生理实验中的血压、呼吸、心电、张力等。扫描线的方向是由右向左，连续滚动。它的采样间隔从最慢 50 ms 至最快 25 μs，有 11 挡可选。在上述经典实验中一般选 1～10 ms 之间即可。

②"记忆示波"方式：用来记录变化快、频率高的生物信号。如电生理实验中的神经干动作电位、动作电位传导速度、心室肌动作电位等。扫描线的方向是由左至右，一屏一屏地记录，与传统示波器相一致。它的采样间隔选项从最快每次 1 ms 至 10 μs，有 8 挡可选（注意：在 10 μs 挡即 100 kHz 采样频率只允许单窗口运行）。在经典实验中一般选 25 μs 或 50 μs 即可。

③ 刺激器触发显示方式：是一种单帧波形显示方式。表示发出一个刺激信号，采集一帧生物信号数据，并把它显示在屏幕上。如果选择了"记忆示波"显示方式则应考虑选择"刺激器触发显示"，要求刺激与采样同步工作。

还有其他显示方式，此处不再列举。

（8）采样间隔选择　注意采样间隔与所采信号相匹配。采样间隔调控的合适值应多试几次，以求最好。

（9）采样　进入实验项目（通道采样内容），从 1～4 通道输入生理信号并选择希望进行的实验项目，点击开始按钮，系统开始采样，采样窗中即有扫描线出现，并随外部信号变化，显示起伏波形。

注意：如果在触发方式中选定了刺激器触发，则应当在主界面中点击"刺激"

按钮启动刺激器，即可开始同步采样。

（10）实时调整采样参数 为使采样波形达到最好，即最有利于观察的状态，可以在采样过程中，实时按以下步骤调节各部分：

① 如感到信号太大或太小，可实时点击各通道放大器增益按钮，改变放大倍数，将信号幅度放大至适当程度。

② 调节各通道的时间常数和高频滤波值。

③ 调节各通道的扫描速度。

④ 如感到图形显示太大或太小，可实时在 Y 轴上进行压缩或扩展，使图形大小适中。注意此时输入的信号并没有改变，仅是图形的变形。

⑤ 如果感到图形 X 轴压缩比不合适，可实时点击 X 轴压缩或扩展按钮，使扫描线滚动速度适合观察。

⑥ 在需要刺激时，可在刺激器参数调整栏中，逐个调整刺激参数，形成最佳参数。

⑦ 如果出现 50 Hz 的干扰，可启动 50 Hz 抑制，将 50 Hz 电源的干扰信号消除。该命令只能对当前通道起作用。

（11）结束采样 点击采样结束按钮结束采样，全部结果数据以图形方式显示在各自的窗口，可移动 X 方向滚动条从头到尾观察所有的图形。并可拖选图形进行测量，进入表格、打印等后处理。

（12）设置存盘 如果本次实验成功，所选的设置参数合理，可将本设置以自定义文件名存盘。

2.5.3 刺激器的设置

为了方便电生理实验，系统内置了一个由软件程控的刺激器，对采样条件设置完成后，即可对刺激器进行设置。根据不同实验要求，可选择不同的刺激模式。刺激模式有：单刺激、串刺激、主周期刺激、自动间隔调节、自动幅度调节、自动波宽调节、自动频率调节等模式。

（1）刺激的基本方式 最基本的刺激方式有 3 种：

① 单刺激：与普通刺激器一样，输出（数次）单个方波刺激，延时、波宽、幅度可调。可用于骨骼肌单收缩、心肌期前收缩等实验。

② 串刺激：相当于普通刺激器的复刺激，但刺激持续时间由程序控制。启动串刺激后，到达串长的时间，刺激器自动停止刺激输出。串刺激的延时（即普通复刺激的串间隔）、串长、波宽、波幅、频率可调。刺激降压神经、迷走神经和强直收缩等实验可采取此种刺激方式。

③ 主周期刺激：与普通刺激器相比，此种刺激方式是将几个刺激脉冲组成一个刺激周期看待，于是有了主周期和周期数概念。主周期：每个周期所需要的时间。周期数：重复每一个周期的次数（即主周期数）。每个主周期下又有延时、波宽、波幅、波间隔、脉冲数（详见 2.1.1），这些参数都是可调的。有了这些可调参数，可输出多种刺激形式。如周期数为 1，脉冲数也为 1，表示重复 1 次主周期，主周期中只有 1 个脉冲，相当于单刺激。周期数是连续，脉冲数是 1，即不断重复

主周期，而且主周期内只有 1 个脉冲刺激，这相当于复刺激。周期数是连续，脉冲数是 2，即不断重复主周期，而且主周期内有 2 个脉冲刺激，这相当于双脉冲刺激。

（2）专用刺激方式　为了便于实验，在上述刺激方式的基础上还可以选择下述 4 种刺激方式。

① 自动间隔调节：在主周期刺激基础上自动增、减脉冲间隔，默认的脉冲数为 2。主要用于不应期的测量。主周期、延时、波宽、波幅、首间隔、增量可调。

② 自动幅度调节：在主周期刺激基础上自动增、减脉冲的幅度。主要用于阈强度的测定。主周期、延时、波宽、初波幅、增量、脉冲数、间隔可调。

③ 自动波宽调节：在主周期刺激基础上自动增、减脉冲的波宽。主要用于时间 – 强度曲线的测定。主周期、延时、波幅、频率、首波宽、增量可调。

④ 自动频率调节：在串刺激基础上对刺激脉冲的频率自动增、减。主要用于单收缩、强直收缩、膈肌张力与刺激频率的关系等实验。串长、波宽、波幅、首频率、增量、串间隔可调。

2.5.4　换能器定标

换能器是将非电生物信号转换为电信号的装置。由于制造时采用的部件不同及相同部件参数存在误差，所以每一个换能器在转换非电生物信号时都不可能完全一致（即同样强度的能量经不同的换能器转换的电压值不可能绝对一致）。因此，为了准确地反映实验结果，就有必要在实验前对换能器进行校验，使之尽量减少误差，保证实验结果的真实性和准确性。各种换能器定标的原理一致，仅是装置有所不同。定标步骤如下：

（1）调零　选定"调零"命令之后，可使系统在输入端悬空时，偏离基线（红色 0 校准线）的直流输入信号波形回到基线位置。

（2）定标　选定"定标"命令之后，给换能器一个固定值的标准的信号，再将其固定值输入系统，以更改原数值。今后将跟随该通道实验名称一起调用。

例如 1 通道张力信号定标（图 2–12）：

①将信号参数选为张力信号。②张力换能器插入 1 通道，并使其处于悬空状态，即不负重。③调节张力换能器的零点（见 2.2.2 节），使其输入信号恰好处于 1 通道的基线上（0 刻度线上），用鼠标按下定标对话框中的定标按钮。④将定标参数选择为"标准信号"，在张力换能器悬梁上挂一个砝码（1～200 g 范围内任选），然后在"定标值输入"框内输入砝码的质量。⑤当输入信号稳定之后，按下

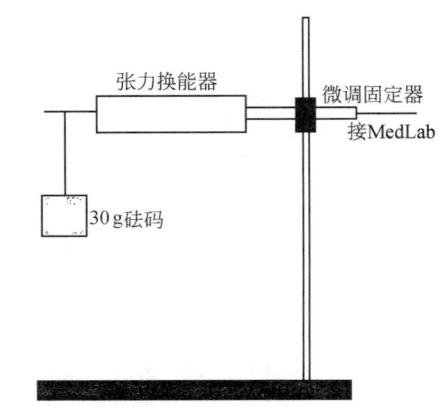

图 2–12　张力换能器（30 g 量程）定标装置示意图

"定标"按钮。⑥用同样的方法也可以对其他通道进行定标。压力信号的定标与此类同（图2-13）。

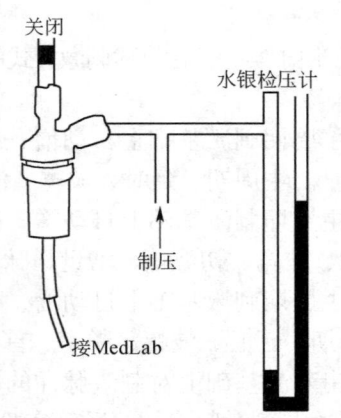

图 2-13　压力换能器定标装置示意图

（汤蓉）

第 **3** 章

动物生理学实验的基本操作技术

ℯ **数字资源**

视频

3.1　动物生理学实验常用手术器械

3.1.1　常用手术器械

在生理实验室中为了使用和叙述方便，将手术器械分别归类为哺乳动物手术器械（常规手术器械，与外科手术器械大致相同）和小动物手术器械［包括：普通（粗）剪刀、手术剪、眼科镊、尖头无齿镊（或普镊）、金属探针、玻璃分针、蛙板或玻璃板、蛙钉、锌铜弓、蛙肌板或蛙肌槽、支架、双凹夹］（图3-1）。

现仅介绍常规的手术器械。

▶▶ 视频 ◀
常规手术器械

（1）手术刀　手术刀主要用来切开皮肤和脏器。手术刀片有圆刃、尖刃和弯刃3种。刀柄也分多种，最常用的是4号刀柄和7号刀柄。可根据手术部位、性质的需要自由拆装和更换变钝或损坏的手术刀片（图3-2）。

持刀的方式有4种（图3-3），其中"执弓式"是一种常用的持刀方式。其动作范围广泛而灵活，用于腹部、颈部或股部的皮肤切口。

（2）手术剪和粗剪刀　手术剪分钝头剪、尖头剪。其尖端有直、弯之分。主要用于剪皮肤、肌肉等软组织，也可用来分离组织，即利用剪刀尖插入组织间隙，分离无大血管的结缔组织。另外，还有一种小型的眼科剪，主要用于剪血管和神经等软组织。一般说来，深部操作宜用弯剪，不致误伤。剪线大多为钝头直剪，剪毛用钝头、尖端上翘的。正确执剪姿势是用拇指与无名指持剪，示指置于手术剪的上方（图3-4）。

粗剪刀，为普通的剪刀。在蛙类的实验中，常用来剪蛙的脊柱、骨和皮肤等粗硬组织。

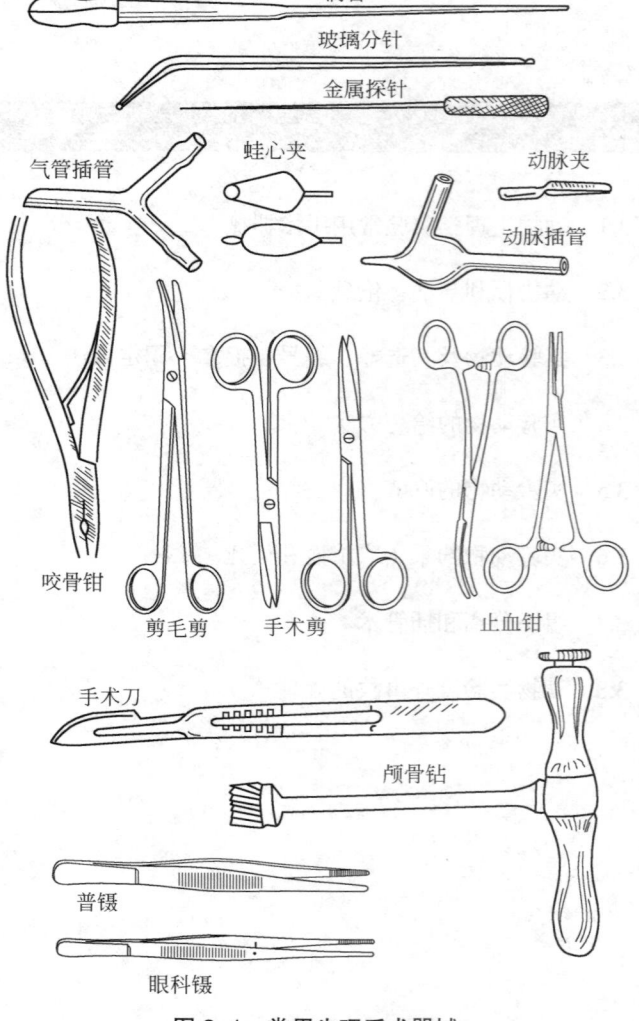

图3-1　常用生理手术器械

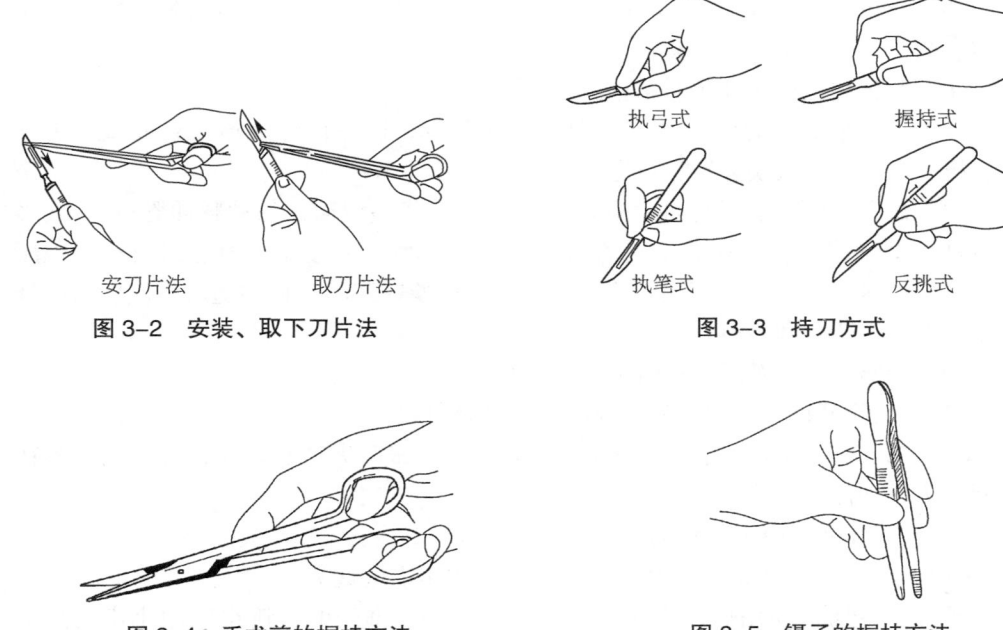

图 3-2　安装、取下刀片法

安刀片法　　取刀片法

执弓式　　握持式

执笔式　　反挑式

图 3-3　持刀方式

图 3-4　手术剪的握持方法

图 3-5　镊子的握持方法

（3）手术镊　手术镊种类很多，名称也不统一，常用的有无齿镊和有齿镊两种，用于夹住或提起组织，以便剥离、剪断或缝合。有齿镊用于提起皮肤、皮下组织、筋膜、肌腱等较坚韧的组织，使其不易滑脱。但有齿镊不能用以夹持重要器官，以免造成损伤。无齿镊用于夹持神经、血管、肠壁或其他脏器较脆弱组织，而不致使之受损伤。正确的执镊方法如图 3-5 所示，用力适当地把持着。

（4）血管钳　血管钳又称止血钳，有直、弯、带齿和蚊式钳等数种。主要用于夹血管或止血点，以达到止血的目的，也用于分离组织、牵引缝线、把持或拔缝针等。正确持钳和持剪方法相同（图 3-6）。开放血管钳的方法是利用右手已套入血管钳的拇指与无名指相对挤压，继而两指向相反的方向旋开，放开血管钳（图 3-7）。

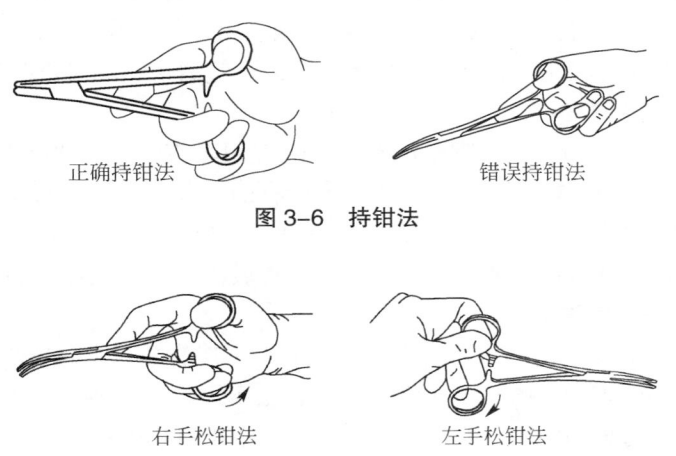

正确持钳法　　错误持钳法

图 3-6　持钳法

右手松钳法　　左手松钳法

图 3-7　松钳法

（5）骨钳　有骨钳、咬骨钳大小号之分，在打开颅腔和骨髓腔时，用于咬切骨质。

（6）颅骨钻　用于开颅时钻孔。

（7）气管插管　急性动物实验时，插入气管，以保证呼吸通畅，或做人工呼吸。将一端接气鼓或换能器，可记录呼吸运动。

（8）血管插管　有动脉插管和静脉插管。一些小型动物的动脉插管可用16号输血针头磨平来替代。在急性实验时插入动脉，另一端接压力换能器或水银检压计，以记录血压。静脉插管插入静脉后固定，以便在实验过程中随时用注射器向静脉血管中注入药物和溶液。

（9）金属探针　专门用来毁坏蛙类脑和脊髓。

（10）玻璃分针　专用于分离神经与血管等组织。

（11）蛙心夹　使用时将夹的前端在蛙心室舒张时夹住心室尖，尾端用线系在换能器（或杠杆）上。

（12）动脉夹　用于阻断动脉血流。

（13）蛙板　一块20 cm×15 cm的木板，用于固定蛙类。

各种手术器械使用后，都应及时清洗，齿间、轴间的血迹也应用小刷刷洗干净。洗净后用干布擦拭干，忌用火烤烘干或重击。久置不用的金属器械应擦油保护。

3.1.2　手术器械的消毒方法

在慢性实验中，手术器械必须进行事前消毒。常用的灭菌和消毒方法有煮沸消毒法、高压蒸汽灭菌法和化学药品消毒法。

1. 煮沸消毒法

煮沸消毒法是比较简单方便的消毒方法，除要求速干的物品外，可广泛地应用于多种物品的消毒。一般用蒸馏水加热，水沸3~5 min后将器械放到消毒锅内，等到第二次水沸时计算时间，15 min可以将一般的细菌杀灭，但不能杀灭具有顽强抵抗力的细菌芽孢。对怀疑有芽孢污染的器械，必须煮沸60 min以上。有时为了提高消毒效果，可在水中加入2%碳酸氢钠，可以提高水的沸点至102~105℃。这样，既可以加强灭菌能力，还能防止金属器械生锈（但对橡胶制品有害）。煮沸灭菌时，器械或物品应放在水面以下，煮沸器的盖子应关闭严密，以保持沸水的温度。

2. 高压蒸汽灭菌法

高压蒸汽灭菌法需要特制的灭菌器。通常用蒸汽压15~20 lb/in^2，温度可达121.6~126.6℃，维持30 min左右，能杀灭所有的细菌，包括具有顽强抵抗力的细菌芽孢，因此是比较可靠的灭菌方法（表3–1）。更高的压力或更长的时间并无必要，相反有可能损坏物品的质量，尤其不宜于橡胶制品和锐利器械的灭菌。

3. 化学药品消毒法

作为灭菌的手段，化学药品消毒法并不理想，其消毒的能力受药物的浓度、温度、作用时间等因素的影响。但化学药品消毒法不需特殊设备，使用方便，尤其对于某些不宜用热力灭菌的用品的消毒，仍不失为一种有用的补充手段。

器械在浸泡入化学消毒剂之前，应该将沾染的污物洗净，尤其是油脂覆盖的器

表 3-1　高压灭菌器内蒸汽压力与温度的比例

蒸汽压力 /（lb/in²）	温度 /℃
0	100.0
15	121.6
20	126.6
30	134.4

注：lb/in² 是压力的非法定单位，不应再使用。但考虑到一些灭菌器产品上仍标注此单位，故此处保留其用法。其与法定单位的换算关系为：1 lb/in² 相当于 6 894.76 Pa。

械，妨碍化学药品对器械的消毒作用，所以应该事先仔细将油脂擦净。

为了避免化学消毒剂对组织的有害作用，消毒后的器械在使用前应该用开水冲洗干净。

常用的化学消毒剂有：LJ– 强化戊二醛（加入亚硝酸钠可防锈），70% 乙醇（不适宜金属器械的消毒），0.1% 新洁尔灭（加入亚硝酸钠可防锈），酶皂溶液，甲醛溶液。浸泡金属器械的时间不应小于 30 min，除乙醇、新洁尔灭外，其他消毒剂消毒的器械在使用前应注意用无菌盐水冲洗干净。

3.2　动物福利与动物伦理

实验动物为生命科学发展和人类健康做出了重大贡献。随着社会进步和人类文明程度不断提高，善待实验动物既是人类文明道德的体现，也是人与自然和谐发展的需要。把握实验动物福利原则、遵循实验动物福利法规、严格履行动物实验伦理审查制度是切实保障实验动物福利的有效途径。

3.2.1　动物福利

动物福利是指为了使动物能够康乐而采取的一系列行为和给动物提供相应的外部条件。让动物处于心理愉快的感受状态，包括无任何疾病、无行为异常、无心理紧张压抑和痛苦等，使动物能够活得舒适，死得不痛苦。按照国际公认标准，动物被分为农场动物、实验动物、伴侣动物（宠物动物）、工作动物、娱乐动物和野生动物六类，动物也应享有五大自由：

（1）享有不受饥渴的自由。保证提供动物保持良好健康和精力所需要的食物和饮水，主要目的是满足动物的生命需要。

（2）享有生活舒适的自由。提供适当的房舍或栖息场所，让动物能够得到舒适的休息和睡眠。

（3）享有不受痛苦、伤害和疾病的自由。保证动物不受额外的疼痛，预防疾病和对患病动物及时治疗。

（4）享有生活无恐惧和悲伤的自由。保证避免动物遭受精神痛苦的各种条件和处置。

（5）享有表达天性的自由。提供足够的空间、适应的设施以及与同类动物伙伴在一起。

3.2.2　动物伦理

动物伦理学是关于人与动物关系的伦理信念、道德态度和行为规范的理论体系，是一门尊重动物的价值和权利，使人以及其他动物生存得更和谐、更完善，以显示人性尊严及生命意义的新的理论。动物伦理包括动物福利和动物权利（解放）。从事实验动物工作的单位应设立实验动物管理机构，对动物实验进行伦理审查，确保实验方案符合伦理要求，并对实验过程进行监督管理。鼓励开展动物实验替代、优化方法的研究与应用，尽量减少动物使用量。伦理审查机构为独立开展审查工作的专门组织，可称为"实验动物福利伦理委员会""实验动物管理和使用委员会"等，依据实验动物福利伦理委员会章程，审查和监督本单位在开展实验动物研究、繁育、生产、经营、运输、动物实验设计和实施过程中，是否符合实验动物福利和伦理要求。经过实验动物福利伦理委员会批准后方可开展各类实验动物的饲养、运输和动物实验，并接受日常监督检查。

动物伦理审查依据包括以下 5 个基本原则：

（1）动物保护原则，主要审查是否遵守 3R 原则开展确有必要进行的实验项目，3R 原则即减少（reduction）、替代（replacement）和优化（refinement）原则（详见 4.1.2 节）。项目方案体现出对实验动物给予人道的保护，在不影响项目实验结果科学性的情况下，尽可能采取减少、替代、优化的实验动物使用方案，降低实验动物伤害频率和危害程度。

（2）动物福利原则，主要审查是否遵守"五项自由福利"原则，尽可能保证善待实验动物，各类实验动物管理和处置要符合该类实验动物的操作技术规程。

（3）伦理原则，从人类文明道德角度，尊重动物生命和权益，遵守人类社会公德。审查动物实验方法和目的是否符合人类的道德伦理标准和国际惯例，保证从业人员和公共环境的安全。

（4）综合性科学评估原则，包括公正性原则、必要性原则和利益平衡性原则，此原则主要是为保证伦理委员会审查工作的独立、公正、科学、民主。以当代社会公认的道德伦理价值观为基础，兼顾动物和人类利益。

实验操作过程中，应该合理地、人道地处理动物，尽量保证那些为人类作出贡献的动物享有基本的权利，避免对动物造成不必要的伤害，反对和防止对动物的虐待，使实验动物康乐生、安乐死。

3.3　实验动物及其选择、编号、捉拿、固定方法

实验动物是一个专门术语，它是指根据动物实验需要，有目的、有计划地进行标准化人工饲养而成的动物。这种动物具有非常清晰的遗传背景、明确的生物学指标、严格的健康要求。用实验动物所得到的实验结果具有标准化的效果。培育实验动物与一般的饲养动物是完全不同的两件事，它是一门科学。实验动物的培育已发

展成一门专门的实验动物学科。

3.3.1　实验动物的选择

作为实验动物，它的品系、品种及微生物背景等要清晰。实验时，应根据实验要求，结合动物解剖生理特性挑选。此外，在饲养动物时还应对实验动物的饲料加以控制，包括营养素要求和搭配、合理加工、质量保证等。饲养的环境也要标准化，如温度、湿度、光照、空气清洁度、噪声控制等。实验动物按遗传学可分为：①近交系实验动物，即纯系动物；②封闭群体实验动物；③杂交一代实验动物（F_1）。按微生物控制程度分级有：①一级，普通动物；②二级，清洁级动物；③三级，无特定病原体实验动物，即 SPF 动物；④四级，无菌动物，即 GF 动物。

有时我们也用一些一般动物进行实验，但由于它们的遗传背景、健康状况不一致，所得到结果重复性差，没有可比性，所以一般不为国际会议认可，特别是在一些医学的基础研究中。这种动物一般被称为实验用动物。

常用的实验动物如下所述。

1. 哺乳动物类

（1）兔　哺乳纲，啮齿目，兔科，是生理实验中最常用的动物。兔品种很多，常用的有：①青紫蓝兔，体质强壮，适应性强，易于饲养，生长快；②中国本地兔（白兔），抵抗力不如青紫蓝兔强；③新西兰白兔是近年引进的大型优良品种，成熟体重可达 4.0 ~ 4.5 kg；④大耳白兔，耳朵长而大，血管清晰，皮肤白色，但抵抗力较差。

兔性情温顺，灌胃、取血方便；由于兔耳缘静脉浅表，易暴露，是静脉给药的最佳部位，兔的减压神经在颈部与迷走神经、交感神经分开而单独成为一束，常用于心血管反射活动、呼吸运动、泌尿机能调节的研究。兔的消化管运动活跃，可用于消化管运动及平滑肌的研究。兔的大脑皮质运动区机能定位已具有一定的雏形，因此兔也常用于大脑皮质机能定位和去大脑僵直、神经放电活动等实验。

（2）小鼠　哺乳纲，啮齿目，鼠科，是医学研究中最为常用的实验动物。其特点是体型较小，成熟早，繁殖力强，生长快，性情温顺，易于操作，并能被制作出多种疾病模型。小鼠实验研究资料丰富，参比性强，适用于需大量动物的实验，几乎可用于药理学、免疫学、毒理学、生殖生理学和肿瘤学等各个学科。

（3）大鼠　哺乳纲，啮齿目，鼠科。大鼠性情不如小鼠温顺，它在受惊吓或被粗暴捕捉时，表现凶暴，易咬人，但具有小鼠的其他优点，可用于胃酸分泌、胃排空、水肿、炎症、休克、心机能不全、黄疸、肾机能不全等的研究。特别是大鼠脑部各部的生理机能立体定位已相当成熟和标准化，是研究中枢神经系统的极好材料。

（4）豚鼠　哺乳纲，啮齿目，豚鼠科，又称荷兰猪。豚鼠耳蜗管发达，听觉灵敏，在生理学上常用于耳蜗微音器的实验，也用于临床听力的实验研究。此外，还用于离体心脏及肠、子宫平滑肌、心肌细胞电生理特性等实验。在中枢神经药理学实验中也常用到该动物。

（5）猫　哺乳纲，食肉目，猫科。猫的大脑和小脑很发达，头盖骨和脑的形状固定，是用于神经生理学研究的很好的动物。利用三维定位仪对猫的脑部定位已基本标准化了，所以猫是神经递质机能、外周与中枢神经联系、呼吸和心血管反射调节等实验极好的材料。猫眼能按光线强弱变化而灵敏地调节瞳孔大小，常用作视觉生理学研究。

（6）狗　哺乳纲，食肉目，犬科。狗听觉、嗅觉灵敏，反应敏捷，对外界环境适应能力强，易饲养，可调教，能很好地配合实验研究的需要。狗具有发达的血液循环与神经系统，内脏构造及其比例与人相似，是较理想的实验动物。在生理学研究中常用于心血管系统、脊髓传导、大脑皮质机能定位、条件反射、内分泌腺摘除和各种消化系统机能的实验研究。狗还用于药理学、毒理学、行为学、肿瘤学、核医学以及临床某些疾病的研究。狗特别适于实验外科学的研究。

（7）山羊　哺乳纲，偶蹄目，牛科，羊亚科。喜粗食，易饲养，性格温顺，具有复胃，颈静脉表浅。多用于采血、心电图、复胃消化生理及其微生物的观察等。

（8）猪　哺乳纲，偶蹄目，猪科。猪嗅觉灵敏，对外界环境适应能力强。常用于巴氏小胃、血液循环系统及病理、药理实验。

猪在解剖学、生理学、疾病发生机制等方面与人极为相似，因此在生理科学领域中的应用率越来越高。作为实验用的小型猪、微型猪是发展方向，我国已培育出若干种小型和微型猪品系。由于长期小群体内近亲繁育，因此基因纯合度相对较高，遗传稳定性高，实验重复性好。

2. 鸟（禽）类

（1）鸡　鸟纲，鸟形目。鸡飞翔力虽已退化，但习惯于四处觅食，食性广。鸡听觉敏锐，白天视力敏锐，易受惊扰。鸡食管中部有扩张而成的嗉囊；鸡肺呈海绵状紧贴于肋骨上，肺上有 9 个气囊；无肺胸膜及横隔膜；鸡无膀胱，尿少，由泄殖腔随粪排出；尿呈白色，为尿酸或尿酸盐，呈半固体状附在粪的表面；鸡的凝血机制好，红细胞有核。

（2）鸽　鸟纲，鸽形目。在形态解剖上与鸡大致相同。鸽的听觉和视觉特别发达，姿势平衡反应灵敏，生理学上常用来观察迷路与姿势的关系；鸽具有良好的记忆、敏锐的视觉和稳定的行为，是行为学研究的常用模型；鸽大脑皮质不发达，纹状体是中枢神经系统的高级部位，因此仅切除大脑皮质影响不大，若切除其大脑半球则不能正常生活。

3. 两栖类

蟾蜍和蛙属于两栖纲，无尾目类，变温动物；易饲养和捕捉，一般是野外捕捉后直接供实验室使用；也可短期饲养于潮湿地方，几天可以不食或喂以草和昆虫等。

因蟾蜍和蛙的一些基本的生命活动与恒温动物相似，而且离体组织器官所需的生活条件比较简单，容易控制和掌握，因此是教学中常用的实验动物。其坐骨神经腓肠肌标本可研究神经的兴奋性、兴奋的传播与传递、肌肉收缩和药物对神经兴奋传递作用。离体心脏可用于研究心脏的生理机能。蟾蜍和蛙还可用于生殖生理、药理学、胚胎发育及免疫的研究。

4. 鱼类

鱼类是低等脊椎动物的代表，由于鱼种类繁多，其种类数量远超过哺乳类和鸟类，有记载的鱼类就有 22 000 种以上，因此鱼类作为实验材料是极为丰富的资源。

某些鱼类生活史简单、材料易得、性成熟期短、体外受精、体外发育，是生理学、发育生物学、毒性试验、环境监测、生态学、遗传学等研究常用的实验材料，在各个领域得到广泛应用。虽然目前鱼类实验动物没有统一的标准，相对陆生严格动物标准要求的实验动物，鱼类可以说还没确立。但一些鱼类由于其本身的优势，作为实验动物已得到一致认可，并已在这些鱼类上开展了大量工作，如斑马鱼（*Danio rerio*）、青鳉（*Oryzias latipes*）、虹鳉（*Poecilia reticulatus*）、新月鱼（*Xiphophorus maculatus*）、剑尾鱼（*Xiphophorus helleri*）等。

由于鱼离不开水，水体的特殊环境对微生物的控制不易，对设施和应用条件的要求更高；实验用鱼类一般体型小，对活饵料的依赖性高，特别在鱼苗阶段，因而营养标准化的难度也很大。所以，鱼类的实验动物化研究还有很多技术问题亟待解决。毕竟鱼类有其固有的特点，完全照搬陆生动物的标准肯定不合适，在参照陆生动物标准解决问题的过程中不断修正可能比较可行。

（1）黄鳝　硬骨鱼纲，合鳃鱼目，合鳃鱼科。肉食性，能借助于口、咽腔内壁表皮直接呼吸空气，耐低氧。体长、圆筒形，背、臀鳍退化，无胸、腹鳍，实验时易固定。黄鳝心脏由一心房、一心室组成，动脉球和腹主动脉结构简单突出，容易进行心脏插管，因此被选用于研究鱼类心脏活动的实验用动物。

（2）乌鳢　硬骨鱼纲，鲈形目，鳢科。肉食性，适应性强，能依靠辅助器官直接呼吸空气，耐低氧。乌鳢有发达的胃，胃肠肌肉壁厚，有较明显的紧张性收缩和分节运动，在水温较高和摄食季节也能看到胃的蠕动。乌鳢的迷走神经发达，容易分离，但左、右迷走神经对胃肠活动产生的效果不同。因此，乌鳢被选用为研究鱼类消化管运动和神经调节的实验用动物。

3.3.2　实验动物编号方法

大动物多用挂牌法或用铝环固定在耳朵上，牌或环上有编号；羊或猪多用耳缺法（图 3-8），原则是左个右十、上 3 下 1，如：右耳下边有两个缺口，左耳上方有两个缺口，下方有一个缺口，则编号为 27 号。

小动物可用苦味酸或硝酸银涂于体表不同部位（图 3-9）。原则是：先左后右，从前到后。用单一颜色可标记 1~10 号，若用两种颜色配合使用，其中一种颜色代表个位数，另一种代表十位数，可编到 99 号。

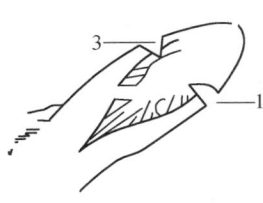

图 3-8　耳缺法（左耳）

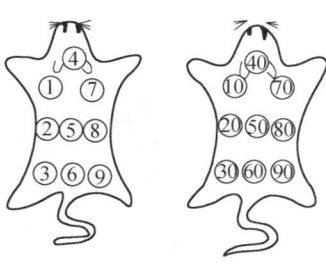

图 3-9　小动物编号

鱼类的编号目前尚无统一的标准，一般通过剪缺鳍条表示，具体的含义可由术者自行确定。也有用专门的仪器将带有数字的钢丝打入鱼的顶盖骨，捕捞后在显微镜下鉴定。

3.3.3   实验动物捉拿和固定方法

在实验过程中，为了手术操作方便，顺利进行实验项目的观察记录，必须将小动物麻醉和固定在特制的实验台上（图3-10）。固定动物的方法一般多采用仰卧位，它适用作颈、胸、腹、股等部位的实验；俯卧位适用于作脑和脊髓等部位的实验。

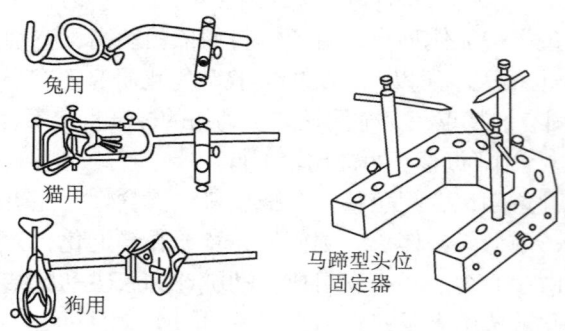

兔用

猫用

狗用

马蹄型头位
固定器

图 3-10   动物头部固定架

1. 狗的捆绑与固定

由2~3人进行。捆绑前实验者应先对其轻柔抚摸，避免使其惊恐或激怒；用一条粗棉绳兜住上、下颌，在上颌处打一结（勿太紧），再绕回下颌打第二个结，然后将绳引向头后部，在颈项上打第三个结且在其上打一活结（图3-11）。切记在兜绳时，要注意观察狗的动向，以防被其咬伤。如狗不能合作，须用长柄狗头钳夹持其颈部，并按倒在地，以限制其头部活动，再按上述方法捆绑其嘴。捆嘴后使其

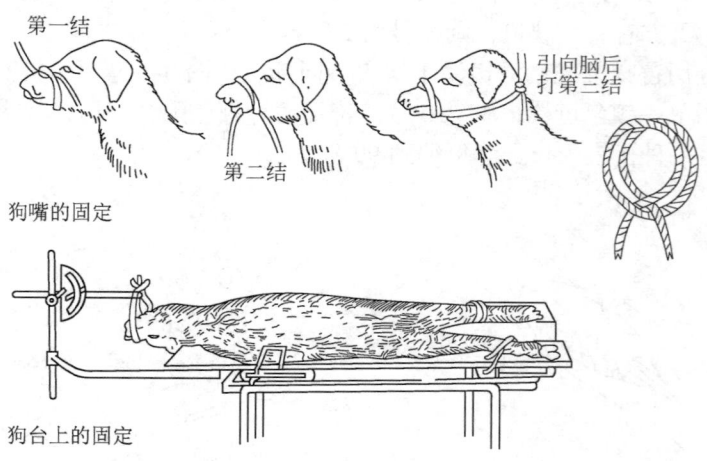

第一结

第二结

引向脑后
打第三结

狗嘴的固定

狗台上的固定

图 3-11   狗的固定

侧卧，一人固定其肢体，另一人注射麻醉药。此时，应注意狗可能出现挣扎，甚至大小便俱下，以及由于这种捆绑动作往往致使狗呼吸急促，甚至屏气等问题。待动物进入到麻醉状态后，立即松捆，以防窒息。

　　将麻醉好的狗仰卧置于实验台上，用特制的狗头夹固定狗头（见图 3-10）。固定前将狗舌拽出口外，避免堵塞气道。将狗嘴伸入铁圈中，再将直铁杆插入上、下颌之间，再下旋铁杆，使弯型铁条紧压犬的下颌（仰卧固定）或压在鼻梁上（俯卧固定）。再将狗头夹固定在手术台上。固定好狗头后，取绳索用其一端分别绑在前肢的腕关节上部和后肢的踝关节上部，绳索的另一端分别固定在实验台同侧的固定钩上。固定两前肢时，亦可将两根绳索交叉从犬的背后穿过并将对侧前肢压在绳索下，分别绑在实验台两侧的固定钩上。若采取俯卧位固定时，绑前肢的绳索可不交叉，直接绑在同侧的固定钩上。

图 3-12　猫的固定

　　2. 猫

　　捉持猫时应戴手套，防止被其抓伤（图 3-12）。先将猫关入特制的玻璃容器中，投入乙醚棉团对其进行快速麻醉，然后乘其未醒立即固定在猫袋或实验台上。

　　3. 兔

　　捉持兔时只需实验者和助手将其抓牢或按住即可。正确捉持方法为：一手抓住兔颈背部皮肤，轻轻提起，另一手托住其臀部，使其呈坐位姿势（图 3-13）。

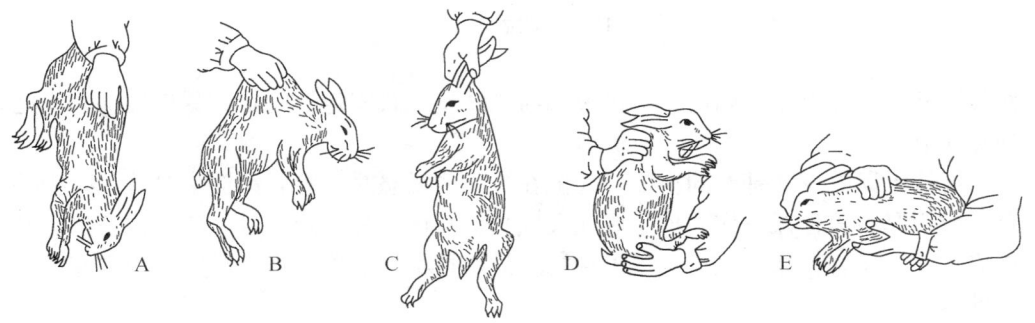

图 3-13　兔的抓拿方法

A、B、C 均是错误的抓拿方法；D、E 中以 D 为多

　　兔可固定在兔盒或兔台上（图 3-14）。在手术台上用兔头夹固定头部（图 3-10），把嘴套入铁圈内，调整铁圈至最适位置然后将兔头夹的铁柄固定在手术台上；或用一根较粗棉线绳一端打个活结套住兔的两只上门齿，另一端拴在实验台前端的铁柱上。做颈部手术时，可将一粗注射器筒垫于动物的颈下，以抬高颈部，便于操作。兔的四肢固定和狗相同。

▶▮ 视频
兔的固定

　　4. 小鼠、大鼠

　　实验者右手捉住小鼠尾，鼠会本能地向前爬行。左手攥紧鼠颈背部皮肤，使其腹部向上，拉直躯干，并以左手小指和掌部夹住其尾固定在左手上（图 3-15）。可

图 3-14　兔的固定和耳的静脉注射法

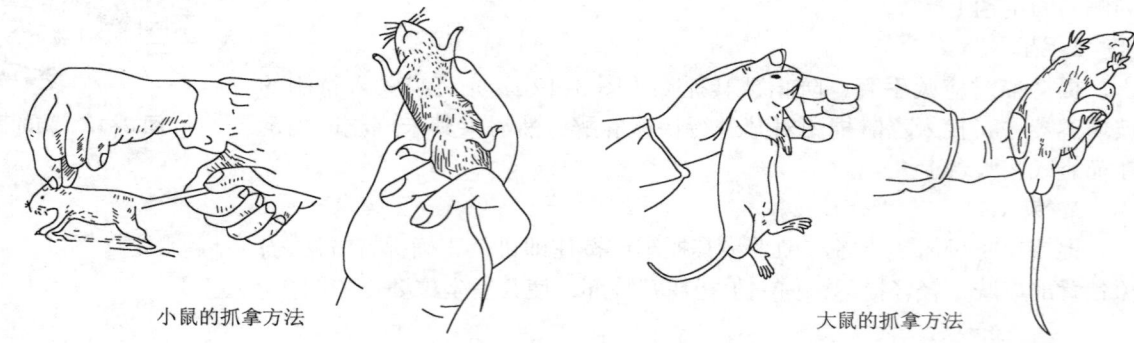

小鼠的抓拿方法　　　　　　　　　　　　　　大鼠的抓拿方法

图 3-15　鼠的固定

作腹腔麻醉，亦可用金属筒、有机玻璃筒或铁丝笼式固定器固定，露出尾部，作尾静脉注射。

捉持大鼠的方法基本同小鼠。大鼠在惊恐或激怒时会咬人，捉拿时可戴防护手套，或用厚布盖住鼠身作防护。握住大鼠整个身体，并固定头骨，防止被咬伤。动作应轻柔，切忌粗暴。也可用钳子夹持。最后再根据需要，将大鼠置于固定笼内或捆绑四肢。

5. 豚鼠

右手横握豚鼠腹前部，左手轻托后肢（图 3-16）。

6. 蛙

实验者一手拇指、示指和中指控制蛙两前肢，环指和小指压住两后肢（图 3-17）。

7. 鱼类的保存、运输和固定

实验鱼的保存最基本的要求是要有适宜的水源，包括合适的化学成分和水温。保存鱼的水温最好接近鱼所处的自然环境，避免温度剧烈变动。从外地运输来的鱼，在入池之前，应使其有一段水温适应过程，逐渐使其适应池中的水温。活动性强的鱼类以放在圆形容器或池中为宜，让它们能持续游动而不被碰伤。实验水槽或水族箱应有循环流水和过滤净化装置，小水族箱可用活性炭或玻璃纤维过滤，每周至少将全部水更换一次。更换的水最好通过紫外线以减少微生物感染的可能性。输

▶️ 视频
蛙的捉拿

图 3-16　豚鼠的抓拿方法　　　　　图 3-17　蛙和蟾蜍的抓拿方法

送的水管最好是玻璃或塑料管，不应用铜或铁管。

实验鱼在养育期间，应投以适量的饵料，最好选用商品颗粒饵料。为了防病，可用稀释的高锰酸钾溶液或高浓度的食盐水浸泡实验鱼，也可在饵料中加入少量的抗生素。

实验鱼类的运输通常用木桶、塑料桶或塑料袋进行。运输时用低温水（加冰）、充氧，必要时可加入少量麻醉剂，可大大减少鱼的死亡率。运输鱼操作时戴上手套可以减轻鱼的损伤。

一般鱼类的固定应注意以下几点：首先给鱼以肌松剂，然后固定在特制的手术台上，固定用的手术台可以有不同的形状，根据实验要求自制，安装流水呼吸装置（图 3-18）。

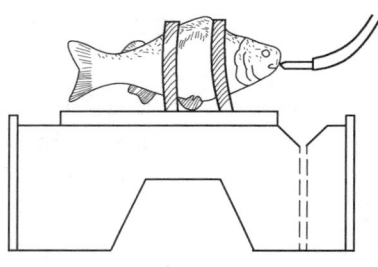

图 3-18　鱼的固定装置

而对于黄鳝的固定，在固定前，先破坏其脊髓。用粗剪刀尖于枕骨后缘剪断脊柱和肌肉，用一细钢丝插进椎管。若已插入椎管，会有阻力感，不断前后抽动钢丝，凡钢丝通过之处，黄鳝腹壁肌肉松弛。约破坏到躯体中央时，抽出钢丝。将黄鳝腹面向上，用钉子分别将黄鳝吻和尾部固定于手术板（木板条）上。

3.4　实验动物的给药方法

3.4.1　经口投药法

1. 口服法

口服法是将溶于水并且在水溶液中较稳定的药物放入动物饮水中，不溶于水的药物混于动物饲料内，由动物自行摄入。该方法技术简单，给药时动物接近自然状态，不会引起动物应激反应，适用于多数动物慢性药物干预实验，如抗高血压药物的药效、药物毒性测试等。其缺点是动物饮水和进食过程中，会有部分药物损失，药物摄入量计算不准确，而且由于动物本身状态、饮水量和摄食不同，药物摄入量不易保证，影响药物作用分析的准确性。

2. 灌服法

灌服法是将动物适当固定，强迫动物摄入药物。这种方法能准确把握给药时间和剂量，及时观察动物的反应，适合于急性和慢性动物实验，但经常强制性操

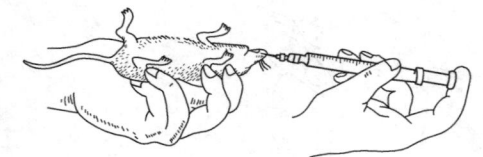

图 3-19　小鼠灌胃法

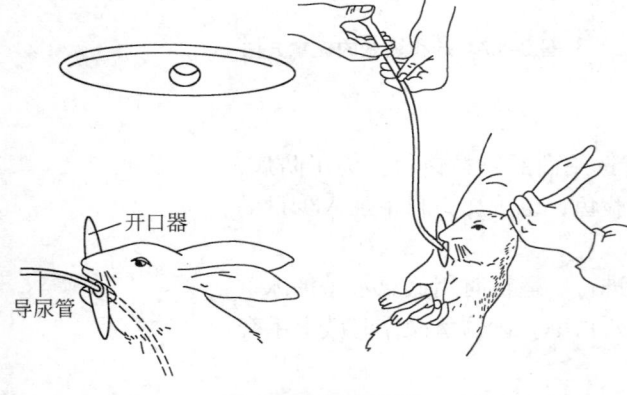

开口器

导尿管

图 3-20　兔灌胃法

作易引起动物不良生理反应，甚至操作不当引起动物死亡。强制性给药方法主要有以下两种：

（1）固体药物口服　一人操作时用左手从背部抓住动物头部，同时以拇、示指压迫动物口角部位使其张口，右手用镊子夹住药片放于动物舌根部位，然后让动物闭口吞咽药物。

（2）液体药物灌服　小鼠与大鼠一般由一人操作，左手固定动物，使动物腹部朝向术者，右手将连接注射器的硬质胃管由口角处插入口腔，用胃管将动物头部稍向背侧压迫，使口腔与食管成一直线，将胃管沿上颚壁轻轻插入食管，小鼠一般用 3 cm 的胃管，大鼠一般用 5 cm 的胃管（图 3-19）。插管时应注意动物反应：如插入顺利，动物安静，呼吸正常，可注入药物；如动物剧烈挣扎或插入有阻力，应拔出胃管重插。如将药物灌入气管，可致动物立即死亡。

兔、狗、猫等动物灌胃时，先将动物固定，再将特制的开口器放入动物上下门牙之后，并用绳将它固定于嘴部，将带有弹性的橡皮导管（如导尿管），经开口器上的小圆孔插入，沿咽后壁进入食管，此时应检查导管是否插入食管，可将导管外口置于一盛水的烧杯中，如无气泡，表示插入食管，即可将药液灌入（图 3-20）。

3.4.2　注射给药

1. 淋巴囊注射

蛙与蟾蜍皮下有多个淋巴囊，注射药物易于吸收，适合于该类动物全身给药。注射部位常为胸、腹和股淋巴囊。为防止注入药物自针眼处漏出，胸淋巴囊注射时应将针头刺入口腔，由口腔组织穿刺到胸部皮下，注入药物。股淋巴囊注射时应由小腿刺入，经膝关节穿刺到股部皮下，注射药液量一般为 0.25 ~ 0.5 mL（图 3-21）。

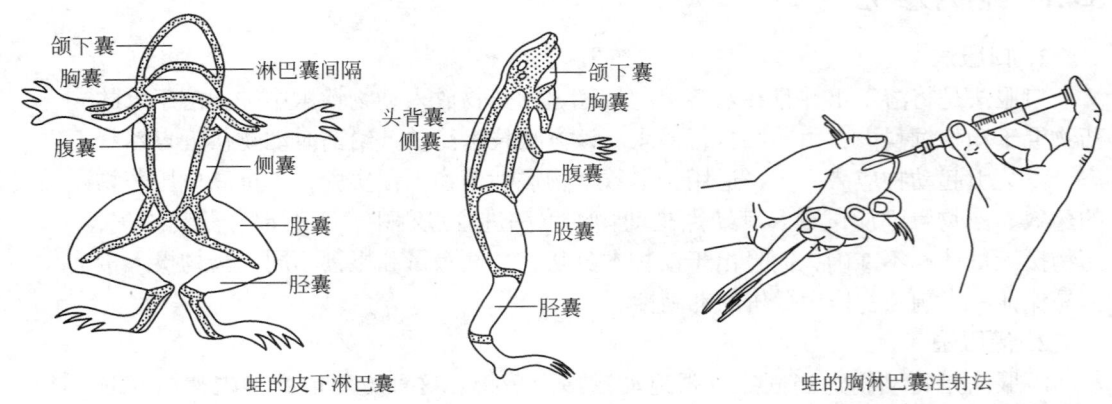

颌下囊
胸囊
淋巴囊间隔
腹囊
侧囊
股囊
胫囊

蛙的皮下淋巴囊

头背囊
侧囊
颌下囊
胸囊
腹囊
股囊
胫囊

蛙的胸淋巴囊注射法

图 3-21　蛙淋巴囊注射

2. 皮下注射

皮下注射是将药物注射于皮肤与肌肉之间,适合于所有哺乳动物。实验动物皮下注射一般应由两人操作,熟练者也可一人完成。由助手将动物固定,术者用左手捏起皮肤,形成皮肤皱褶,右手持注射器刺入皱褶皮下,将针头轻轻左右摆动,如摆动容易,表示已刺入皮下,再轻轻抽吸注射器,确定没有刺入血管后,将药物注入(图3-22)。拔出针头后应轻轻按压针刺部位,以防药液漏出,并可促进药物吸收。禽类常选用翼下注射。

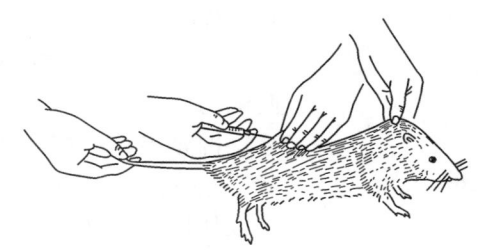

图 3-22　小鼠的皮下注射法

3. 肌内注射

肌肉血管丰富,药物吸收速度快,故肌内注射适合于几乎所有水溶性和脂溶性药物,特别适合于狗、猫、兔等肌肉发达的动物,而小鼠、大鼠、豚鼠因肌肉较少,肌内注射稍有困难,必要时可选用股部肌肉。禽类选用胸肌或腓肠肌。肌内注射一般由两人操作,小动物也可由一人完成。助手固定动物,术者用左手指轻压注射部位,右手持注射器垂直刺入肌肉,回抽针栓如无回血,即可将药物注入,然后拔出针头,轻轻按摩注射部位,以助药物吸收。

4. 腹腔注射

腹腔吸收面积大,药物吸收速度快,故腹腔注射适合于多种刺激性小的水溶性药物的给药,并且是啮齿类动物常用的给药途径之一。腹腔注射穿刺部位一般选在下腹部正中线两侧,该部位无重要器官。腹腔注射可由两人完成,熟练者也可一人完成。助手固定动物,并使其腹部向上,术者将注射器针头在选定部位刺入皮下,然后使针头与皮肤成45°角缓慢刺入腹腔,如针头与腹内小肠接触,一般小肠会自动移开,故腹腔注射较为安全(图3-23)。刺入腹腔时,术者可有阻力突然减小的感觉,再回抽针栓,确定针头未刺入小肠、膀胱或血管后,缓慢注入药液。

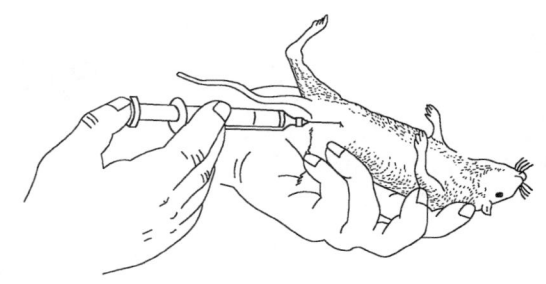

图 3-23　小鼠的腹腔注射法

5. 静脉注射

静脉注射是将药物直接注入血液,无须经过吸收阶段,药物作用最快,是急、慢性动物实验最常用的给药方法。静脉注射给药时,不同种类的动物由于其解剖结构的不同,应选择不同的静脉血管。

(1)兔耳缘静脉注射　将兔固定于兔固定箱内或实验台上,剪除兔耳外侧缘被毛,用乙醇棉球涂擦耳部边缘静脉,并用手指弹动或轻轻揉擦兔耳,使静脉充盈。然后用左手示指和中指夹住静脉近心端,拇指和小指夹住耳边缘部分,以左手环指、小指放在耳下作垫,右手持注射器尽量从静脉的远端刺入,移动拇指于针头上以固定针头,放开示指和中指,将药液注入(图3-24)。

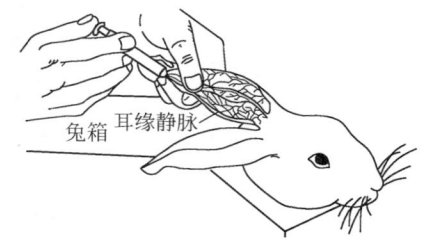

兔箱　耳缘静脉

图 3-24　兔耳缘静脉注射示意图

如感觉推注阻力很大，并且局部肿胀，表示针头已滑出血管，应重新穿刺。注意兔耳缘静脉穿刺时应尽可能从远心端开始，以便重复注射。

（2）小鼠与大鼠尾静脉注射 小鼠尾部有三根静脉，左右两侧和背部各一根，两侧的尾静脉更适合于静脉注射。注射时先将小鼠置于鼠固定筒内或扣在烧杯中，让尾部露出，用45～50℃的温水浸润半分钟或用乙醇擦拭，使血管充分扩张。术者用左手拉尾尖部，右手持注射器（以4号针头为宜）将针头刺入尾静脉，然后左手捏住鼠尾和针头，右手注入药物（图3-25）。如推注阻力很大，局部皮肤变白，表示针头未刺入血管或滑脱，应重新穿刺，注射药液量以0.15 mL/只为宜。幼年大鼠也可做尾静脉注射，方法与小鼠相同，但成年大鼠尾静脉穿刺困难，不宜采用尾静脉注射。

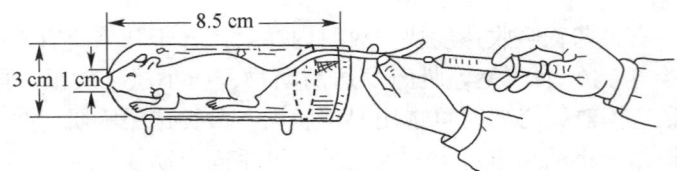

图3-25 小鼠的尾静脉注射法

（3）狗肢体静脉注射 狗前肢小腿内侧有较粗的皮下头静脉和后肢外侧小隐静脉，是狗静脉注射较方便的部位。注射前先剪去该部位被毛，乙醇消毒，用压脉带扎紧（或用手抓紧）静脉近端，使血管充盈，从静脉的远端将注射针头平行刺入血管，待有回血后，松开绑带（或两手），缓缓注入药液（图3-26）。

（4）家禽静脉注射 家禽可选择翼下肱静脉或蹼间静脉（图3-27）进行注射给药，方法与其他动物相同。

（5）鱼类 可采取血管插管法给药（详见3.7.3节）或于胸鳍下无鳞区将药注入体腔，或于背鳍基下方柔软处进行肌内注射。

狗后肢外侧小隐静脉注射法

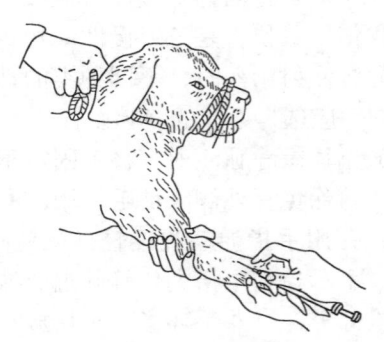
狗前肢背侧皮下头静脉注射法

图3-26 狗静脉注射

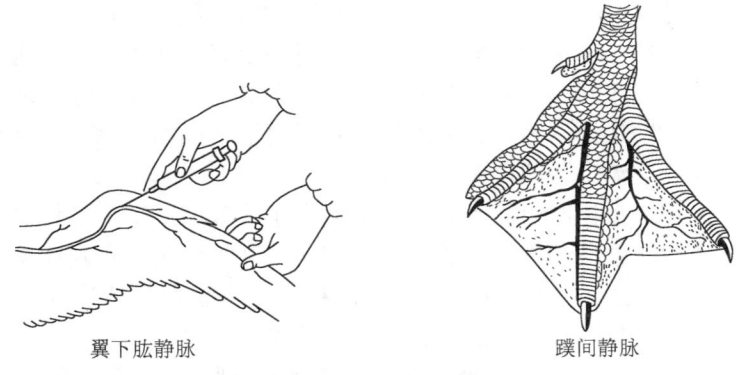

翼下肱静脉　　　　　　　　　蹼间静脉

图 3-27　家禽的静脉注射

3.5　实验动物的麻醉

在急、慢性动物实验中，手术前均应将动物麻醉，以减轻或消除动物的痛苦，保持安静状态，从而保证实验顺利进行。由于麻醉药品的作用特点不同，动物的药物耐受性有种属或个体间差异，实验内容及要求不同，因此正确选择麻醉药品的种类、用药剂量及给药途径十分重要。理想的麻醉药品应当是对动物麻醉完善，其毒性和对生理机能干扰最小，使用方便。

3.5.1　麻醉前的准备工作

（1）熟悉麻醉药品的特点　根据实验内容合理选用麻醉药。例如，乌拉坦对兔和猫的麻醉效果好，较稳定，不影响动物的循环及呼吸机能。氯醛糖很少抑制神经系统的活动，适用于保留生理反射的实验。乙醚对心肌机能有直接抑制作用，但兴奋交感肾上腺系统，全身浅麻醉时，可增加心输出量 20%。硫喷妥钠对交感神经抑制作用明显，因副交感神经机能相对增强而易诱发喉痉挛。

（2）麻醉前应核对药物名称，检查药品有无变质或过期失效。

（3）狗、猫等手术前应禁食 12 h，以减轻呕吐反应。

（4）需在全麻下进行手术的慢性实验动物，可适当给予麻醉辅助药。例如，皮下注射吗啡镇静止痛，注射阿托品减少呼吸道分泌物的产生等。

3.5.2　全身麻醉

1. 吸入麻醉

挥发性麻醉药经面罩或气管插管进行开放式吸入麻醉。常用的吸入麻醉剂为乙醚。乙醚为无色易挥发液体，有特殊刺激性气味，易燃易爆，应用时应远离火源。乙醚可用于多种动物的麻醉，麻醉时对动物的呼吸、血压无明显影响，麻醉速度快，维持时间短，更适合于时间短的手术和实验，如去大脑僵直、小脑损毁实验等，也可用于凶猛动物的诱导麻醉。

给狗吸入乙醚麻醉时可用特制的铁丝狗嘴套套住狗嘴，由助手将狗固定于手术台，术者用 2～3 层纱布覆盖狗嘴套，然后将乙醚不断滴于纱布上，使狗吸入乙醚。狗吸入乙醚后，往往由于中枢抑制解除而首先有一个兴奋期，动物挣扎，呼吸快而不规则，甚至出现呼吸暂停，如呼吸暂停应将纱布取下，等动物呼吸恢复后再继续吸入乙醚，随后动物逐渐进入外科麻醉期，呼吸逐渐平稳均匀，角膜反射消失或极其迟钝，对疼痛反应消失，即可进行手术。

麻醉猫、大鼠、小鼠时可将动物置于适当大小的玻璃罩中，再将浸有乙醚的棉球或纱布放入罩内，并密切注意动物反应，特别是呼吸变化，直到动物麻醉。给兔麻醉时，可将浸有乙醚的棉球置于一个大烧杯中，术者左手持烧杯，右手抓兔双耳，使其口鼻伸入烧杯内吸入乙醚，直到动物麻醉。

乙醚麻醉注意事项：①乙醚吸入麻醉中常刺激呼吸道黏膜而产生大量分泌物，易造成呼吸道阻塞，可在麻醉前半小时皮下注射阿托品（0.1 mg/kg）[①]，以减少呼吸道黏膜分泌物。②乙醚吸入过程中动物挣扎，呼吸变化较大，乙醚吸入量及速度不易掌握，应密切注意动物反应，以防吸入过多、麻醉过度而使动物死亡。

2. 注射麻醉

常用乌拉坦、戊巴比妥钠及氯醛糖等。主要给药途径有以下几种：①静脉注射，②腹腔注射，③肌内注射，④皮下注射，即皮下淋巴囊注射（见 3.4.2 节）。

3.5.3 局部麻醉

局部麻醉药物可逆地阻断神经纤维传导冲动而产生局部麻醉作用。进行局部麻醉时，药物接近神经纤维的方式主要有两种：①用作表面麻醉时，药物通过点眼、喷雾或涂布作用于黏膜表面，转而透过黏膜接触黏膜下神经末梢而发挥作用。该药物除具有麻醉作用外，还有较强的穿透力，如可卡因、利多卡因。②作浸润麻醉时，用注射的方法将药物送到神经纤维旁。此类药物只需有局部麻醉作用，不一定要求有强大的穿透力，如普鲁卡因（对氨基苯甲酸酯）、可卡因、利多卡因（其效力是普鲁卡因的 2 倍）。用作局部麻醉的药物质量浓度一般为 1%～2%，通常用 0.5%～1%。

另外，河鲀毒素是一种剧毒物质，一般仅用 1 ng 即可阻断 Na^+ 通道，起到阻滞神经传导作用。箭毒、三碘季铵酚、妥开利、静松灵、846 等能阻断神经 – 肌肉接头的传递作用，在手术中用作肌松剂。

3.5.4 麻醉效果的观察

动物的麻醉效果直接影响实验的进行和实验结果。如果麻醉过浅，动物会因疼痛而挣扎，甚至出现兴奋状态，呼吸心跳不规则，影响观察。麻醉过深，可使机体的反应性降低，甚至消失，更为严重的是抑制延髓的心血管活动中枢和呼吸中枢，导致动物死亡。因此，在麻醉过程中必须善于判断麻醉程度，观察麻醉效果。判断麻醉程度的指标有以下 4 种：

---

① 表示对于实验动物按每千克体重注射阿托品 0.1 mg 计。在给实验动物注射药物（如麻醉剂等）时，为叙述简便起见，本书均使用此种表示方法。在药物名称后括注以 mg/kg 或 g/kg 为单位的用量。

（1）呼吸 动物呼吸加快或不规则，说明麻醉过浅，若呼吸由不规则转变为规则且平稳，说明已达到麻醉深度；若动物呼吸变慢，且以腹式呼吸为主，说明麻醉过深，动物有生命危险。

（2）反射活动 主要观察角膜反射或睫毛反射，若动物的角膜反射灵敏，说明麻醉过浅；若角膜反射迟钝，麻醉程度适宜；角膜反射消失，伴瞳孔散大，则麻醉过深。

（3）肌张力 动物肌张力亢进，一般说明麻醉过浅；全身肌肉松弛，麻醉合适。

（4）皮肤夹捏反应 麻醉过程中可随时用止血钳或有齿镊夹捏动物皮肤，若反应灵敏，则麻醉过浅；若反应消失，则麻醉程度合适。

总之，观察麻醉效果要仔细，上述 4 项指标要综合考虑，最佳麻醉深度的标志是：动物卧倒，四肢及腹部肌肉松弛，呼吸深、慢而平稳，皮肤夹捏反射消失，角膜反射明显迟钝或消失，瞳孔缩小。在静脉注射麻醉时还要边注入药物边观察，以获得理想的麻醉效果。

3.5.5 麻醉注意事项

（1）麻醉前应正确选用麻醉药品、用药剂量及给药途径。

（2）静脉注射麻醉必须缓慢，同时观察肌肉紧张性、角膜反射和对皮肤夹捏的反应，当这些活动明显减弱或消失时，立即停止注射。

（3）如麻醉较浅，动物出现挣扎或呼吸急促等，需补充麻醉药以维持适当的麻醉。一次补充药量不宜超过原总用药量的 1/5。

（4）万一麻醉过量，应根据不同情况，积极采取措施，如施行人工呼吸，给予苏醒剂，或注射强心剂、咖啡因、肾上腺素、可拉明等，也可静脉注射温热的 50% 葡萄糖溶液。

（5）麻醉时需注意保温，麻醉期间，动物的体温调节机能往往受到抑制，出现体温下降，可影响实验的准确性，需要采取保温措施。

3.6 实验动物的采（取）血和处死

3.6.1 实验动物的采（取）血方法

血液常被比喻为观察内环境的窗口，在需要检测内环境变化的生理实验中常需要采取血液样本。因实验动物解剖结构和体型大小差异，及采（取）血量的不同，取血方法不尽相同。

1. 兔

（1）耳中央动脉取血 兔耳中央有一条较粗、颜色较鲜红的中央动脉。采血时，用左手固定兔耳，右手持注射器，在中央动脉末端，沿动脉朝近心端刺入动脉。由于兔耳中央动脉在受刺激时有痉挛反应，因此刺入血管后稍等片刻或在痉挛前迅速抽血。一般用 6 号针头采血。此法一次可取血 10 ~ 15 mL。取血完毕后用棉球压迫局部，予以止血。

▶▶ 视频 ◀
兔麻醉与采血

兔耳中央动脉取血时应注意：由于兔在其进化过程中，形成胆小易惊的习性，其外周血液循环对外界环境刺激极为敏感，耳中央动脉易发生痉挛性收缩，因此，抽血前必须先让兔耳充分充血，当动脉扩张，未发生痉挛性收缩前立即抽血。若注射针刺入后尚未抽血，血管已发生痉挛性收缩，应将针头放在血管内固定不动，待痉挛消失血管舒张后再抽。若在血管痉挛时强行抽吸，会导致管壁变形，针头很易刺破管壁，形成血肿。

（2）股动脉取血　将兔仰卧位固定，术者左手以动脉搏动为标志，确定穿刺部位，右手将注射器针头刺入股动脉，如流出血为鲜红色，表示穿刺成功，应迅速抽血，拔出针头，压迫止血。

（3）耳缘静脉取血　耳缘静脉可供采取少量静脉血样，方法与前述耳缘静脉注射给药相似。

（4）心脏穿刺取血　此方法适用于需要采取较大量的血样。将兔仰卧固定，剪去心前区被毛，碘酒消毒皮肤，用装有 7 号针头的注射器，在胸骨左缘第 3 肋间或在心跳搏动最显著部位向心脏穿刺，刺入心脏后血液一般可自动流入注射器，或者边刺入边抽吸，直至抽出血液。采血中回血不好或动物躁动时，应拔出注射器，重新确认心脏搏动后再次穿刺采血。若针头已刺入心腔但又抽不出血时，应将针头稍微轴向转动一下或稍后退一点，但切不可使针头在心脏内横向摆动。

若需要抗凝血样时，应事先在注射器或毛细管内加入适量抗凝剂，如柠檬酸钠或肝素，将它们均匀浸润注射器或毛细管内壁，然后烘干备用。

2. 大鼠和小鼠

（1）断尾取血　当所需血量很少时可采用本法。固定动物，露出尾部，用二甲苯擦拭尾部皮肤或将鼠尾浸于 45 ~ 50℃的热水中数分钟，使其血管充分扩张，然后擦干，剪去尾尖数毫米，让血自行流出，也可从尾根向尾尖轻轻挤压，促进血液流出。如需多次采取鼠尾尖部血液，每次采血时，将鼠尾剪去很小一段，取血后，先用棉球压迫止血并立即用 6% 液体火棉胶涂于尾巴伤口处，使伤口外结一层火棉胶薄膜，保护伤口。也可采用切割尾静脉的方法采血，三根尾静脉可交替切割，并自尾尖向尾根方向切割，每次可取 0.2 ~ 0.3 mL 血，切割后用棉球压迫止血（图 3-28）。

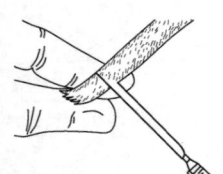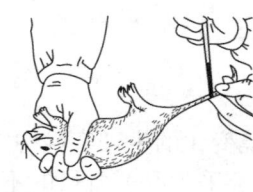

图 3-28　切割尾静脉取血法

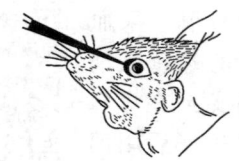

图 3-29　眼眶后静脉丛取血

（2）眼眶后静脉丛取血　当需要中等量血液，而又避免动物死亡时可采用此法。首先用乙醚等将动物浅麻醉，采用侧眼向上固定体位，用左手的拇指及示指轻轻压迫动物的颈部两侧，使头部静脉血液回流困难，眼球充分外突，眶后静脉丛充血。右手持带 7 号针头的 1 mL 注射器或长颈（3 ~ 4 cm）硬质玻璃滴管（毛细管内径 0.5 ~ 1 mm），将采血器与鼠面成 45° 角，在泪腺区域内，用采血器由眼内角在眼睑和眼球之间向喉头方向刺入。血液即自行流出。体重 20 ~ 30 g 小鼠每次可采血 0.2 ~ 0.3 mL，体重 200 ~ 300 g 大鼠每次可采血 0.4 ~ 0.6 mL（图 3-29）。

（3）心脏取血　适用于取血量较大时，方法与兔心脏取血相同，但所用针头可稍短。

3. 狗

一般采用前肢皮下头静脉或后肢小隐静脉取血，操作与静脉注射相似。

4. 家禽

常用翼根静脉或蹼间静脉取血，也可采用切断颈总动脉和颈静脉一次性取血。

5. 鱼类

在采血前，除特殊情况（部分药理学研究）外，鱼类一般都需要进行麻醉，待完全麻醉后再实施采血。若研究需要，不能对鱼类进行麻醉，应该采用有效的方法禁止鱼类在采血时的活动，以免影响采血效果。一般，较大型鱼类（体重大于 200 g）的采血推荐使用 22 G 的针头，较小型的鱼类应该使用更细小的针头（大于 22 G）。

视频
鲫麻醉与采血

（1）断尾采血　将鱼麻醉后，将鱼体表水分和黏液擦干，用干毛巾包裹住鱼身，将鱼头朝上，露出尾柄；用手拉住尾鳍，将臀鳍后缘垂直于侧线方向的一圈鳞片剔出，然后用粗剪刀从鳞片剔出处将尾柄剪断，这时从体轴中心处即可流出血液（此时流血量最多的是脊柱下方尾动脉和静脉），用采血管或者其他采血器皿盛接。采血时要注意防止体表残留水分、黏液或者鳞片等混入所采集的血液中以免污染血液样品；在剪断尾鳍后，血液涌出较迅速，要及时收集，以免拖延时间造成采血量不足；若流血不畅，则可轻轻按摩躯体加速血液流动，仍可取到数滴血。或者，也可以利用毛细采血管直接从出血点采集血液（图 3-30）。

（2）尾部血管采血　首先按照鱼的大小选取针头，根据采样需要选择注射器预先加入抗凝剂或不加抗凝剂。将鱼麻醉后，把鱼侧放在湿毛巾上；把注射针头从臀鳍后尾柄腹中部垂直或者倾斜插入鱼体（图 3-31），待针头头部进入鱼体后随即后拉注射器活塞，造成注射器腔体负压；继续将针头深入抵达脊椎血管，然后稍微后退或者前后移动针头，以便使针头进入到脊柱下方的动脉或静脉，此时由于负压存在，当针头正确进入血管后即有血液流入注射管内，就表明已刺破尾部血管而得到血样；当血液达到合适量时即可拔出针头。

图 3-30　断尾采集鲫（*Carassius auratus*）血液

还有另一种尾部血管采集方法，就是将鱼麻醉后侧卧，剔除臀鳍上方的侧线下 1 片鳞片，紧贴侧线下将针头插入裸露的皮肤内，将针刺入抵达脊椎血管棘之间，稍稍后退或左右移动针头，使其进入脊椎下的动脉或静脉中采集血液（图 3-32）。待采集到合适血量后，拔出针头，用手按压针孔处 30 s 左右进行止血。

（3）心脏采血

① 小型鱼类（或者鱼苗）的心脏采血法：首先准

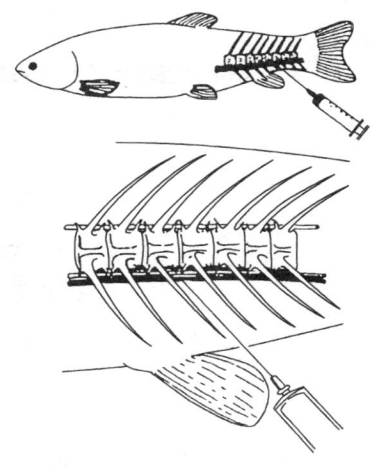

图 3-31　鱼类臀鳍下尾部血管采集血液

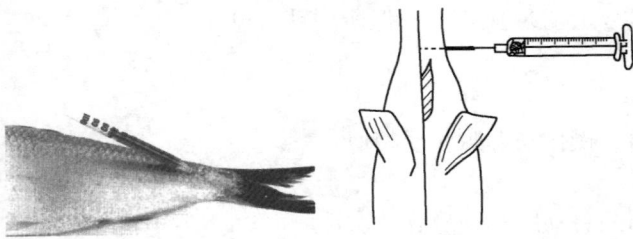

图 3-32　鱼类侧线下尾部血管采集血液

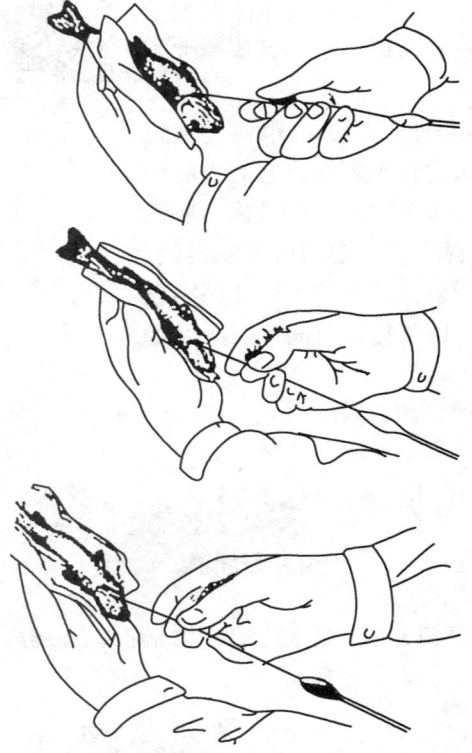

图 3-33　用毛细采血管从鱼类心脏采血

备一根长约 20 cm 的玻璃毛细采血管（或者使用合适的注射器针头），用肝素钠等抗凝剂浸润内壁；将鱼类麻醉或直接用干毛巾包裹后，使其腹面朝上，固定头部，从靠近鱼类峡部（腹部鳃裂连接处的 V 形结构）的两胸鳍正中区域以 60° 倾角插入采血管尖头，迅速刺穿皮肤和肌肉组织进入围心腔，再刺入心脏（或者动脉球），此时即有血液进入毛细管，保持姿势不变，直到血液充盈满毛细采血管（图 3-33）；然后抽出采血管，上下颠倒数次使血液和抗凝剂混匀。

② 较大型鱼类（一般体重大于 200 g）的心脏采血法：基本操作方法同上述，直接利用注射器代替毛细管采血（图 3-34）。注射器可用抗凝剂处理，也可不用处理，主要根据所需血样的种类而定。

（4）背主动脉采血　将麻醉鱼类背位固定在 V 形手术台上，扩张鱼口裂至最大位置，从口腔内背面第 3 和第 4 鳃弓正中间以 30° ~ 40° 倾角刺入针头；待针头头部进入后随即后拉注射器活塞，造成注射器腔体负压；深入针头刺入背主动脉，当有血液持续流入注射筒内时即说明到达正确位置，此时保持姿势直到采血完毕（图 3-34）。

（5）腹主动脉采血　将麻醉好的鱼类腹位固定，扩张口裂至最大位置，将针头沿口腔内腹面中线中间（第 2 和第 3 鳃弓连接处）以 30° 左右倾角刺入组织，深入针头进入腹主动脉；观察到具有血液回流时，即说明针头已经

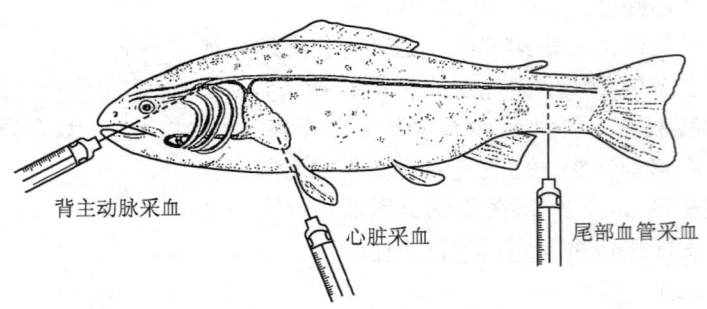

背主动脉采血　　心脏采血　　尾部血管采血

图 3-34　鱼类几种采血法

进入腹主动脉，此时保持姿势直到采血完毕
（图 3-35）。

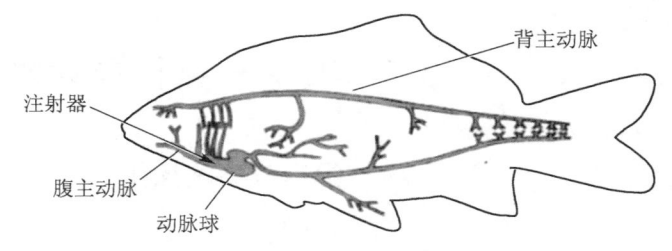

图 3-35　鱼类腹主动脉采血

3.6.2　实验动物的处死方法

实验动物的处死方法很多，应根据实验
目的、实验动物的种类以及需要采集标本的
部位等因素，选择不同的处死方法。无论采
用哪一种方法，都应遵循动物安乐死的基本
原则，即在不影响实验结果的前提下，使实验动物短时间无痛苦地死亡。处死实验
动物时应注意：①保证操作人员安全。②不能影响实验检查的结果且处死方法易于
操作，不在同种动物群中杀死动物。③确认动物是否已被处死不能只看呼吸是否停
止，还要看神经反射、肌肉松弛等状况。④注意环保，避免污染环境，妥善处理好
尸体。

（1）颈椎脱臼法　此法是将实验动物的颈椎脱臼，使脊髓断裂导致死亡，常用
于大、小鼠的处死。大、小鼠脱臼时，先将动物放在笼盖上，待动物安静后，用拇
指和食指用力往下按住头部，或用镊子快速压住动物的颈部，另一只手抓住鼠尾，
用力稍向后上方拉扯，使颈椎脱臼，造成脊髓与脑干断离，动物立即死亡。

（2）断头、毁脑法　此法常用于蛙类。可用剪刀剪去头部，或用金属探针经枕
骨大孔破坏脑和脊髓而致死。大鼠和小鼠也可用断头法处死，剪刀要求较大而锋
利。操作时，用左手拇指和食指夹住小鼠的肩胛部，固定，将剪刀垂直放在动物颈
部，一次剪断。

（3）空气栓塞法　处死兔、猫、狗常用此法。向实验动物静脉内急速注入一定
量的空气，形成肺动脉或冠状动脉空气栓塞，引起实验动物严重血液循环障碍而死
亡。一般兔、猫需注入的空气量为 10 ~ 20 mL，狗为 70 ~ 150 mL。

（4）急性大失血法　此法适用于各种实验动物。将实验动物的股动脉、颈动
脉、腹主动脉剪断或剪破、刺穿实验动物的心脏放血，导致急性大出血、休克、
死亡。

（5）开放性气胸法　在动物胸壁剪一开口，造成气胸，肺因大气压缩发生萎
陷，纵膈摆动，动物发生急性呼吸衰竭而死。

（6）二氧化碳吸入法　此法适用于多种实验动物。一般使用液态二氧化碳高压
瓶或固体二氧化碳。操作时，准备 5 倍笼盒大小的透明塑料袋或专用容器，把装动
物的笼盒放入透明塑料袋内，将塑料袋包紧、封好，充入二氧化碳气体，动物很快
就会被麻醉而倒下，继续充气 15 s 左右，放置一段时间后动物即死亡。

（7）化学药物致死法　此法适用于各种动物，静脉注入一定量的 KCl、过量麻
醉药等可使动物很快死亡。KCl 使心肌失去收缩力，心跳停止而死亡。兔静脉注射
10% KCl 5 ~ 10 mL 即可死亡。

3.7　组织分离和插管术

3.7.1　组织分离前操作

1. 除去被毛

在动物手术前，应将手术部位的被毛去除，以利于手术进行。根据不同实验需要可采用不同的去除被毛方法。

（1）剪毛法　这是生理学教学实验中常用的方法，适合于急性实验。用弯头剪或粗剪刀，剪毛范围需大于切口的长度。剪毛时需用一手将皮肤绷平，另一手持剪刀贴于皮肤，逆着毛的朝向剪毛。剪下的毛应立即浸泡入水中，以免到处飞扬。

（2）拔毛法　大、小鼠皮下注射或兔耳缘静脉注射取血时常用此法。操作时，将动物固定后，用拇指、食指将所需部位被毛拔去，涂上一层凡士林，可更清楚地显示出血管。

（3）剃毛法　大动物慢性手术时采用。先用刷子蘸湿肥皂水将需去毛的被毛充分浸润透，然后用剃毛刀顺被毛进行剃毛。若采用电动剃刀，则逆被毛方向剃毛。

（4）脱毛法　采用化学脱毛剂将动物的被毛脱去。此方法常用于大动物作无菌手术，观察动物局部血液循环及其他各种病理变化。将动物需脱毛部位的被毛先用剪刀尽量剪短，用棉球蘸脱毛剂在脱毛部位涂成薄层，经 $2 \sim 3$ min 后，用温水洗去脱毛部位脱下的毛，再用干纱布将水擦干，涂上一层油脂（脱毛剂种类及使用见附录）。

2. 切口和止血

（1）切口　根据实验目的的要求确定手术切口的部位和大小，如肠切除取腹正中切口，肾切除取左背部切口，必要时做出标志。进行切口时，用一手拇指和食指向两侧绷紧皮肤使其固定。另一手持刀，使刀刃与欲切开的组织垂直，以适当的力度一次切开皮肤和皮下组织为佳。

组织要逐层切开，并以按皮肤纹理或各组织的纤维方向切开为佳。组织的切开处应选择无重要血管及神经横贯的地方，以免将其损伤。用几把皮钳夹住皮肤切口边缘暴露手术野，以利于进一步分离、结扎、插管等操作。

（2）止血　手术过程中所造成的出血必须及时止住。完善的止血不仅可以防止继续失血，还可以使手术野清楚地显露，有利于手术的顺利进行。止血的方法有：

① 钳夹止血法　此法用于出血点明确的血管出血，使用时只需将止血钳钳住出血点即可，小血管出血钳住一会儿放松后可不再出血，大的血管出血，应钳住后再用结扎法止血。

② 压迫止血法　此法用于小血管的大面积渗血。使用时将灭菌纱布或棉球用温热生理盐水打湿拧干后按压在出血部位片刻或用明胶海绵覆盖即可。干纱布只用来吸血或压迫止血，不能用来揩擦组织，以免损伤组织和刚形成的凝血块脱落。

③ 烧烙止血法　用专用电刀直接烧灼出血点即可。此法常用于渗血和小血管

出血。此法止血快，效果好，但对组织有一定损害。

④ 结扎止血法　此法主要用于出血点明确的大血管出血，是一种较为可靠的止血方法。使用时先用止血钳将出血点钳住，确认出血点后用丝线将其扎住。

肌肉的血管丰富，肌肉组织出血时要与肌肉一同结扎。为了避免肌肉组织出血，在分离肌肉时：若切口与肌纤维的方向一致，应钝性分离；若方向不一致，则应采取两端结扎，从中间切断的方法。

3.7.2　肌肉、神经、血管的分离

1. 一般原则

神经、肌肉和血管都是比较娇嫩的组织，在分离过程中要仔细、耐心、轻柔。分离时应掌握先神经后血管、先细后粗的原则。分离的方向一般要求与神经、血管的走向平行，才能避免损伤组织。在分离较大神经、血管时，应先用止血钳（或眼科镊）将神经或血管周围的结缔组织稍加分离，然后用大小适宜的止血钳插入已被分开的结缔组织破口，沿着神经或血管走向逐渐开大，使神经从周围的结缔组织中游离出来，必要时也可用手术剪将附着在神经或血管上的结缔组织剪去。分离细小的神经和血管时，可用玻璃分针或眼科镊将神经或血管从组织中仔细分离出来。需特别注意保持局部的自然解剖位置，不要把结构关系搞乱。

切不可用带齿镊分离和用止血钳或镊子夹持神经和血管，以免受损。分离完毕后，在神经或血管的下方穿以浸透生理盐水的线，以备刺激时提起或结扎之用。然后盖上一块浸以生理盐水的纱布，防组织干燥，或在创口内滴加适量温热（37℃左右）石蜡油，使神经浸泡其中。

2. 兔颈部神经、血管和气管的暴露与分离

兔的颈部神经、血管、气管的解剖位置关系清晰，分支较少；更为突出的是，兔的减（降）压神经单独为一支，与迷走神经、交感神经、颈动脉伴行（图 3-36），是进行心血管活动及内脏神经机能研究的理想实验材料。

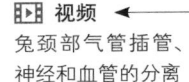

▶ 视频
兔颈部气管插管、神经和血管的分离

动物麻醉后仰卧在手术台上，颈部剪毛、消毒后，即可切开皮肤进行分离。

（1）神经　于颈总动脉旁有一束神经与其伴行。小心分离颈总动脉的鞘膜后仔细辨认该神经束中的 3 条神经：其中最粗的是迷走神经，最细的是减（降）压神经，交感神经粗细介于二者之间。在颈部中央段，迷走神经位于最外侧，减（降）压神经靠近颈总动脉，交感神经位于二者之间。减（降）压神经细如毛发，常与交感神经紧贴在一起。用玻璃分针将所需神经分离出 1～2 cm，穿线备用。

（2）颈总动脉　位于气管两侧，分离覆盖在气管上的胸骨舌骨肌和侧面斜行的胸锁乳突肌，深处可看到颈动脉鞘。仔细分离鞘膜即可看到搏动的颈总动脉，在其下穿线备用。需要剪断血管分支时，必须使用双结扎。

（3）气管　在喉头下缘沿颈前正中线做一适当长度的切口（兔约为 4 cm），用止血钳分

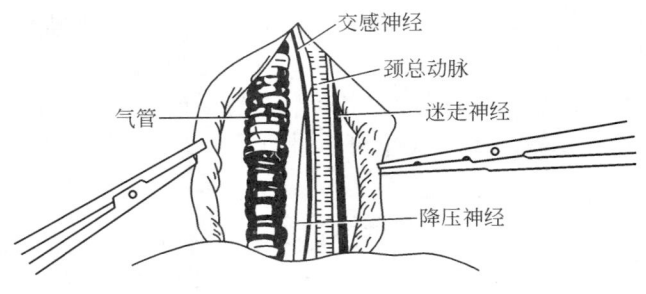

图 3-36　颈部分离

开胸骨舌骨肌和胸锁乳突肌，即可看到气管，用玻璃分针或手术刀柄将覆盖在气管表面的筋膜除去，使气管完全暴露。用弯头止血钳或镊子在气管下穿一根线备用。

有关其他动物组织的分离技术将在有关的实验中加以介绍。

3. 兔内脏大神经分离术

视频
兔内脏大神经的
分离

兔麻醉仰卧固定于手术台上，剪去腹部毛，做腹部正中切口，长约为 10 cm，用温热生理盐水纱布衬垫腹部右侧，将腹腔内脏拉出并推至纱布上。暴露左侧肾脏，并将左肾向下推压，在其右上方可见一浅黄色黄豆粒大小的肾上腺。内脏大神经自膈肌从左向右下斜行进入肾上腺，并分支入腹腔神经节。仔细分离其主干，连同少量周围组织一起用保护电极钩住（或穿线），备用。然后将腹腔脏器复位，用止血钳关闭腹腔备用。

3.7.3 插管术

视频
插管术

动物插管是为了保证动物的正常生理状态而常用的一种处理方法：如为了保证动物的肺通气通畅，需做气管插管，使动物通过气管插管进行呼吸；为了测定血压或放血；注射、取血、输液等需采用血管插管。

1. 插管的一般原则

动作要轻，创面要小，尽量避免对周围组织的损伤，减少对动物的伤害；所有插管要与所在组织扎牢，以免脱落；保持所裸露组织的湿润；经常观察插管部位，以防意外情况出现。

2. 哺乳动物的插管技术

（1）气管插管 动物（以兔为例）暴露、游离出气管，并在气管下穿一较粗的线。用剪刀或专用电热丝于喉头下 2~3 cm 处的两软骨环之间，横向切开气管前壁约 1/3 的气管直径，再于切口上缘向头侧剪开约 0.5 cm 长的纵向切口，整个切口呈"⊥"状。若气管内有分泌物或血液要用小干棉球拭净。然后一手提起气管下面的缚线，一手将一适当口径的 Y 形气管插管斜口朝下，由切口向肺插入气管腔内，再转动插管使其斜口面朝上，用线缚结于套管的分叉处，加以固定（图 3-37）。

（2）颈动脉插管 事先准备好插管导管，取适当长度的塑料管或硅胶管，插入端剪一斜面，另一端连接于装有抗凝溶液（或生理盐水）的血压换能器或输液装置上，让导管内充满溶液。

给动物静脉注射肝素（500 U/kg）[①]，使全身肝素化（也可不进行此操作），分离出一段左颈总动脉（左颈

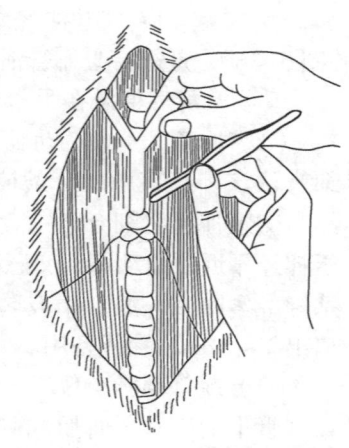

图 3-37 气管插管示意图

---

① 对于某些生物活性物质，如抗生素、激素、疫苗等，将具有一定生物功效的最小效价单位称为"单位"（U），国际共识指定的标准单位称为"国际单位"（IU）。U 或 IU 可与质量单位进行转换，不同生物活性物质转换值不同。此处 U/kg 与 40 页注释中 mg/kg 类同，本书后同。

总动脉分为颈外和颈内动脉，其颈内动脉基部有一膨大处，为颈动脉窦），在其下穿两根线备用。将动脉远心端的线结扎，用动脉夹夹住近心端，两端间的距离尽可能长。用眼科剪在靠远心端结扎线处的动脉上呈 45° 剪一小口，约为管径的 1/3 或 1/2，向心脏方向插入动脉导管，用近心端的备用线，在插入口处将导管与血管结扎在一起，其松紧以开放动脉夹后不致出血为度。小心缓慢放开动脉夹，如有出血，即将线再扎紧些，但仍以导管能抽动为宜。将导管再送入 2~3 cm，并使结扎更紧些，以使导管不致脱落。用远心处的备用线围绕导管打结、固定。操作完毕后将血管放回原处（图 3-38）。

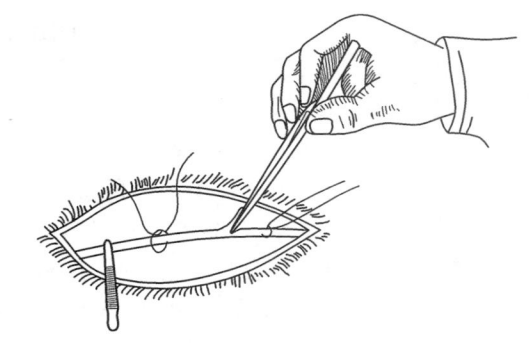

图 3-38　颈总动脉插管示意图

（3）股动脉、股静脉插管　动物麻醉后仰卧于手术台上，剪去股三角区的毛后，用手触摸股动脉搏动，确定股动脉走向。沿血管方向切开 3~5 cm 的皮肤，分离皮下组织及筋膜，可看到股动脉、股静脉和神经。三者的位置从外向内依次为股神经、股动脉和股静脉。用蚊式钳小心地将股神经分出，然后再将股动脉和股静脉分出，血管周围的结缔组织要分离干净。在远心端结扎血管，并用动脉夹夹闭近心端血管。在动脉夹后穿线，以备固定插管用。用眼科剪朝心脏方向将血管剪一小斜口，然后用一

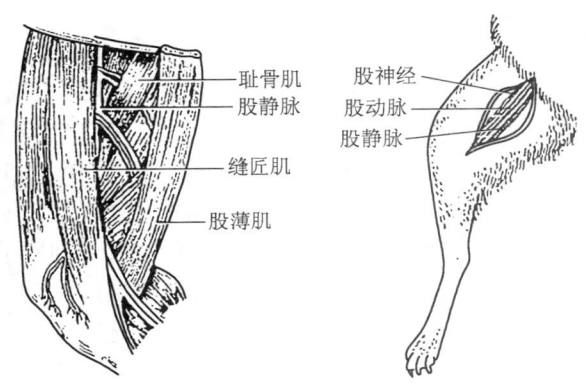

图 3-39　股三角区和股部神经血管

插管从剪口处向心方向插入血管内，再用结扎线固定。插管导管的准备同颈总动脉插管导管，其末端插入粗细相当的钝针头，针头上接三通活塞。用注射器通过三通活塞向插管导管内注入肝素，关闭活塞（图 3-39）。

3. 鱼类的插管技术

（1）食管插管　根据鱼体大小选择合适的食管插管（一般选择内径 1.5 mm、外径 2.0 mm 的塑料软管）。将鱼麻醉后放置在具有循环流水系统的手术台上；然后用一根细钢丝（直径为 0.5~0.8 mm）穿入塑料导管，用来增加导管的刚韧性，防止插管时导管弯曲；随后，将导管从鱼口腔中轻轻插入，在经过口咽腔时会遇到阻力，此时稍微用力即可穿过进入食管，根据鱼体大小和鱼的种类确定插入的深度，到达合适位置后抽出钢丝（图 3-40）；然后用 13 G 左右的针头刺穿口腔皮肤，让导管穿过其中，用手术缝合线将食管插管固定在口腔内部和嘴部皮肤上。

注意：在穿入钢丝时，不要让钢丝头从导管中冒出，以防止钢丝尖头刺伤食管。另外，食管插管时可遇到阻力，一般来讲：第一个阻

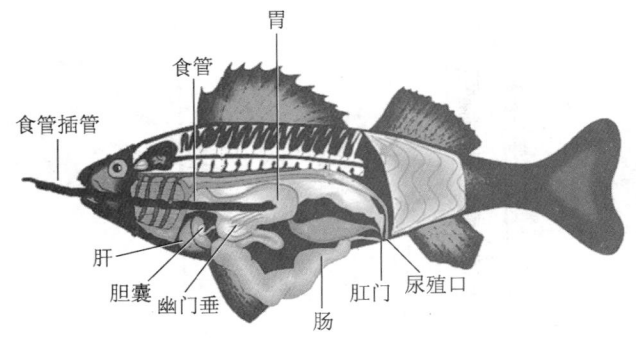

图 3-40　鱼类食管插管

力来自进入口咽腔时的阻力，此时可稍用力即可穿过去；第二个阻力是导管抵达胃底或者肠道的第一个弯折时的阻力，此时不能再用力插入导管，应该稍微回撤导管，防止用力过猛刺破消化管。

（2）血管插管

① 背主动脉插管：

（a）准备一根长 50 cm 的 PE50 导管（内径 0.5 mm，外径 0.96 mm），一端用解剖刀切出 45° 斜口，用肝素钠浸润导管内壁。再准备一根不锈钢导丝，尖端磨尖，将导丝穿进 PE50 导管，尖端突出导管至少 1 mm。

（b）将鱼类麻醉后背位固定在 V 形手术台上，在左、右鳃盖下插入小胶管，使循环流动的含低浓度麻醉剂的溶液灌注鳃部，保证麻醉鱼类的正常呼吸。

（c）扩张鱼口裂至最大位置，用 14 G 针头在鱼鼻孔上方穿一洞至口腔内，将 PE150 导管（内径 1.5 mm）穿过孔洞固定，以便穿过动脉插管，用手术缝合针在口腔内壁穿线备用，以用来固定动脉插管。

（d）用止血钳夹住穿有金属导丝的 PE50 管，利用导丝针尖从口腔内背面第 2 和第 3 鳃弓正中间以 30° ~ 45° 倾角刺入背主动脉（图 3-41）。导管进入动脉后，抽出导丝，此时可见血液进入导管。

（e）将导管通过三通阀分别连接一支充满肝素钠的注射器和另一支空注射器，先用空注射器抽血至血液充满导管；然后将肝素钠注入导管，使导管内血液回流到动脉，并让肝素钠充满导管。

（f）用手术缝合线将导管固定在上颌内壁，并通过上颌顶部的 PE150 管将动脉插管引出体外连接仪器进行相关实验研究（如采血、注射药物等）（图 3-42）。也可以不用 PE150 管，直接从口腔边缘或鳃盖后缘穿洞将导管引出体外，用手术缝合线固定好空腔内导管即可。

（g）手术后鱼的护理：做完背主动脉插管后，鱼应立即移入有新鲜流水与充气的水族箱中，迅速使其苏醒。如因麻醉较深，苏醒较慢，可用手帮助其口腔和鳃腔运动。苏醒后的鱼应移入特制的用塑料板隔成长格的流水式水族箱内，每格只能放一尾鱼，使其安静不游动，以免引起导管脱落。手术后至少恢复 24 h 才能开始实验。

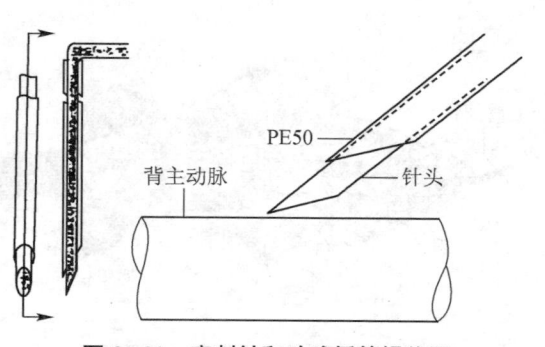

图 3-41   穿刺针和动脉插管操作图

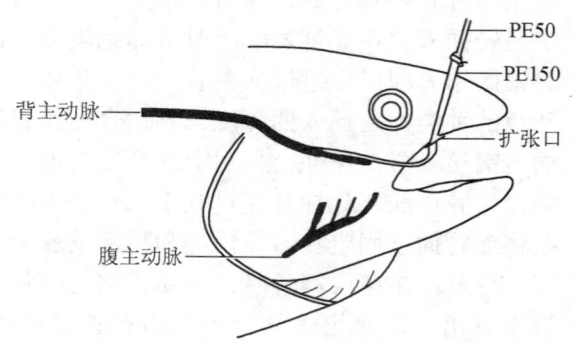

图 3-42   鱼类背主动脉插管

注意：如果血管导管正好插入背主动脉内，则背主动脉的血会沿着血管导管向外流出。此时也可来回推拉注射器观察血管导管内血液的流动情况：如果血流通畅，说明已插入背主动脉；如果血流中断，说明血管导管并没有插入背主动脉，必须将血管导管抽出，再进行插管操作。

② 腹主动脉插管：腹主动脉插管和背主动脉插管的操作方法相似，只不过导管是沿口腔内腹面中线中间（第 2 和第 3 鳃弓连接处）以 30° 左右倾角刺入腹主动脉（图 3-43）。

③ 尾部血管插管：用 18 号针头，内穿过口径适宜的细塑料管。塑料管长 20 ~ 30 cm，一端做尖锐的切口，另一端连接注射器和针头；管内充满含肝素的生理盐水。鱼经麻醉后用湿毛巾包住前半部，一手握住尾柄，另一只手将内含细塑料管的针头从尾柄腹部插入体壁而到达血管棘。用连接细塑料管的注射器抽取有少量血液进入管内，即可证明细塑料管前端已插入尾部血管内。此时，可仔细把细塑料管推进到血管内数厘米，然后小心把注射针头从入针部位拉出来，并脱离细塑料管。最后用细线把塑料管（即导管）固定在尾鳍基部（图 3-44）。使细塑料管充满含肝素的生理盐水后，将注射器取出，用大头针将导管末端塞紧并避免出现气泡。这时可把鱼放回水族箱内。待它完全恢复正常后就可以进行实验。

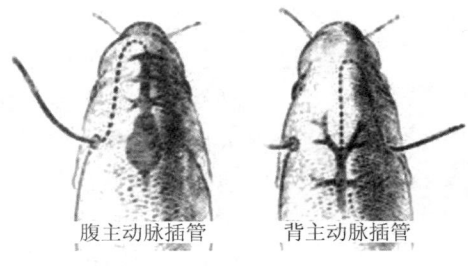

腹主动脉插管　　背主动脉插管

虚线：体内导管；实线：体外导管。

图 3-43　鱼类头部主动脉插管

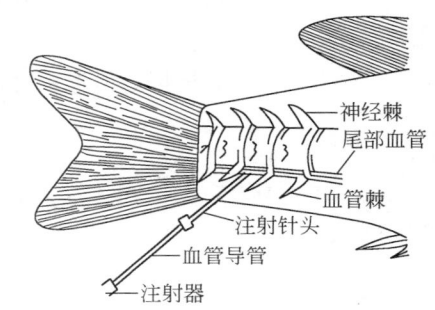

神经棘
尾部血管
血管棘
注射针头
血管导管
注射器

图 3-44　鱼类尾部血管插管术

取血样时，可用注射器先将导管内的含肝素生理盐水及少量血液取出弃去，然后换上另一支注射器吸取血样。取完血样后应用注射器从导管注入一些含肝素的生理盐水，并用大头针将导管末端塞紧，以备第二次取血样。

3.8　动物实验意外事故的处理

在生理实验中由于手术时的操作不慎、动物生理状态不佳或一些无法预测的因素造成动物窒息、大出血等事故，一旦发生这种情况，不要慌张，首先确定造成意外情况的原因，再采取措施，防止情况进一步恶化。

1. 麻醉过量和窒息

麻醉是动物手术中必不可少的过程，由于动物的生理状态不同，有时会产生麻醉过量现象，造成呼吸或循环系统异常情况，此时应根据过量的程度，采用不同的方式处理。如动物呼吸极慢而不规则，但血压和心搏仍正常时，可施行人工呼吸，并给苏醒剂。若动物呼吸停止，血压下降，但仍有心搏时，应迅速施行人工呼吸，同时注射温热的 50% 葡萄糖溶液、0.01% 肾上腺素及苏醒剂。若动物呼吸停止，而且心搏极弱或刚停止时，应用 5% CO_2 和 95% O_2 的混合气体进行人工呼吸和心脏按摩，注射温热的生理盐水。心搏恢复后，注射 50% 葡萄糖及苏醒剂。常用苏醒剂有咖啡因（1 mg/kg）、可拉明（2 ~ 5 mg/kg）和山梗菜（0.1 ~ 1 mg/kg）等。

2. 大出血

在生理实验中，由于操作失误或无法预见的原因，有时会出现大出血，遇到这种情况首先不要慌张，尽快查明出血原因，用棉球吸去血迹，观察血的来源。一般大出血由两种情况造成：一是大血管被剪破，找到出血口后，立即用止血钳钳住出血口的两侧。如出血口不是很大，钳住一段时间后，血液会凝固，此时放开止血钳后不会再出血；如出血口较大，则用止血钳钳住后，需用线将出血口两侧进行结扎，以防进一步出血。有时出血量非常大，来不及用止血钳止血，也可用手指夹住出血口，再用止血钳止血。二是渗透性出血，虽然渗透性出血是由一些小血管造成，但很多小血管同时出血，造成的总体出血效应还是相当严重的，此时也应首先确定出血部位，然后用温生理盐水浸过的棉花压在或明胶海绵覆盖在出血部位上止血，也可用上面提到的烧烙止血法烧灼出血部位，此方法虽然对组织有一定伤害，但却是对付渗透性出血一种较为有效的方法。

（3.1，郭慧君　王春阳；3.2，李莉；3.3，王丙云　陈胜锋　汤蓉　祝东梅；3.4~3.5，王丙云　陈胜锋；3.6，王丙云　陈胜锋　李大鹏；3.7，汤蓉　李大鹏　祝东梅；3.8，汤蓉）

第 *4* 章

动物生理学研究性实验的基础知识

4.1　生理学研究性实验的实施

4.2　生理学实验研究论文的撰写与答辩

ℯ **数字资源**

拓展知识

动物生理学既是一门理论性很强的基础性学科，又是一门实验性很强的学科，它的所有理论知识都来源于对生命现象的客观观察和实验。动物生理学的实验基础、理论体系和研究方法也是现代生命科学和技术的基础。回顾历史，我们不难发现生理学或医学的很多重大发现并非都借助于高精尖仪器，而更多的是源于严谨的实验设计、缜密的实验观察及研究者巧妙的逻辑思维。因此，在学生进行一段动物生理学理论学习和经过一定的实验操作技能的训练之后，循序渐进地开展一些动物生理学探索性、研究性实验设计的基础性训练是非常必要的。

通过动物生理学实验课程，特别是通过探索性和研究性实验及其设计过程的学习，使学生充分认识实验在科学理论产生和发展中的作用，培养和提高学生的动手能力、敏锐的观察分析问题和逻辑思维能力、对科学锲而不舍的探索精神和以创新意识为核心的科学素养，为今后独立进行科学研究打下必要的基础。

4.1 生理学研究性实验的实施

动物生理学研究性实验的基本程序包括立题、实验设计、实验及观察、实验结果的处理分析及研究结论几个环节。科学、严谨的实验设计是提高研究和实验效率、减少误差和获取可靠资料的基本保证。

4.1.1 立题

立题是指确定所要研究的课题，是研究性实验中具有战略意义的关键环节，决定着研究的方向和总体内容。立题包括选题和建立假说。选题恰当与否直接关系到实验结果的意义与价值以及实验的成败。一个好的选题应该具有目的性、创新性、前瞻性、科学性和可行性。

（1）目的性　选题必须具有明确的理论或实践意义。应明确、具体地提出通过实验需要解决的问题：是解决理论性问题，还是解决实践应用性问题？题目力求简洁，内容不宜繁杂庞大，一个实验设计只需解决 1~2 个主要问题即可。

（2）创新性、前瞻性　科学研究是一项创新性工作，所研究的问题必须是别人没有研究过的，或虽然有人研究过但还不够完善或未能做出结论的问题。只有创新性实验才具有研究的价值和意义。创新的基础在于对所学的理论知识和实验技能的综合运用的能力，因此首先要通过检索国内外相关文献和科研资料，弄清所涉及领域的研究动向和深度（发展水平），以找出自己拟解决问题的突破口。在选题时就要考虑到通过实验研究能否（或拟）提出新规律、新见解、新技术、新方法，或者是否能对原有熟悉的规律、技术或方法加以修正、补充，这就要求设计者要紧密结合专业实践进行选题。

（3）科学性　要解决所研究的问题首先必须要有一个假设，再通过设计实验去证明该假设是否正确。因此，选题要有充分的科学依据，而不是毫无根据地凭空瞎想。确立的题目要与已有科学理论、科学规律相符合。

（4）可行性　立题时，还应考虑实验的主客观条件因素，设计者应结合自身的理论知识水平、实验技术水平和该课题研究所需的基本实验条件（主要仪器、药品、器械等）具备的情况进行选题，所观察的指标要明确可靠，易观察记录；所获结果重复性好，结论能说明问题，确保实验能顺利实施。力争尽可能用最小的财力、物力、人力和时间获取有效的结果。通常实验对象应选择容易获得的常规小型实验动物（如兔、大鼠、小鼠、蛙或蟾蜍等），实验器材、药品试剂等尽量选择简易可靠，进行一次实验一般在 4～5 h 内即能完成等。

　　科学研究除需要遵循上述的选题原则外，也离不开科学的假说。假说是对拟研究的问题预先提出实验设计的基本原理、步骤和假定性答案或试探性解释，也就是实验研究的预期的结果。在开始研究前，提出的假说能够引导研究的展开；在研究有了结果后，还可以根据研究中的发现对假说进行修正，进一步提出对某一问题的观点。要建立科学的假说，查阅文献资料是必不可少的工作。需要利用已掌握的知识和资料，运用对立统一的观点进行类比、归纳和演绎等一系列逻辑推理过程，达到明确实验及研究的目的和途径，才能进入实验设计环节。

4.1.2　实验设计

　　实验设计是指基于选题和假说制订实验研究的计划和方案，包括专业技术设计和统计学设计。专业技术设计是根据专业知识确定完成研究任务的途径，可以是多层次、多学科、多方法的综合性研究路径和方案，选择具体的实验方法、实验对象、药品、试剂、仪器，确定样本的收集、处理方法及观察指标，合理安排实验步骤等；统计学设计是指按照统计学原理，为完成实验内容并能获得可信的结果，而确定样本的采集量、分组方式和方法以及对结果处理的方案。二者相辅相成，交叉进行。实验设计的格式可以是：

　　① 课题名称。

　　② 立题依据：说明立题的理论和实验依据、要解决的主要问题和通过实验要达到的目的。

　　③ 所需实验动物、仪器、器材及药品。

　　④ 实验的方案计划及技术路线。

　　⑤ 实验方法与实验步骤：包括动物的麻醉、固定、手术操作程序、给药方式、实验仪器装置的连接及实验参数的设置等。

　　⑥ 拟观察的实验指标。

　　⑦ 预期的结果。

　　⑧ 注意事项：指出实验中可能遇到的影响实验结果的问题及解决办法。

　　⑨ 参考文献：列出主要的参考文献题目、作者、出处及出版时间。

　　由于实验研究中的各个实验要素、各个实验环节都会对实验结果产生重要的影响，因此一个科学的选题和严谨的实验设计，通常是能按照研究题目合理地协调各个实验要素，最大限度地节省人力、物力和时间，减少实验误差，获得真实可信的实验结果。如果设计不周密，可导致人力、物力、时间的浪费，甚至导致实验失败。实验设计是进行实验研究的重要环节，是实验过程的依据和数据处理的前提，更是提高研究质量的必要保证。

1. 实验设计的基本要素

通常根据确立的研究题目，即可从中体现出该研究内容最基本的三大要素，即处理因素、受试对象、实验效应。如表4-1。

表4-1　实验设计的基本要素举例

处理因素	受试对象	实验效应
灵芝提取物	（对）直肠癌细胞	抗癌作用
某药物	（对）兔	消化管平滑肌收缩特性的影响
乙醇	（对）兔	血流动力学的影响
不同应激因素	（对）小鼠	学习记忆机能的影响

（1）处理因素　根据实验研究的目的，人为施加于受试对象的外部因素称为处理因素，处理因素包括物理因素（电刺激、温度、手术等）、化学因素（药物、缺氧等）及生物因素（细菌、病毒、寄生虫等）。在设置处理因素时还需注意以下几个问题：

① 实验的主要因素：由于因素不同和同一因素不同水平而造成因素的多样性，在实验设计时有单因素和多因素之分，因此要抓住实验的主要因素。一次实验只观察一个因素的效应称为单因素，一次实验中同时观察多种因素的效应称为多因素。一次实验的处理因素不宜过多，否则会使分组过多，方法繁杂，受试对象增多，同时所需时间较长，费用也很高，实验中难以控制。但处理因素过少又难以提高实验的深度、广度及效率。因此，需要根据研究提出的假设、目的和可能性来确定是单因素还是多因素。

② 处理因素的强度：处理因素的强度是指处理因素量的大小，如电刺激强度、药物剂量等。处理因素的强度要适当。同一因素有时可以设置几个不同的强度，如某试验药可设几个剂量级（高、中、低），即有几个水平，但处理因素的水平也不要过多，可先试探性地设计一些处理因素的强度，再根据预备性试验结果确定好处理因素的强度。

③ 处理因素的标准化：处理因素在整个实验过程中应保持统一，即标准化，否则会影响实验结果的评价。例如电刺激的强度（电压、持续时间、频率等）、药物质量（来源、成分、纯度、生产厂、批号、配制方法等）和仪器参数等在整个实验过程中必须保持不变。在实验过程中严格遵循这一规定，以保证研究结果的可比性，进而得出正确的结论。实行处理因素标准化的有效方法是建立和实施每一类实验的标准操作规程，这将保证每个实验都能够按照统一的标准进行，避免因标准不一造成的失败或误差。

④ 非处理因素的控制：非处理因素（干扰因素）可能会影响实验结果，应加以控制和重视，如离体实验时的恒温、恒压、供氧等，以及动物的年龄、性别、健康状况等都是非处理因素。

（2）受试对象　受试对象的选择十分重要，实验动物选择合适与否与实验成败及误差大小有很大关系。应根据对处理因素的敏感程度和反应的稳定性等来选择适合的受试对象。受试对象包括人、动物、离体器官或组织、分离培养的活细胞等。此外，还要考虑动物饲养和繁殖的难易、价格、生长周期等因素。动物选择的条件如下（详见 3.3.1 节）：

① 首先选择对处理因素敏感、实验效应易见而又相对经济易得的种类及品系的实验动物，如兔、大鼠、小鼠等模式动物。如果需要用大型动物，则可选用狗、羊、猪等。

② 根据实验目的、实验设计要求和技术条件选择动物的品种和纯度。某些实验需要实验动物具有明确生物学特征、清楚的遗传学和微生物学背景，需要使用纯种（近交系）动物，因此需要判断动物的种类及其生理生化特点是否符合实验研究的要求，是否适合复制稳定可靠的疾病模型。

③ 动物的年龄、体重、性别、健康和营养状况良好，且最好一致，以减少个体间的生物差异。急性实验选用成年动物，慢性实验应选用年轻健壮的雄性动物；对性别要求不高的实验，雌雄应搭配适当；与性别有关的实验，要严格按实验要求选择性别。

④ 保障实验动物福利，遵循"减少、替代、优化"的 3R 原则。"减少"就是要求在实验中尽可能减少实验动物的使用数量，提高实验动物的利用率和实验的准确性；"替代"就是不再利用活体动物进行实验而是以组织细胞培养、各种活体外试验或计算机模型以及统计分析等方法来加以替代；"优化（精细）"就是确保动物在麻醉、镇痛和镇静剂或其他适当的处理下进行实验，不使其遭受不必要的伤害或痛苦。

（3）实验效应　实验效应是指实验观察指标（检测指标），用来表达处理因素对受试对象所产生的影响，反映受试对象对处理因素所发生的标志性的生理或病理现象。

实验指标（检测指标）包括计数指标（定性指标）和计量指标（定量指标），或主观指标和客观指标等。实验指标的选择应符合以下原则：

① 特异性：观察指标应能特异性地反映某一特定现象，而不易与其他现象混淆。如研究高血压病时，应以动脉压（尤其是舒张压）作为高血压病的特异性指标。

② 客观性：观察指标应避免受主观因素干扰造成较大误差。尽可能选用易于量化、经过仪器测量和检验而获得的具体数字、图形和表格等客观性指标，如心电图、脑电图、血压、心率、呼吸、血气分析、血液生理生化指标或细菌学培养结果等。而主观性指标易受观测者个体差异的影响，如目测比色等主观感觉性指标，其客观性、准确性较差，即难定性，更不易定量。

③ 重复性：在相同条件下，观察的指标可以重复出现。指标重现性高，说明偏性和误差小，能比较真实地反映观察指标的实际情况。为提高重现性，须注意仪器的稳定性，减少操作误差，控制动物的机能状态和实验环境条件。如果在满足这些条件的基础上，重现性仍然很小，说明这个指标不稳定，不宜采用。

④ 精确度：精确度包括精密度与准确度。精密度指重复观察时各观察值与其平均值的接近程度，其差值属于随机误差。准确度指观察值与其真值的接近程度，

主要受系统误差的影响。实验指标要求既精密又准确。

⑤ 灵敏度：灵敏度高的指标能使处理因素引起的微小实验效应显示出来。灵敏度低的指标会使本应出现的变化不易出现，造成"假阴性"的结果。指标的灵敏度受测试技术、测量方法、仪器精密度的影响。

⑥ 可行性和认可性：可行性是指研究者的技术水平和实验室设备的实际条件能够完成本实验指标的测定。认可性是指经典的（公认的）实验测定方法，必须有文献依据。自己创立的指标测定方法必须经过与经典方法作系统比较并有优越性，方能被学术界认可。

此外，在选择指标时，还应注意以下关系：客观指标优于主观指标；计量指标优于计数指标；变异小的指标优于变异大的指标；动态指标优于静态指标，如体温、体内激素水平变化等，可按时、日、年龄等作动态观察；所选的指标要便于统计分析。

2. 实验设计的原则

为确保实验设计的科学性、减少实验误差、获得可靠结论，除了对实验对象、处理因素、实验效应做出合理的安排外，还必须始终遵循实验设计的三个原则，即对照、随机和重复原则。

（1）对照原则　即设立参照物，使处理因素和非处理因素的差异有一个科学的对比，通常实验分组为处理组和对照组。在比较的各组之间，除处理因素不同外，其他非处理因素尽量保持相同，从而根据处理与不处理之间的差异，了解处理因素带来的特殊效应。同时要求受试对象的基本特点、实验动物品系、性别、年龄相同，体重相近；采用的仪器设备、各种试剂和材料、实验的季节、时间、实验环境（温度、湿度、光照、噪声等）、实验方法、操作过程、采用的观察指标等也要一致；整个研究过程都要按照统一的标准进行，或者由同一实验者操作实验的某一部分或观察一种指标，若中途改变条件会使实验结果前后难以比较，导致返工等问题。行为学实验还要求实验者不要更换等。只有这样，才能消除非处理因素带来的误差，实验结果才能说明问题。

根据实验研究目的和要求的不同，可选用不同的对照形式：

① 阴性对照

空白对照：对对照组不施加任何处理因素。例如，"抗衰老药物对小鼠的抗衰老作用"或"生长激素对动物生长的影响"实验，实验组中加入抗衰老药物或生长激素，对照组不给任何处理。

安慰剂对照：对对照组动物仅给予安慰剂。安慰剂是一种"模拟"药，它在形状、大小、颜色、剂型、质量、味道和气味等物理特性上都要与试验药物相同，但不能含有试验药物的有效成分，在药物剂型和处理上不能被受试者识别，避免对照组与实验组的动物出现心理上差异。

假处理对照：也称实验对照，对对照组动物要经过相同的麻醉、注射甚至进行假手术、切开术、分离术（安慰操作）……但不用药或不进行关键处理，以此作为手术对照，以排除手术本身的影响。假处理所用的液体 pH、渗透压、溶媒等均与处理组相同，因而可比性好。例如，研究切断迷走神经对胃酸分泌的影响，除设空白对照外，还要设假手术组作为实验对照，以排除手术本身的影响。

② 阳性对照

标准对照：用现有的标准方法或常规方法作对照，例如，要判断某一个体血细胞的数量是否在正常范围内，则需要通过计数红细胞、白细胞、血小板的数量，将测得的结果与正常值进行对照比较，根据其是否偏离正常值的范围做出判断。此时所用的正常值就是标准对照。

弱阳性对照：以药效较弱的老药作为对照，以示新药的价值。

③ 自身对照：用同一受试对象实验前资料作为对照，例如，用药前、后的对比。但此法不适用于不能在同一个体身上多次进行实验观察的情况。

④ 相互对照（又称组间对照）：几个实验组、几种处理方法之间互为对照。例如几种药物治疗某种疾病时，可观察几种药物的疗效，各给药组间互为对照。

⑤ 历史对照：以过去的研究结果作对照。

（2）随机原则　在实验研究中，不仅要求有对照，还要求各组间除了处理因素外，其他产生混杂效应的非处理因素尽可能保持一致，即均衡性要好。贯彻随机化原则是提高组间均衡性的一个重要手段，也是资料统计分析时，进行统计推断的一个前提。

随机原则是使每一个体都有均等机会被分配到任何一个组中或接受处理，以减少人为因素的干扰和影响，消除混杂因素引起的误差。随机化的方法很多，常用的有完全随机和均衡随机。

① 完全随机（单纯随机）：先将动物全部编号，按统计学专著所附的随机数字表，任取一段数字，依次排配各个动物的编号，然后按排配随机数字的奇偶（分两组时）或用排配随机数字除以组数后的余数（分两组以上时）作为归入的组数。最后随机调整，使各组的动物达到均等。

② 均衡随机（分层随机）：对重要因素进行均衡，使各组基本一致；对次要因素则按随机处理。例如，将 30 只动物（雌雄各半）分为 3 组，可先把动物按性别分层，分为雌 15 只、雄 15 只，然后雌、雄再按体重分层，得到"雌重""雌轻""雄重""雄轻" 4 个层，每层动物再按随机原则分到各观察组。此时，各组的雌雄和轻重基本一致，而其他因素得到随机处理。

（3）重复原则　重复是指各实验组及对照组中受试对象的例数（或实验次数）需达到一定数量，可靠的实验结果应能在相同条件下重复出来，即实验结果能保持在一个相对稳定的范围内，即重现性。假如样本量（或实验重复次数）过少，仅在一次实验或一个样本上获得的结果往往由于个体差异的存在，以及实验误差的影响而不准确，其结论的可靠性也差。如样本过多，不仅增加工作难度，而且造成不必要的人力、财力和物力的浪费。优化实验设计的目的就是要使样本的重复次数减少到不影响实验结果的最小限度。实验结果的重现率至少要大于 95%，这样因实验出现假阳性导致错误判断的可能性就会小于 5%（$P < 0.05$）。如果用相对较小的样本数量就能获得 $P < 0.05$ 水平的实验，显然要比用过量样本所获得 $P < 0.05$ 水平的实验更为可取。

4.1.3　实验和观察

1. 预备性试验

预备性试验是在上述实验设计基本完成以后，以少数的受试对象对实验指标进行观察，对主要实验方法和步骤进行初步演示的过程，其目的在于检查各项准备工作是否完善，实验方法和步骤是否切实可行，测试指标是否稳定可靠，初步了解试验结果与预期结果的距离，为选题和实验设计提供依据，从而为正式实验提供补充、修正的意见和宝贵经验，是完备实验设计和保证实验成功的必不可少的重要环节。预备性试验重点解决以下几个问题：①确定正式实验样本的种类和例数；②检查实验观察指标是否客观、灵敏和可靠；③改进实验设计方案和方法，熟悉实验技术；④调整处理因素的强度，探索药物剂量大小和反应的关系，确定最适合的用药剂量；⑤发现有研究价值的新线索。

2. 开题论证

学生以课题小组为单位将实验设计方案交由教师审阅修改，再进行开题论证，通过立题、实验设计报告和答辩，对实验设计进行修改补充。

3. 实验过程的观察与记录

在生理学实验研究中，实验观察和记录占有重要地位。实验观察按照预备性试验确定的步骤进行，应注意对整个实验的变化过程及施加处理因素的时间、出现变化的时间和恢复到正常水平的时间进行观察，及时、客观、完整、准确地记录原始实验结果。注意要在前一项实验结果恢复正常之后再进行下一项实验。要特别注意观察是否出现非预期结果或"反常"现象。在排除不合理的错误结果后，应对其进行分析，并进一步试验来检验是否真有新发现和新理论出现。

可以预先设定原始记录的项目和内容，实验过程中要注意保持原始记录的原始性和真实性，整理保存好原始记录资料（文字、数字图形、表格、照片、影像资料等），严禁撕页、涂改或以事后整理记录来取代原始记录。可充分利用智能手机的照相功能随时以图像或视频的形式记录实验过程。通常实验记录的项目和内容包括：

① 实验名称、实验日期、实验者。

② 实验对象：对象的分组以及动物种类、品系、编号、体重、性别、来源、合格证号、健康状况、离体器官名称等。

③ 刺激种类、刺激参数：若是药物刺激，则应记录药物名称、来源（生产厂）、剂型、批号、规格（含量或浓度）、剂量、给药方法等。

④ 实验仪器：主要仪器名称、生产厂、型号、规格等。

⑤ 实验条件：实验时间、室（水）温、动物饲养、饲料、光照、恒温条件等。

⑥ 实验方法及步骤：测定内容和方法等。

⑦ 实验指标：指标的名称、单位、数值及变化等，如有实验曲线，应注明实验项目、刺激（或药物）施加与撤销标记。

4.1.4　实验结果的处理

在取得实验结果的完整原始记录后，必须应用统计学原理和方法进行实验数据的整理和分析判断，才能从中发现问题，揭示其变化的规律性及其影响因素。

1. 原始资料的类型

实验中获得的结果数据称为原始资料，分为两大类：计量资料和计数资料。

计量资料用数值大小来表示某种变化的程度，如血压值、呼吸频率、尿量、血流量等，这类资料可从测量仪器中读出，也可以通过测量所描记的曲线获得。计数资料是清点数目所得到的结果，如动物存活或死亡、有效或无效的数目等。

2. 原始资料的分析处理

在取得完整原始资料或数据后，首先必须对各实验组的原始数据进行系统分类，经过归纳整理对照组和不同处理因素的各实验组原始资料，使其系统化和标准化。再通过统计学原理和方法进行数据处理和分析，计算出各组数据的统计数值如平均值、标准差、标准误、率或比、相关系数等，即统计指标。数据的统计处理方法必须与具体实验设计方案密切配合，通常计数指标用百分数表示，计量指标用均值和标准差或标准误表示。最后进一步作统计学的显著性检验分析等。以此推论是否是一般规律，事前的假设是否确立，是否能上升为结论或理论。如果资料的总体分布不是或不能转换为常态分布时，可用非参数统计方法来计算。将经统计学处理的实验数据绘制成一定的统计表或统计图，以便分析讨论所获得的各种变化规律。

在整理实验资料时，不能按自己的主观臆断和偏见对实验数据随意舍取，分析判断实验结果时，必须实事求是，更不能人为地强求实验结果符合自己的假说，而应该根据实验结果去修正假说，使假说上升为理论。如果排除了所有可能干扰因素后，实验结果仍然与预期结果不符时，也不要气馁，要坚信自己的实验结果，再进一步实验，就会有新的发现。

3. 实验结果的表示方法

在实验所得的结果中，凡属于可定量检查的资料，如高低、长短、快慢、轻重、多少等，均应以法定计量单位和数值予以表达，并制成表格。在可以记录到曲线的实验项目中，应尽量采用曲线来表示实验结果。要求在所记录到的曲线上仔细标写清楚各项图注，便于他人观察和辨识曲线的内在含义。例如应在曲线的适当部位标注度量标尺及度量单位、刺激开始和终止的标志、实验日期和实验名称等。

4.1.5　实验研究的结论

科学研究经过实验设计、实验与观察、数据处理，对实验结果由表及里地进行分析，就可得出结论、做出研究总结，并能撰写出论文。这个结论要回答原先建立的假说是否正确，并对实验中发现的现象用所搜集到的资料做出理论解释。研究结论是从实验观察结果概括或归纳出来的规律。结论内容要严谨、精炼、准确。

4.2　生理学实验研究论文的撰写与答辩

撰写科研论文是科研工作的重要工作，是以作者自己设计和实施的实验中获得的原始资料为依据而撰写的研究论文。一篇高质量的科研论文可以全面概括科研工作的过程，体现研究者工作的新发现、新方法、新观点及其研究价值，并体现研究者的科研水平及科学态度。科研论文写作既是一个阶段研究工作的总结，也是下一个阶段研究的基础。科学价值和表达形式是构成研究论文的两大要素，科研设计和实验结果决定科学价值，表达形式则通过资料整理和写作来反映。由此可见，严密的科研设计和真实有效的实验结果是高水平研究论文的基础，而准确、完美的表达形式则能充分体现科研水平和意义。因此，如何撰写出高质量的研究论文，除了需要有深厚的科研功底外，还要有较强的逻辑表达能力，并注重科学性、创新性与可读性，做到多读、多思考、多请教、多写、多修改。

实验研究论文的书写与一般的实验报告有所不同，要求按照科研论文的格式书写。论文内容和格式通常包括引言、方法、结果与分析、讨论、结论和参考文献等部分。

论文撰写的具体格式要求如下：

① 题目：字数不超过 25 个字，能反映研究课题的基本要素，有创新。

② 作者：作者（按贡献大小进行排名）与专业（年级、班级），并注明指导教师姓名。

③ 摘要：按照目的、方法、结果、结论等进行描述，要求有重要的数据（用具体数据和显著性检验结果表示），能概括全文的主要内容与观点，字数以 350 字以内为宜。

④ 引言（前言）：简要说明本研究领域的研究概况和本课题研究解决问题的理论与宗旨。

⑤ 材料与方法：包括动物、药品、仪器、实验分组及处理方法、详尽完善的实验方法、明确的观测指标和数据统计处理方法等。

⑥ 结果：客观实验结果用数据表示，统计处理的实验结果用统计表或图表示，显著性检验应标注概率（如 $P<0.05$、$P<0.01$），图表应标注图序、图题、表序、表题和注释。同时须用文字条理清晰地描述结果。

⑦ 讨论与结论：根据实验结果及相关理论文献进行讨论，分析其产生的机制，并做出结论。

⑧ 参考文献：参考文献引用在句末，按顺序用上标的加方括号的阿拉伯数字序号表示。按照引用序号、作者、标题、期刊或著作、出版时间、卷、期、起止页码等在文后列出引用的文献。

最后在教师主持下以班级为单位进行论文答辩。

拓展知识
动物生理学实验设计参考课题

通过这样的系统训练，考查学生对文献背景知识、设计思想、实验观察指标、技术路线、结果与讨论的掌握程度。考查学生答辩的语言表达能力、逻辑思维能力。

（肖向红　柴龙会）

第二部分　基础性实验

第**5**章

细胞的基本功能

e **数字资源**

视频

动画

教学课件

拓展知识

常见问题

思考题解析

实验 5.1   蛙坐骨神经 – 腓肠肌标本制备和刺激强度对肌肉收缩的影响

蛙类一些基本生命活动和生理机能与恒温动物相似，若将蛙的神经 – 肌肉标本放在任氏液中，其兴奋性在几个小时内可保持不变。若给神经或肌肉一次适宜刺激，可在神经和肌肉上产生一个动作电位，同时肉眼可看到肌肉收缩和舒张一次，表明神经和肌肉产生了一次兴奋。在生理学实验中常利用蛙的坐骨神经 – 腓肠肌标本研究神经和肌肉的兴奋、兴奋性，刺激与反应的规律和肌肉收缩的特征等，制备坐骨神经 – 腓肠肌标本是生理学实验的一项基本操作技术。

能被动物机体所感受且引起其反应的环境因素的变化称为刺激。刺激包括机械的、化学的、温度的或电的刺激。这些刺激要能引起蛙或蟾蜍的坐骨神经 – 腓肠肌标本中的肌肉收缩，在刺激强度、持续时间和强度对时间的变化率三方面都必须达到最小值（阈值）。矩形方波的电刺激是动物生理实验室中常用的刺激（见 2.1.1 节）。

在神经 – 肌肉标本内有许多兴奋性不同的运动单位（由运动神经元及其所支配的肌纤维组成）。在保持足够的刺激持续时间（脉冲波宽）不变时，只有刺激强度增加到某一定值，才引起少数兴奋性较高的运动单位兴奋，表现出少数肌纤维产生收缩和较小的张力变化。随着刺激强度的继续增加，会有较多的运动单位被兴奋，肌肉收缩幅度、产生的张力也不断增加。刚刚引起肌肉收缩的刺激强度为**阈强度**，具有阈强度的刺激称为**阈刺激**。强度高于阈强度的刺激称为**阈上刺激**。但当刺激强度增大到某一临界值时，无论是兴奋性高的和兴奋性低的运动单位都被兴奋，因此引起肌肉最大幅度的收缩，产生的张力也最大，此后再增加刺激强度，不会再引起反应的继续增加。可引起神经、肌肉最大反应的最小刺激强度为最适刺激强度，该刺激称为**最大刺激**或**最适刺激**。

【实验目的】

学习生理学实验基本的组织分离技术；

学习和掌握制备蛙类坐骨神经 – 腓肠肌标本的方法；

学习和掌握测定阈刺激强度和最大刺激强度的方法和肌肉收缩活动的记录方法；

了解刺激的种类、刺激强度与肌肉收缩的关系。

【实验对象】

蟾蜍或蛙。

【实验药品】

任氏液，食盐，1% H_2SO_4。

视频 ◄
蛙坐骨神经 – 腓肠肌标本制备

【仪器与器械】

小动物手术器械一套，培养皿，滴管，废物缸，电子刺激器，生物信号采集系统，$50 \sim 100$ g 的张力换能器，细线，锌铜弓，棉球，滤纸片，蛙肌板等。

【方法与步骤】

1. 蛙坐骨神经 – 腓肠肌标本制备

（1）破坏脑、脊髓 取蟾蜍（或蛙，以下略）一只，用自来水冲洗干净（勿用手搓）。左手握住蟾蜍，使其背部向上，用拇指或示指使头前俯（以头颅后缘稍稍拱起为宜）。右手持探针由头颅后缘的枕骨大孔处垂直刺入椎管（图5-1）。然后将探针改向前刺入颅腔内，左右搅动探针 2～3 次，捣毁脑组织。如果探针在颅腔内，应有碰及颅底骨的感觉。

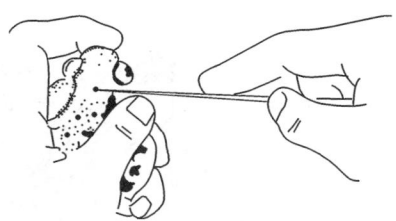

教学课件
蛙坐骨神经–腓肠肌标本制备

图 5-1 破坏蟾蜍脑、脊髓

再将探针退回至枕骨大孔，使针尖转向尾端，捻动探针使其刺入椎管，捣毁脊髓。此时应注意将脊柱保持平直。针进入椎管的感觉是，进针时有一定的阻力，而且随着进针蟾蜍出现下肢僵直或尿失禁现象。若脑和脊髓破坏完全，蟾蜍下颌呼吸运动消失，四肢完全松软，失去一切反射活动。此时可将探针反向捻动，退出椎管。如蟾蜍仍有反射活动，表示脑和脊髓破坏不彻底，应重新破坏。

（2）剪除躯干上部、皮肤及内脏 用左手捏住蟾蜍的脊柱，右手持粗剪刀在前肢腋窝处连同皮肤、腹肌、脊柱一并剪断，然后左手握住蟾蜍的后肢，紧靠脊柱两侧将腹壁及内脏剪去（注意避开坐骨神经），并剪去肛门周围的皮肤，留下脊柱和后肢。

（3）剥皮 一只手捏住脊柱的断端（注意不要捏住脊柱两侧的神经），另一只手捏住其皮肤的边缘，向下剥去全部后肢的皮肤（图5-2）。将标本放在干净的任氏液中。将手及使用过的解剖针、剪刀全部冲洗干净。

（4）分离两腿 用镊子取出标本，左手捏住脊柱断端，使标本背面朝上，右手用粗剪刀剪去突出的骶骨（也可不进行此步）。然后将脊柱腹侧向上，左手的两个手指捏住脊柱断端的横突，另一手指将两后肢担起，形成一个平面。此时用粗剪刀沿

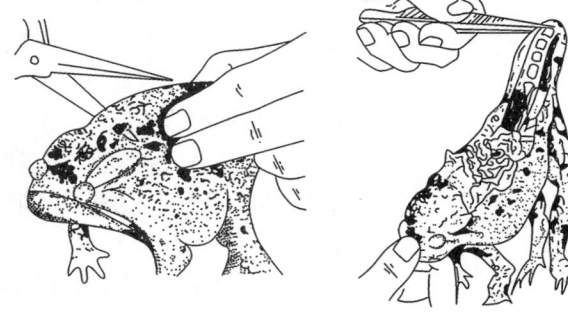

图 5-2 剪除躯干及内脏

正中线将脊柱、骨盆分为两半（注意：勿伤及坐骨神经）。将一半后肢标本置于任氏液中备用，另一半放在蛙板上进行下列操作。

（5）辨认蛙后肢的主要肌肉 蛙类的坐骨神经是由第 7、8、9 对脊神经从相对应的椎间孔穿出汇合而成，行走于脊柱的两侧，到尾端（肛门处）绕过坐骨联合，到达后肢背侧，行走于梨状肌下的股二头肌和半膜肌之间的坐骨神经沟内，到达膝关节腘窝处有分支进入腓肠肌（图5-3）。

（6）游离坐骨神经和腓肠肌 用蛙钉或左手的两个手指将标本绷直、固定。先在腹腔面用玻璃分针沿脊柱游离坐骨神经，然后在标本的背侧于股二头肌与半膜肌的肌肉缝内将坐骨神经与周边结缔组织分离直到腘窝，但不要伤及神经，其分支待以后用手术剪剪断。

同样用玻璃分针将腓肠肌与其下的结缔组织分离并在其跟腱处穿线、结扎。

（7）剪去不用的其他组织 操作从脊柱向小腿方向进行。

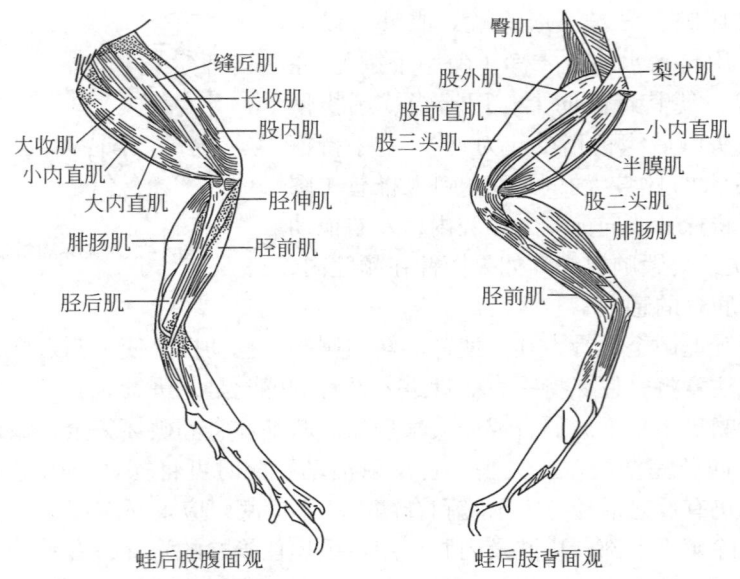

蛙后肢腹面观　　　　　　　蛙后肢背面观

图 5-3　蛙的后肢肌肉

① 剪去多余的脊柱和肌肉：将后肢标本腹面向上，将坐骨神经连同 2~3 节脊椎用粗剪刀从脊柱上剪下来。再将标本背面向上，用镊子轻轻提起脊椎，自上而下剪去支配腓肠肌以外的神经分支，直至腘窝（图 5-4A），并搭放在腓肠肌上。沿膝关节剪去股骨周围的肌肉，并将股骨刮净，用粗剪刀剪去股骨上端的 1/3（保留 2/3），制成坐骨神经–小腿标本。

② 完成坐骨神经–腓肠肌标本：将脊椎和坐骨神经从腓肠肌上取下，提起腓肠肌的结扎线剪断跟腱。用粗剪刀剪去膝关节以下部位，便制成了坐骨神经–腓肠肌标本（图 5-4B）。

（8）检验标本　用沾有任氏液的锌铜弓触及一下（或电刺激）坐骨神经或用镊子夹持坐骨神经中枢端，如腓肠肌发生迅速而明显的收缩，说明标本的兴奋性良好。标本浸入任氏液中备用。

然后再依次用热玻棒、食盐（或浸有 1% H_2SO_4 的滤纸片）刺激坐骨神经中枢端（或肌肉），观察肌肉收缩有何变化。如果放上食盐肌肉无动静，用任氏液将盐冲洗掉，再观察冲洗过程中肌肉收缩有何变化。

2. 测定标本的阈强度和最大刺激强度

（1）标本的放置　将蛙肌板（蛙肌槽，以下略）、张力换能器均用双凹夹固定于支架上；标本的股骨残端插入蛙肌板的固定小孔内固定；腓肠肌跟腱上的连线连于张力换能器的应变片上（暂不要将线拉紧），夹住脊椎骨碎片将坐骨神经轻轻平搭在蛙肌板的刺激电极上。将张力换能器的输出导线连到生物信号采集系统的通道输入孔中（如 CH1）。蛙肌板上的刺激电极与生物信号采集系统的刺激器输出相连（图 5-5）。调整换能器的高低，牵引肌肉上的连线，使其与换能器受力。打开计算机，启动生物信号采集处理系统，进入"刺激强度对骨骼肌收缩的影响"实验菜单。

▶ 视频
刺激强度对肌肉
收缩的影响

📺 教学课件
刺激强度和刺激
频率对肌肉收缩
的影响

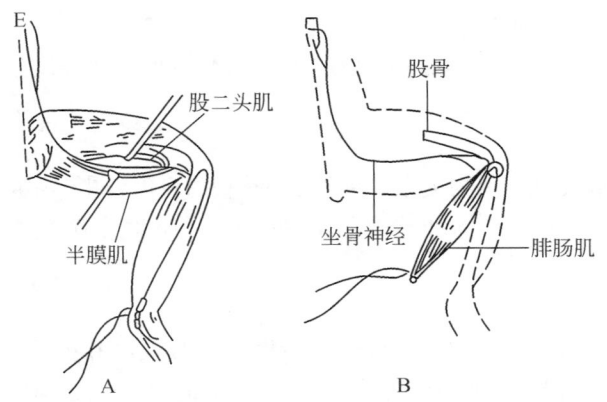

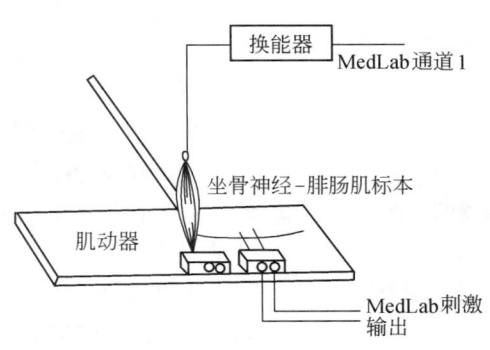

图 5-4　分离坐骨神经（A）和坐骨神经－腓肠肌标本（B）　　　图 5-5　离体坐骨神经－腓肠肌标本实验装置

（2）测定阈强度　使用单脉冲刺激方式，波宽调至并固定在 1 ms，刺激强度从零开始逐渐增大；首先找到能引起肌肉收缩的最小强度，该强度即是阈强度。描记速度要求每刺激一次神经，都应在记录纸或屏幕上记录（或显示）一次收缩曲线（图 5-6）。

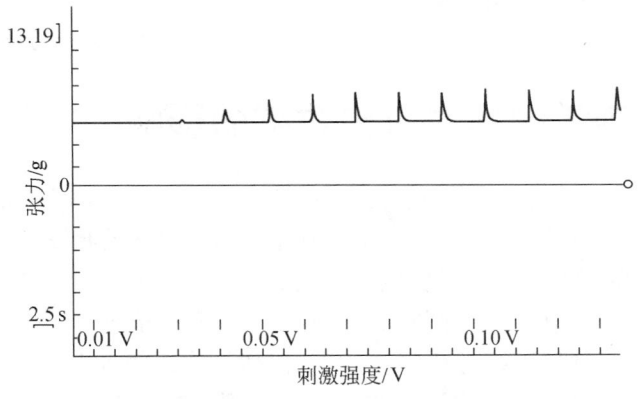

图 5-6　刺激强度与肌肉收缩张力之间的关系

（3）测定最大刺激强度　将刺激强度逐渐增大，观察肌肉收缩幅度是否随着增加，记下的收缩曲线幅度是否也随之升高。继续增大刺激强度，直至连续 3～4 个肌肉收缩曲线的幅度不再随刺激增高为止，读出刚刚引起最大收缩的刺激强度，即为最大刺激强度，也称为最适刺激强度。

【注意事项】

1. 制作神经－肌肉标本时应避免蟾蜍体表毒液和血液污染标本，避免压挤、损伤和用力牵拉标本，不可用金属器械触碰神经干。

2. 整个实验过程中，应不断给神经和肌肉滴加任氏液，防止表面干燥。（为什么？）

3. 标本制成后需放在任氏液中浸泡数分钟，使标本兴奋性稳定，再开始实验效果会较好。

4. 热玻棒的温度防止过高，以免烫伤标本。

5. 每次刺激之后必须让标本休息 0.5 ~ 1 min。实验过程中标本的兴奋性会发生改变，因此还要抓紧时间进行实验。

【实验结果】

1. 标记"刺激强度与肌肉收缩张力之间的关系"曲线，剪辑、打印（图 5-6）。

2. 统计全班各组的结果（以平均值 ± 标准差表示），并绘制不同刺激强度与腓肠肌收缩张力之间的关系曲线。

【思考题】

1. 通过阈强度和最大刺激强度的测定，你能从刺激的特性、刺激强度和神经 – 肌肉标本收缩强度方面得出什么样的结论？肌肉的收缩强度和标本的兴奋性之间有何关系？

2. 用各种刺激检验标本兴奋性时，为什么要从中枢端开始？

3. 刺激有几种形式？如何解释食盐不同处理时对肌肉收缩的影响？

4. 引起组织兴奋的刺激必须具备哪些条件？

5. 何谓阈下刺激、阈刺激、阈上刺激和最适刺激？在阈刺激和最适刺激之间为什么肌肉的收缩随刺激强度增加而增加？

6. 实验过程中标本的阈值是否会改变，为什么？

（杨秀平 李大鹏）

常见问题

思考题解析

视频 ◄
刺激频率对肌肉收缩的影响

教学课件 ◄
刺激强度和刺激频率对肌肉收缩的影响

实验 5.2　刺激频率对肌肉收缩的影响

给神经或肌肉一次单电震刺激，会引起肌肉一次收缩，称为**单收缩**。单收缩包括 3 个时相（时程）（图 5-7）：从施加刺激开始到肌肉开始收缩，一般在标本的外形上无任何变化的时期，称为**潜伏期**。从收缩开始到收缩达到高峰的时期称为**缩短期**或**收缩期**。从最大收缩限度恢复到静息状态，称为**舒张期**。蛙的坐骨神经 – 腓肠肌标本单收缩的总时程约为 0.11 s，其中潜伏期、缩短期共占 0.05 s，舒张期占 0.06 s。若给予标本相继两个最适刺激，使两次刺激的间隔小于该肌肉收缩的总时程时，则会出现一连续的收缩，称为**复合收缩**（或收缩总和）。若两个刺激的时间间隔短于肌肉收缩总时程，而长于肌肉收缩的潜伏期和缩短期时程，使后一刺激落在前一刺激引起肌肉收缩的舒张期内，则出现一次收缩尚未完全舒张又引起一次收缩；若两次刺激的间隔短于肌肉收缩的缩短期，使后一刺激落在前一次刺激引起收缩的缩短期内，则出现一次收缩正在进行接着又产生一次收缩，收缩的幅度高于单收缩的幅度（图 5-8）。根据这个原理，若给予标本一连串的最适刺激，则因刺激频率不同会得到一连串的单收缩、不完全强直收缩或完全强直收缩的复合收缩（图 5-9）。

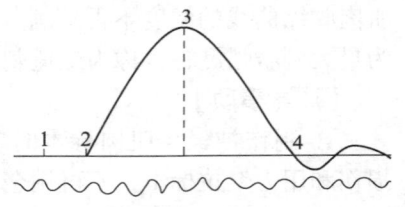

1. 给予刺激；1—2. 潜伏期；
2—3. 缩短期；3—4. 舒张期。

图 5-7　肌肉单收缩曲线

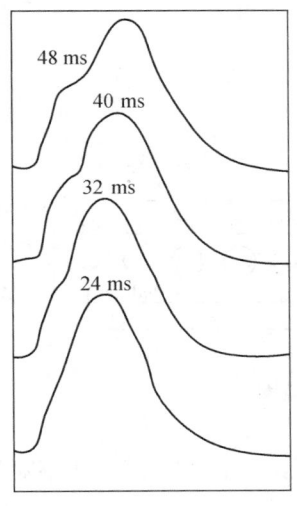

图 5-8　相继两个刺激引起的收缩总和

曲线上数字为两次刺激间隔时间

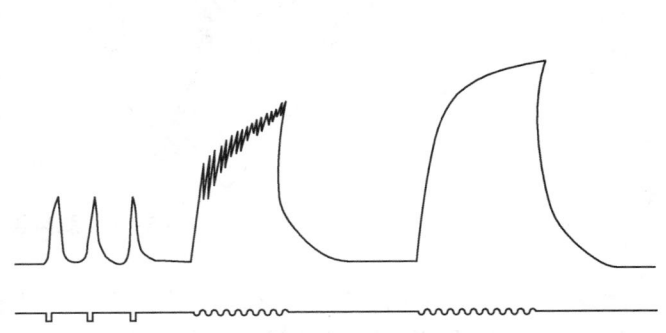

图 5-9　不同刺激频率对肌肉收缩的影响

【实验目的】

观察用不同频率的最适刺激刺激坐骨神经对腓肠肌收缩形式的影响及其特征，了解和掌握单收缩、复合收缩、强直收缩特征和形成的基本原理。

【实验对象】

蟾蜍或蛙。

【实验药品】

任氏液。

【仪器与器械】

见实验 5.1。

【方法与步骤】

1. 标本的制备

（1）取蟾蜍一只，洗净，按操作程序破坏脑和脊髓。

（2）剥离一侧下肢自大腿根部起的全部皮肤，然后将蟾蜍腹位固定（腹部朝下）于蛙板上。

（3）于股二头肌与半膜肌的肌肉缝内将坐骨神经游离，并在神经下穿线备用，然后分离腓肠肌的跟腱穿线结扎，连同结扎线将跟腱剪下，一直将腓肠肌分离到膝关节。

（4）在膝关节旁钉蛙钉，以固定住膝关节。至此，在体标本制备完毕。

2. 仪器及标本的连接

将腓肠肌跟腱上的连线连于张力换能器的应变片上（暂不要将线拉紧），张力换能器的输出导线连到生物信号采集系统的通道输入孔中（如 CH1）；刺激电极与生物信号采集系统的刺激器输出相连；将穿有线的坐骨神经轻轻提起，放在保护电极上，并保证神经与电极接触良好；调整张力换能器的高低，使肌肉处于自然拉长的状态（不宜过紧，但也不要太松），然后可进行实验项目（图 5-10）。

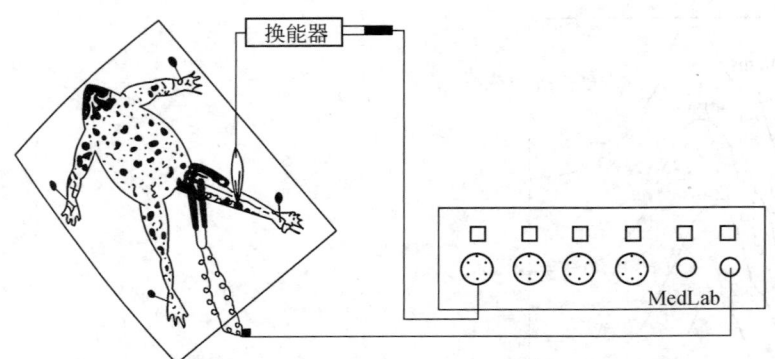

图 5-10   肌肉收缩的记录装置图

实验时，打开计算机，启动生物信号采集处理系统，进入"刺激频率对骨骼肌收缩的影响"模拟实验菜单。

3. 测定标本的最大（最适）刺激强度

以波宽为 1 ms，从最小刺激强度开始逐渐增加刺激强度对肌肉进行刺激，找到刚刚引起肌肉最大收缩的刺激强度，即为该标本的最适刺激强度，整个实验过程中均固定在此刺激强度上（一般为 5.0 ~ 7.5 V）。

4. 记录肌肉的单收缩曲线

单刺激作用于坐骨神经，可记录到肌肉的单收缩曲线。

5. 记录肌肉的复合收缩曲线

用双刺激作用于坐骨神经，使两次刺激间隔时间为 0.06 ~ 0.08 s，记录复合收缩曲线。

6. 记录不完全强直收缩和完全强直收缩曲线

将刺激方式置于"连续"，其余参数固定不变，用频率为 1、6、11、16、21、26 和 31 Hz 的连续刺激作用于坐骨神经，分别记录不同频率时的肌肉收缩曲线，观察不同频率刺激时肌肉收缩的变化（参见图 5-9），从而认识、理解肌肉的单收缩、不完全强直收缩和完全强直收缩。

【注意事项】

1. 经常给标本滴加任氏液，保持标本良好的兴奋性。

2. 连续刺激时，每次刺激持续时间要保持一致，不得超过 4 s（为什么？），每次刺激后要休息 30 s 以免标本疲劳。

3. 若刺激神经引起的肌肉收缩不稳定时，可直接刺激肌肉。

4. 可根据实际需要调整刺激频率。

5. 该实验也可用离体的蛙坐骨神经 – 腓肠肌标本进行，标本的制备和仪器的连接见实验 5.1。

【实验结果】

1. 标记不同的收缩曲线，然后进行剪辑、打印。

2. 分别测量单收缩的潜伏期、收缩期、舒张期和峰值，以及张力增量（发展张力）、收缩间期和舒张 1/2 间期（图 5-11），记录测量结果。

统计全班各组的结果（以平均值 ± 标准差表示），绘制不同刺激频率与腓肠肌收缩张力增量（最大时）的关系曲线。

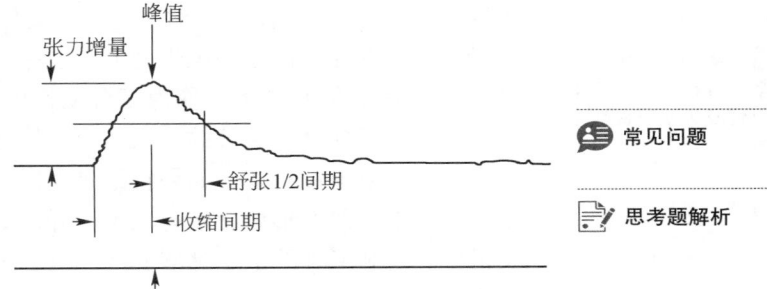

图 5-11　骨骼肌收缩 / 舒张测量值示意图

【思考题】

1. 通过本次实验对刺激频率与肌肉收缩的关系方面作一简要的结论。

2. 何谓单收缩？单收缩的潜伏期包括哪些时间因素？对有神经和无神经的标本有何差异？

3. 何谓不完全强直收缩、完全强直收缩，它们是如何形成的？

4. 肌肉收缩张力曲线融合时，神经干细胞的动作电位是否也发生融合，为什么？

5. 此次实验为什么要将刺激强度固定在最适刺激强度？

6. 为什么刺激频率增高，肌肉收缩的幅度也增高？

（杨秀平　李大鹏）

实验 5.3　蛙坐骨神经干动作电位的观察

单根神经产生和传导的动作电位是"全或无"的。动作电位记录的方法有细胞内记录和细胞外记录，细胞内记录反映细胞膜内外的电位差，而细胞外记录反映兴奋部位和静息部位之间的电位差。蛙坐骨神经干既有传入神经，也有传出神经，由若干兴奋性不同的神经组合在一起。在这样的一根神经干上刺激并记录其动作电位，与对单根神经纤维相比在某种意义上有很大的差别。当把神经干的中枢端搭放在一对刺激电极上，外周端搭放在一对记录电极上，刺激电极与记录电极间保持一定距离，并在它们中间靠近记录电极处放一接地电极（图 5-12）。在记录仪上首先能看到随着刺激强度的增加，幅度随之增加的双向动作电位（上半部表示负电位，

动画
生物电的细胞外记录和细胞内记录

视频
蛙坐骨神经干动作电位观察

常见问题

思考题解析

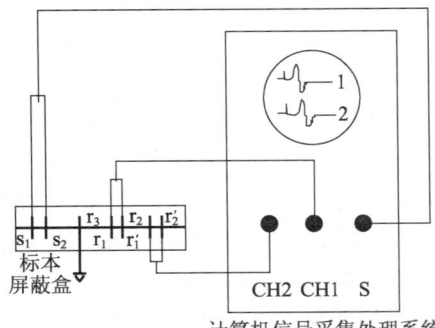

S_1S_2: 刺激电极；r_3: 接地电极；$r_1r'_1$、$r_2r'_2$ 为两对记录电极，与生物信号采集系统的 CH1、CH2 输入端相连，S_1S_2 与 S 刺激输出相连。

图 5-12　观察神经动作电位及测定动作电位传导速度的装置

下半部表示正电位）。该双向动作电位是动作电位在神经干上传导时，分别经过两个记录电极时存在于两记录电极间的电位差；是组成该神经干的若干被兴奋了的神经纤维的动作电位的总和，称为复合动作电位。若将两个记录电极的距离逐渐拉长，则可看到双向动作电位的上下两个波峰逐渐由不对称变成对称，甚至在正负两波形之间出现 0 电位直线；如果将记录电极逐渐远离刺激电极，可发现上述记录到的单一动作电位的波形可分解为几个波峰；如果在一对刺激电极的中间任何位置实施（机械、饱和 KCl 溶液、麻醉或冷冻等）阻断，则在记录仪上只能见到单向复合的动作电位。

动作电位一经产生就可自动向邻近静息部位传导出去。测定神经冲动在神经干上传导的距离（d）与通过这段距离所需的时间（t），然后根据 $v = d/t$ 就可求出神经动作电位的传导速度。但在实际测量中，常用两对记录电极同时记录动作电位，会得到潜伏期不同的两个动作电位，通过测量两对记录电极到刺激电极间的距离之差 ΔL 和两个动作电位起点的时间间隔（即潜伏期之差）ΔT，则动作电位传导速度为 $\Delta L / \Delta T$。根据神经传播动作电位的速度，在坐骨神经干中，可分离出 A_α 和 A_β 神经纤维。蛙类坐骨神经干中以 A_α 类纤维为主，传导速度（v）为 30～40 m/s。

【实验目的】

学习掌握蛙类坐骨神经干的双相、单相动作电位的记录方法，并能判别、分析神经干动作电位的基本波形，测量其潜伏期、幅值以及时程；

掌握神经动作电位传导速度测定方法，低温对神经冲动传导速度的影响，刺激电极与记录电极等物理因素对动作电位产生与传导的影响；

加深对刺激、兴奋和传导等概念的理解。

【实验对象】

蟾蜍或蛙。

【实验药品】

任氏液。

【仪器与器械】

小动物手术器械一套，培养皿，滴管，废物缸，细线，神经标本屏蔽盒，生物信号采集系统等。

【方法与步骤】

1. 标本的制备

制作方法基本同于坐骨神经 – 腓肠肌标本的制备（见实验 5.1），但无需保留股骨和腓肠肌。坐骨神经干要求尽可能长（最好不要小于 10 cm）。在脊椎附近将神经主干结扎、剪断。提起线头剪去神经干的所有分支和结缔组织，到达腘窝后可继续分离出腓神经或胫神经，在靠近趾部剪断神经。将分离下来的神经干放在蛙板上，滴加任氏液，用玻璃分针从中枢端至末梢仔细地将与坐骨神经伴行的血管与结缔组织分离出来。制备好的神经标本浸泡在任氏液中数分钟，待其兴奋性稳定后开始实验。

2. 仪器及标本的连接

（1）实验使用的神经标本屏蔽盒内置 7 根电极（图 5–13），其中 S_1/S_2 为刺激

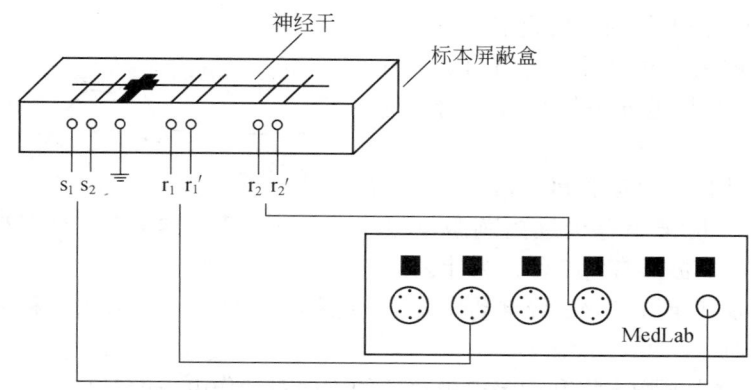

图 5-13 　 观察神经干动作电位及测定神经冲动传导速度的装置图

电极，连接到生物信号采集系统刺激器的输出插孔；r_1/r_1'、r_2/r_2' 分别为两对记录电极，分别连接到生物信号的两个记录通道内；在刺激电极和记录电极之间有一接地的电极。

（2）用浸有任氏液的棉球擦拭神经标本屏蔽盒上的电极，标本盒内放置一块湿润的滤纸，以防标本干燥。用滤纸吸去标本上过多的任氏液，将其平搭在屏蔽盒的刺激电极、接地电极和记录电极上。神经干的近中（枢）端置于刺激电极上，并确认位于远中端的刺激电极为负极，神经干的远中（枢）端置于记录电极上，记录电极与生物信号采集系统输入线的连接要保证荧光屏显示是上为负下为正的图形。

打开计算机，启动生物信号采集处理系统，进入"神经干动作电位"模拟实验菜单。

3. 观察和测定双相动作电位

记录动作电位仅使用图 5-13 中的 r_1/r_1' 一对记录电极。

（1）调节刺激强度，观察动作电位波形的变化。读出波宽为某一数值时的阈刺激和最大刺激。

（2）仔细观察双相动作电位的波形（图 5-14）。读出最大刺激时双相动作电位上下相的振幅和整个动作电位持续的时间。

（3）保持最大刺激强度，将两根记录电极 r_1 和 r_1' 间的距离逐渐扩大，观察记录到的双相动作电位的波形有无变化。

4. 观察单相动作电位

用镊子将记录电极 r_1、r_1' 之间的神经夹伤，或用一小块浸有 3 mol/L KCl 溶液的滤纸贴在第二个记录电极（r_1'）处的神经干上，再进行刺激时呈现的即是单相动作电位。读出最大刺激时单相动作电位的振幅值和整个动作电位持续的时间（图 5-15）。

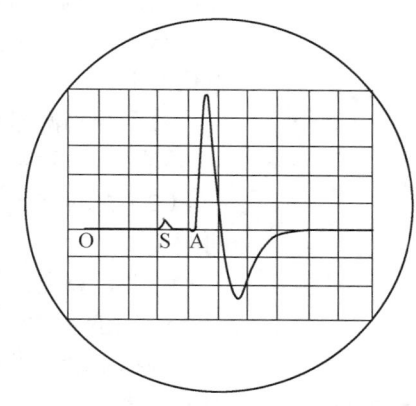

O：触发扫描开始；S：刺激伪迹；OS：从触发到刺激伪迹间的延迟；A：动作电位。

图 5-14 　 蛙坐骨神经干双相动作电位

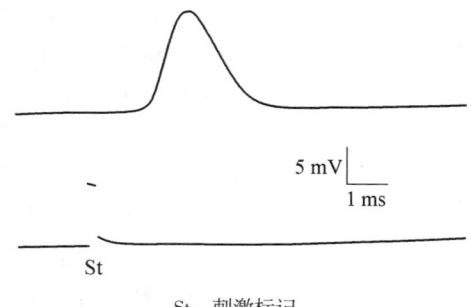

St：刺激标记。

图 5-15 　 蛙坐骨神经干单相动作电位

5. 复合动作电位的分离观察

（1）换取另一根长度不小于 10 cm 的坐骨神经，按上述方法摆放在神经标本盒中。

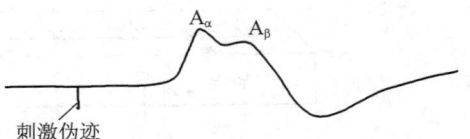

图 5-16　蛙坐骨神经复合动作电位

（2）保持最大刺激强度，改变 r_1/r_1' 与 S_2 间的距离，使记录电极远离刺激电极，观察动作电位的波形有何变化，为什么？

（3）分别测定 A_α、A_β 纤维动作电位的振幅、潜伏期、刺激阈值和最大刺激强度（图 5-16）。

6. 观察改变刺激电极和记录电极放置的方向对动作电位的影响

将神经标本盒内的坐骨神经干倒置，神经干的外周端置于刺激电极上，向中端放在记录电极上，动作电位的波形有何变化，为什么？

7. 测量坐骨神经动作电位传导速度

记录神经动作电位时，同时使用 r_1/r_1' 与 r_2/r_2' 两对记录电极，按上述方法连接仪器与标本（两对记录电极距离刺激电极不宜过远，为什么？），进入"神经干动作电位传导速度"模拟实验菜单，或在显示方式菜单中选择"比较显示方式"（则可在一个通道内显示两个通道的图形）。

给予神经干最大刺激强度，可在两个通道中观察到先、后形成的两个双向动作电位波形。

（1）分别测量从刺激伪迹到两个动作电位起始点的时间，设上线为 t_1，下线为 t_2（或直接测量两个动作电位起点的间隔时间），求出它们的时间差值（t_2-t_1）。

（2）测量神经标本盒中两对记录电极相应电极之间的距离 d（即 r_1 与 r_2 的间距）。

（3）计算出该标本的动作电位传导的速度。

8. 改变刺激电极的极性对动作电位传导速度的影响（选做）

将标本盒中的刺激电极 S_1、S_2 第一次分别设置为 S_1（＋）、S_2（－），第二次分别设置为 S_1（－）、S_2（＋），测量两次施加刺激时的动作电位传导速度。比较有何不同（图 5-17）？

🖥 拓展知识
阳极电紧张的影响

【注意事项】

1. 各仪器应接地，仪器之间、标本与电极之间接触良好。

2. 制标本时，神经纤维应尽可能长一些，将附着于神经干上的结缔组织膜及血管清除干净，但不能损伤神经干。

3. 应在尽量短的时间内完成实验，保证标本有良好的兴奋状态。若一时完成不了要经常滴加任氏液，保持神经标本湿润，但要用滤纸吸去神经干上过多的任氏液。

4. 神经干置于电极上要拉直，不能与标本盒壁相接触，也不要把神经干两端折叠放置在电极上，以免影响动作电位的波形。

5. 测定动作电位传导速度时，两对记录电极间的距离应尽可能大。

6. 本实验减少刺激伪迹的措施：

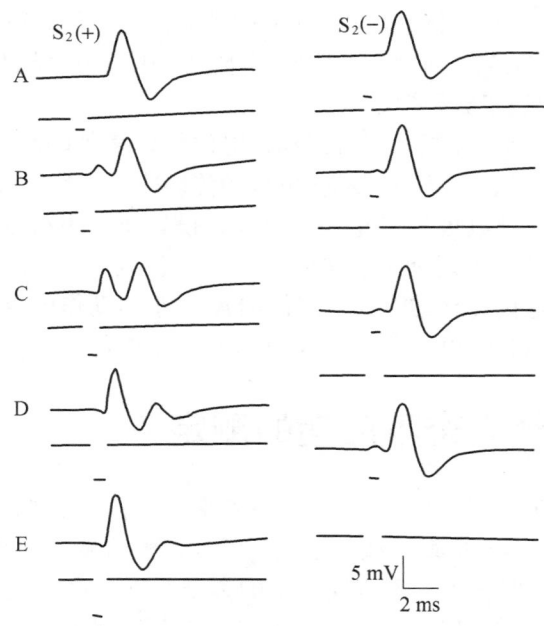

S_2（+）：近记录电极的刺激电极为正极；S_2（-）：近记录电极的刺激电极为负极。

图 5-17 刺激极性不同时超强刺激对动作电位波形的影响

从 A 至 E 刺激强度逐渐增加，每一小图中上线是动作电位，下线是刺激标记

标本尽量新鲜，装入标本盒时尽量少带任氏液；刺激脉冲的波宽越窄越好，波幅不宜过强，以刚刚达到最大刺激为宜；刺激电极、记录电极的位置要安排合理，一般将神经干的近中（枢）端置于刺激电极上，远中（枢）端置于记录电极上，并确认靠近第一个记录电极的刺激电极应为负极较为合理，接地电极尽量靠近记录电极 r_1 为宜，一般 r_1 与 S_2 的距离不宜过大；加大标本与地的接触面积，如加粗地线，将浸任氏液的滤纸片放在接地的电极上加大神经与地的接触面积。

【实验结果】

1. 编辑、打印实验结果。

2. 分析讨论不同条件下动作电位的波形有何差异，为什么？

3. 计算不同条件下动作电位的传导速度，对全班各组实验结果加以统计，用平均值 ± 标准差表示。

【思考题】

1. 什么叫刺激伪迹，是怎样发生的？怎样鉴别刺激伪迹和神经干动作电位？在刺激电极和记录电极间放置一个接地电极且尽量靠近第 1 个记录电极，有何意义？   📝 思考题解析

2. 解释双相动作电位和单相动作电位形成机制。为什么两根记录电极（r_1/r_1'）较靠近时的双相动作电位的正负波幅不等？

3. 神经干动作电位与刺激强度有何关系？它与神经动作电位的"全或无"特性有矛盾吗，为什么？颠倒神经干放置的方向，得到的动作电位的波形会有变化，为什么？

4. 为什么通常不用一对记录电极测定神经动作电位传导速度，而用两对记录电极测定神经动作电位传导速度？具体如何计算？根据你的结果可推断蛙坐骨神经干中的神经纤维主要属于哪种类型？

5. 将刺激电极的极性倒置，对神经动作电位传导速度有何影响，为什么？

6. 能否采用下列方法测定神经动作电位的传导速度，为什么？

实验采用一对记录电极 r_1/r_1' 记录，（1）先设置刺激电极的极性为 S_1（＋）S_2（－），测定动作电位传导的时间（潜伏期 t_1）。（2）将刺激电极的极性颠倒为 S_1（－）S_2（＋），测定动作电位传导的时间（潜伏期 t_2）。于是动作电位传导速度＝两刺激电极的距离（L）/ 电极极性颠倒前后动作电位产生的时间差（$t_2 - t_1$）。

实验 5.4　神经兴奋不应期的测定

动画
兴奋性的变化

可兴奋组织受到刺激产生兴奋后，其兴奋性会发生一系列有规律的变化，依次经过绝对不应期、相对不应期、超常期和低常期，然后恢复到正常的兴奋性水平。作为神经细胞和骨骼肌细胞，不应期产生的离子基础是由于决定动作电位产生的 Na^+ 通道状态的变化。静息状态下，Na^+ 通道处于备用状态，其激活门关闭着，失活门却开放着，Na^+ 通道具有被激活的可能性；当细胞受到阈刺激或阈上刺激时，激活门被打开，此时 Na^+ 通道的激活门和失活门都被开放，Na^+ 通道处于激活状态，细胞也处于兴奋状态，但这种状态仅持续 $1 \sim 2$ ms；当细胞去极化达到锋电位时，Na^+ 通道的失活门关闭，激活门仍然开放着，Na^+ 通道进入失活状态，在此状态下，Na^+ 通道不能被当时的跨膜电位（水平）或外来刺激引起的跨膜电位变化再次激活（这段时间称作绝对不应期），只有在细胞膜恢复到静息水平时，Na^+ 通道才恢复到备用状态，即细胞才具有再兴奋的可能性。在跨膜电位恢复到接近静息电位（如 -80 mV）时，虽然 Na^+ 通道已逐渐复活，但尚未完全恢复正常，所以只能给予大于阈强度的刺激，才能引起动作电位，而且幅度还低于正常的动作电位的幅度（这段时间称做相对不应期）。为了测定神经兴奋后兴奋性的变化，采用双脉冲刺激，可预先给神经施加一个最大（条件）刺激，引起神经兴奋，然后按不同时间间隔给予第二个（检测）刺激，检查神经对检测刺激是否反应和所引起的动作电位幅度的变化，来判定神经组织兴奋后的兴奋性变化。以两个刺激间隔测出神经干的不应期（图 5-18）。

动画
神经兴奋不应期的测定

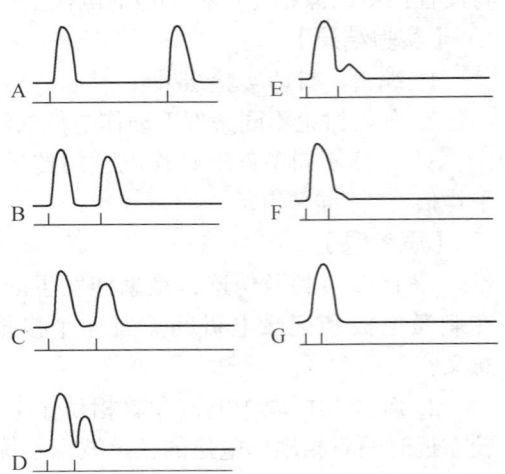

图 5-18　神经干兴奋后兴奋性变化的测定

A 至 G 为不同时间间隔所引起的动作电位的波形，每一小图中上线是动作电位，下线是刺激脉冲

当第二个刺激引起的动作电位幅度开始降低时（设为 t_2），说明第二个刺激开始落入第一次兴奋的相对不应期内。当第二个动作电位开始完全消失，

表明此时第二个刺激开始落入第一次兴奋后的绝对不应期内（设为 t_1），那么 $t_2 - t_1$ 即为相对不应期。

在 Na^+ 通道开始复活的时间里，给予较强的刺激，虽不能触发产生一个动作电位，但由于仍能局部地改变跨膜电位，因而能提高细胞的兴奋性，因此两个时间间隔极短的阈下刺激有可能产生时间总和，触发一个动作电位的产生（图 5-19）。

【实验目的】

掌握测定神经干动作电位不应期的方法，理解可兴奋组织在兴奋过程中其兴奋性的规律性变化；

利用坐骨神经演示动作电位的时间总和。

【实验对象】

蟾蜍或蛙。

【实验药品】

任氏液。

【仪器与器械】

小动物手术器械一套，培养皿，细线，滴管，废物缸，神经标本屏蔽盒，生物信号采集系统等。

【方法与步骤】

1. 坐骨神经标本的制备

见实验 5.3。

2. 仪器及标本的连接

参照实验 5.3，本实验仅用一对记录电极 r_1/r_1'。打开计算机，启动生物信号采集处理系统，进入"神经不应期的测定"模拟实验菜单。

3. 找出最大刺激强度

按实验 5.3 切断记录电极 r_1/r_1' 间的神经联系，以单相动作电位为观察指标。参照实验 5.3 找出最大刺激强度。

4. 不应期的测定

（1）维持最大的刺激强度，开始时条件刺激和检测刺激的脉冲间隔等于 20 ms 左右，可看到条件刺激和检测刺激所引起的两个动作电位的振幅大小相等。

（2）（调节延迟）缩短两个刺激方波之间的时间间隔，使第二个动作电位向第一个动作电位靠近，当检测刺激所引起的动作电位幅度开始降低时，就是相对不应期的终点（图 5-18B）。

（3）继续缩小两个刺激方波之间的时间间隔，检测刺激电极所引起的动作电位的幅度继续下降，最后动作电位完全消失，这是相对不应期的起点，也是绝对不应期的终点。在绝对不应期中加大检测刺激的强度，也不能产生动作电位（图 5-18G）。

5. 动作电位的时间总和观察（选做）

（1）将条件刺激和检测刺激的刺激强度减小，都调到阈下刺激水平，使脉冲间

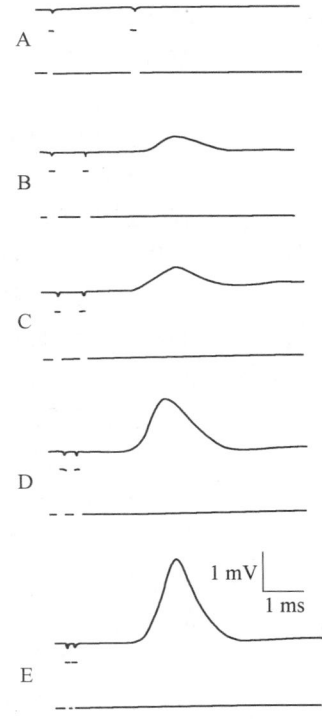

图 5-19　用坐骨神经演示动作电位的时间总和

A 至 E 刺激间隔逐渐缩短，每一小图中上线是动作电位，下线是刺激标记

▶️ 视频 ◀

神经兴奋不应期的测定

🖥 教学课件 ◀

蛙坐骨神经干动作电位及兴奋不应期测定

隔等于 5 ms 左右，可以看到条件刺激和检测刺激都不能导致动作电位产生。

（2）缩短条件刺激和检测刺激的时间间隔，当检测刺激接近条件刺激到一定程度时，两刺激共同引起一个动作电位，脉冲间隔越小，动作电位幅度越大，当脉冲间隔为 0，所引起的动作电位的幅度达到最大。这就是时间总和（图 5–19）。

【注意事项】

1. 见实验 5.3。

2. 用刚能使神经干产生最大动作电位的刺激强度刺激神经。

3. 增加观察次数，以减少读数的误差。

【实验结果】

1. 将观察到的结果编辑、打印于实验报告上（图 5–18），并标出神经干动作电位的不应期。

2. 计算神经干动作电位的绝对不应期和相对不应期。

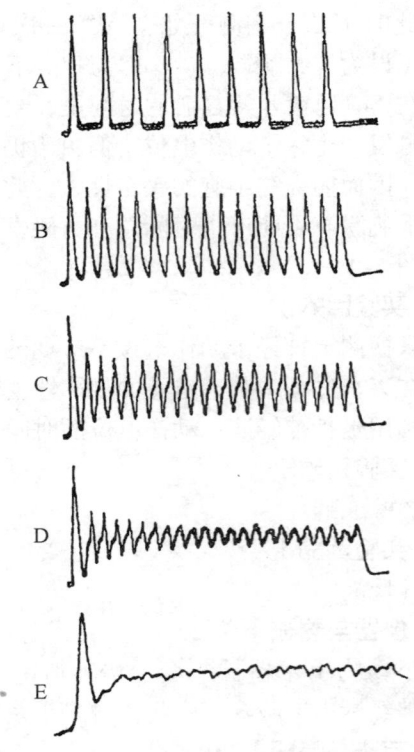

图 5–20　蛙坐骨神经动作电位
对不同刺激频率的响应

A 至 E 的刺激频率分别是 100、180、240、250、290 Hz

思考题解析

【思考题】

1. 两个刺激脉冲的间隔时间逐渐缩短时，第二个动作电位如何变化，为什么？

2. 关于兴奋性变化的测定，能否用神经 – 肌肉标本为实验材料，以肌肉收缩为观察指标？如果行，请你做一个实验设计，并说明实验观察中应注意哪些问题。

（李大鹏　杨秀平）

实验 5.5　蛙坐骨神经 – 腓肠肌标本中神经、肌肉兴奋时的电活动和肌肉收缩的综合观察

视频

蛙坐骨神经兴奋和腓肠肌收缩的综合观察

　　一个有效的刺激作用于神经 – 肌肉标本的神经到引起肌肉收缩是一个极其复杂的生理过程。在神经 – 肌肉标本中经历了兴奋在神经纤维上的产生、传导，兴奋在神经 – 肌肉接头处的传递，肌纤维兴奋的产生、传导、兴奋收缩偶联及肌丝相对滑行等一系列生理过程。肌肉的兴奋是引起肌肉收缩的直接原因。通过计算机生物信号采集处理系统不仅使我们能分别引导神经和肌肉的动作电位，还能同时描记肌肉的等张收缩，更深入理解兴奋（动作电位）和组织的机能性变化（肌肉收缩）的相互关系。

【实验目的】

熟悉生物信号采集处理系统；

学习离体标本多参数同步记录的实验方法；

理解兴奋（动作电位）和组织的机能性变化（肌肉收缩）的相互关系。

【实验对象】

蟾蜍或蛙。

【实验药品】

任氏液，高渗甘油。

【仪器与器械】

小动物手术器械一套，培养皿，滴管，废物缸，神经标本屏蔽盒，细线，张力换能器，引导电极 1（用于引导神经动作电位），引导电极 2（用于引导肌肉动作电位），生物信号采集系统。

【方法与步骤】

1. 坐骨神经 – 腓肠肌标本的制备

见实验 5.1。

2. 标本、仪器的连接

将标本的股骨固定在标本盒的股骨固定孔内。腓肠肌跟腱结扎线固定在张力换能器的弹簧片上，换能器的输出与计算机生物信号采集系统（简称系统，以下同）的第 1 通道相连；坐骨神经干置于神经标本盒中的刺激电极、接地电极和记录电极上，记录电极的引导线与系统的第 2 通道相连；引导电极 2 放置在腓肠肌上，接触良好（或将引导电极直接插入腓肠肌表面，但不要太深），腓肠肌动作电位的引导电极与系统的第 3 通道相连。系统的刺激输出与标本盒上的刺激电极相连。调节张力换能器高低，使肌肉的长度约为原长度的 1.2 倍，稳定后开始实验。

打开计算机生物信号采集处理系统，电刺激可采用单刺激或连续刺激（频率 30 Hz），刺激波宽 0.05 ms，根据需要选取刺激强度。各通道的增益视信号的大小而定。

3. 观察腓肠肌的单收缩

（1）用一个阈上刺激刺激坐骨神经，观察神经动作电位、腓肠肌动作电位和收缩曲线之间的关系。

（2）改变单个阈上刺激强度，观察上述各项记录指标。

（3）固定阈上刺激的强度，改变刺激频率，观察肌肉的单收缩、不完全强直和完全强直收缩时神经动作电位、腓肠肌动作电位有何变化。

（4）观察兴奋收缩偶联现象（选做）　用 0.5～1 s 的连续刺激刺激坐骨神经；将吸有甘油的棉花盖在腓肠肌上，每隔 30 s 刺激坐骨神经一次。观察经过几分钟后，出现动作电位而不出现腓肠肌收缩现象。

📺 **拓展知识** ◀

骨骼肌兴奋 – 收缩偶联现象的观察

【注意事项】

1. 可根据实验室的条件只选择坐骨神经动作电位和腓肠肌收缩同时记录的内容。

2. 制备标本时要防止损伤神经和肌肉组织，实验中要保持标本湿润，以维持其兴奋性。

3. 要良好接地，防止干扰。

【实验结果】

将观察到的结果打印于实验报告上（图 5-21）。

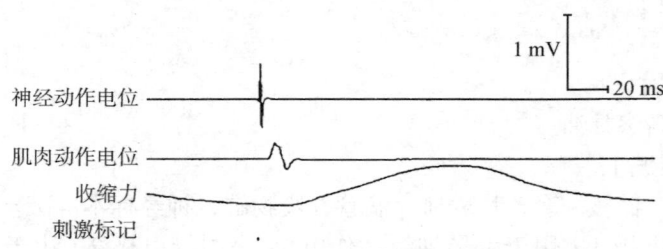

图 5-21 蛙坐骨神经 – 腓肠肌标本动作电位和收缩力

【思考题】

思考题解析

1. 肌肉产生强直收缩时，动作电位是否发生融合，为什么？

2. 标本的神经和肌肉动作电位的潜伏期和时程的差别，包含哪些意义？它们与哪些因素有关？

3. 甘油浸泡过的神经肌肉标本经过连续刺激坐骨神经后，为什么不出现腓肠肌收缩？

4. 从本实验结果中对神经的兴奋、肌肉的兴奋和肌肉的收缩三者的关系做一总结。

（李大鹏　杨秀平）

第 **6** 章

血液生理

℮ **数字资源**
　　视频
　　教学课件
　　拓展知识
　　思考题解析

实验 6.1   血液部分生理指标测定系列实验

血液由血浆和血细胞组成。血浆是构成动物机体内环境的重要组成部分,在维持内环境稳态上起着重要的作用。不仅因为血浆本身机制和机体的整体机制使血浆的理化因子及其所含的有形成分维持在一个相对恒定的水平上,而且因为血液在心血管内不断循环流动,起到沟通、联系身体各部分体液及外环境的作用,在与其进行物质交换的过程中,对内环境的其他组成部分起到一种缓冲、稳定的作用。如果机体的任何一部分或任何时期发生生理生化过程异常,都将会相应地影响到血液某些成分的理化性质,使内环境稳态遭到破坏,进而导致机体一系列生理机能紊乱,出现疾病,甚至危及生命。因此,在临床实践中,通常通过检查血液中某些理化特性和血浆化学成分来诊断疾病和了解疾病的进展情况。红细胞比容、血红蛋白含量、红细胞渗透脆性及红细胞沉降率(红细胞悬浮稳定性)是其中检查内容。

教学课件
鱼类常规血液生理指标的测定

【实验目的】

本实验目的在于训练学生掌握一般的血液常规检查的手段与方法,感性认识血液的组成及红细胞的生理特性。

【实验对象】

鲫或其他动物,种类不限。

6.1.1   红细胞比容的测定

▶ 视频
红细胞比容的测定

拟将定量的抗凝血灌注于特制的毛细玻璃管中,定时、定速离心后,将有形成分和血浆分离,上层呈淡黄色的液体是血浆,中间很薄一层为灰白色,即白细胞和血小板(或栓细胞),下层为暗红色的红细胞,彼此压紧而不改变细胞的正常形态。根据红细胞柱及全血高度,可计算出红细胞在全血中的容积比值,即为红细胞比容(压积)(图6–1)。

【实验药品】

草酸盐抗凝剂(一水合草酸钾 0.8 g,一水合草酸铵 1.2 g,甲醛 1 mL,加蒸馏水至 100 mL)或 1% 肝素,橡皮泥或半熔化状态石蜡,75% 乙醇等。

【仪器与器械】

毛细玻璃管(内径 1.8 mm,长 75 mm)或温氏分血管,水平式高速毛细管离心机(或普通离心机),天平,注射器,长针头,刻度尺(精确到毫米),酒精灯,干棉球等。

【方法与步骤】

1. 微量毛细管比容法

(1)以抗凝剂湿润毛细管内壁后吹出,让壁内自然风干或于 60～80℃ 干燥箱内干燥后待用。

(2)取血　鱼类采用断尾取血(见 3.6.1 节),让

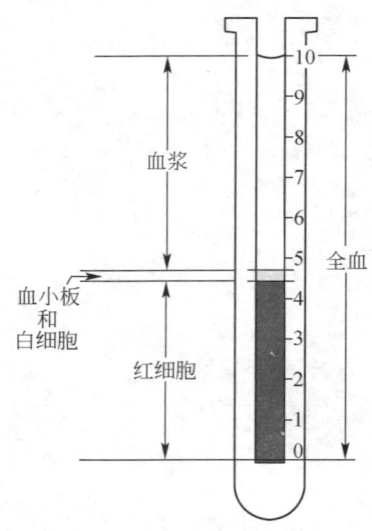

图6–1　血液各成分的比容

血自动流出，将毛细管的一端水平接触血滴，利用虹吸现象使血液进入毛细管的 2/3（约 50 mm）处；其他动物采用末梢取血。

（3）离心　用酒精灯熔封或橡皮泥、石蜡封堵其未吸血端，然后封端向外放入专用的水平式毛细管离心机，以 12 000 r/min 的速度离心 5 min。届时用刻度尺分别量出红细胞柱和全血柱高度（单位：mm）。计算其比值，即得出红细胞比容。

2. 温氏分血管比容法

（1）取大试管和温氏分血管各一支，用抗凝剂处理后烘干备用。

（2）取血　鱼类采用断尾取血（其他动物采用静脉取血），将血液沿大试管壁缓慢放入管内，用涂有凡士林的拇指堵住试管口，缓慢颠倒试管 2～3 次，让血液与抗凝剂充分混匀，但不能使血细胞破碎，制成抗凝血。用带有长注射针头的注射器，取抗凝血 2 mL 将其插入分血管的底部，缓慢放入，边放边抽出注射针头，使血液精确到 10 cm 刻度处。

（3）离心　将分血管以 3 000 r/min 离心 30 min，取出分血管，读取红细胞柱的高度，再以同样的转速离心 5 min，再读取红细胞柱的高度，如果记录相同，该读数的 1/10 即为红细胞比容。

【注意事项】

1. 选择抗凝剂必须考虑到不能使红细胞变形、溶解。草酸钾使红细胞皱缩，而草酸铵使红细胞膨胀，二者配合使用可互相缓解。鱼类多用肝素抗凝。

2. 血液与抗凝剂混合、注血时应避免动作剧烈引起红细胞破裂。

3. 用抗凝剂湿润的毛细玻璃管（或温氏分血管）内壁要充分干燥。血液进入毛细管内的刻度读数要精确，血柱中不得有气泡。

【实验结果】

报告该实验动物的红细胞比容。并将全班的结果加以统计，用平均值 ± 标准差表示。

6.1.2　血红蛋白的测定

▶▶ 视频 ◀
血红蛋白的测定

血红蛋白的颜色常与氧的结合量多少有关。但当用一定的氧化剂（如 0.1 mol/L 的 HCl）将其氧化时，可使其转变为稳定、棕色的高铁血红蛋白，而且颜色与血红蛋白（或高铁血红蛋白）的浓度成正比。可与标准色进行对比，求出血红蛋白的浓度，即每升血液中含血红蛋白的质量（g/L）。也可用高铁氰化钾将血红蛋白氧化为高铁血红蛋白，后者再与氰离子结合形成稳定的氰化高铁血红蛋白（hemiglobin cyanide，HiCN）。HiCN 在波长 540 nm 和液层厚度 1 cm 条件下具有一定的摩尔消光系数。可用经校准的高精度分光光度计进行直接定量测定；或用 HiCN 标准液进行比色法测定，根据标本的吸光度即可求出血红蛋白浓度。

💻 拓展知识 ◀
使用比色法测定血红蛋白浓度

【实验药品】

1% HCl［或 HiCN 转化液（Van Kampen Zijlstra 液，也称文齐氏液，标准商品）］，HiCN 标准液（200 g/L，标准商品）；蒸馏水，95% 乙醇，乙醚，75% 乙醇等。

💻 拓展知识 ◀
HiCN 转化液的配制

【仪器与器械】

血红蛋白计（血红蛋白仪或分光光度计），小试管，刺血针或注射器，微量采血管，干棉球等。

【方法与步骤】

1. 使用血红蛋白计进行测定

（1）了解血红蛋白计的结构和使用方法　血红蛋白计主要由具有标准褐色玻璃的比色箱和一支方形刻度测定管组成。比色管两侧通常有两行刻度。一侧为血红蛋白量的绝对值，以 g/dL（每 100 mL 血液中所含血红蛋白的质量）表示，范围 2～22 g/dL；另一侧为血红蛋白相对值，以 %（即相当于正常平均值的百分数）来表示，范围 10%～160%（图 6-2）。为避免所使用的平均值不一致，因此一般采用绝对值来表示。

（2）具体测定方法

① 用滴管加 5～6 滴 0.1 mol/L HCl 到刻度管内（约加到管下方刻度 "2" 或 10% 处）。

② 取血：吸取从动物耳端流出的第二滴血。用拇指和食指轻轻捏采血管的乳胶头（图 6-3），将采血管的一端水平接触血滴（若是抗凝血，须注意摇匀后再吸取），轻轻缓慢地松开拇指，利用虹吸现象使血液进入微量采血管至 20 μL（第 2 个刻度）。用棉球擦去微量采血管尖端外周的血液。

③ 将采血管中的血液迅速轻轻吹到比色管的底部，再吸上清液清洗吸管 3 次。操作时勿产生气泡，以免影响比色。用细玻棒轻轻搅动，使血液与盐酸充分混合，静置 10～15 min，使管内的盐酸和血红蛋白完全作用，形成棕色的高铁血红蛋白。

④ 把比色管插入标准比色箱两色柱中央的空格中。

⑤ 注意使无刻度的两面位于空格的前后方向，便于透光和比色。用滴管向比色管内逐滴加入蒸馏水，并不断搅匀，边滴边观察，边对着自然光进行比色，直到溶液的颜色与标准比色板的颜色一致为止。

⑥ 读出管内液体面所在的位置读数，即是每 100 mL 血中所含血红蛋白的质量（g）。比色前，应将玻棒抽出来，其上面的液体应沥干净，读数应以溶液凹面最低处相一致的刻度为准。换算成每升血液中含血红蛋白的质量（g/L）。

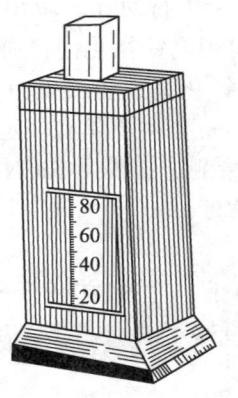

图 6-2　血红蛋白计

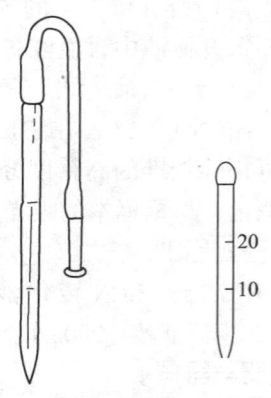

图 6-3　微量采血管

2. 使用血红蛋白仪直接定量测定

（1）XK-2 血红蛋白仪板面结构　如图 6-4 所示。

（2）仪器的标定

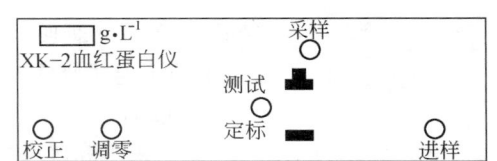

图 6-4　XK-2 血红蛋白仪

① 板面后的电源开关置于断，仪器底部的支撑架打开。

② 打开电源开关，选择键置于定标档。

③ 按一下进样键，将蒸馏水吸入，预热 30 min。

④ 预热后将文齐氏液吸入，仔细调"调零"旋钮使显示屏上的数字显示为零。

⑤ 校正：吸入标准液（仪器配带有）后，缓缓旋转校正旋钮使显示屏上数字显示为已知标准液的数值，定标即结束。以后调零和校正旋钮均不能动。定标完毕，选择测试挡待用。

（3）在小试管中事先加入 HiCN 转化液（文齐氏液）5 mL。

（4）取血　同前法。

（5）血红蛋白转化为氰化高铁血红蛋白　将微量采血管插入小试管 HiCN 转化液中，置血液于管底，再吸上清液 2~3 次，洗净采血管内残存的血液。用玻棒轻轻搅动管内血液，使之与 HiCN 转化液混匀。试管静置 5 min。

（6）将混合后的血液吸入血红蛋白仪，显示屏上的数字即为测定值，需稳定后方可读数（g/L）。

【注意事项】

1. 血液要准确吸取 20 μL，若有气泡或血液被吸入采血管的乳胶头中都应将吸管洗涤干净，重新吸血。洗涤方法是：先用清水将血迹洗去，然后再依次吸取蒸馏水、95% 乙醇、乙醚洗涤采血管 1~2 次，使采血管内干净、干燥。作为学生练习，微量采血管可反复使用。

2. 使用血红蛋白仪测定时，微量采血管应插入试管底部，避免吸入气泡，否则会影响测试结果。仪器连续使用时，每隔 4 h 要观察一次零点，即吸入文齐氏液，用"调零"旋钮使仪器恢复到零点。仪器用完后，关机前要用清洗液清洗，否则会影响零点的调整。

【实验结果】

报告该实验动物的血红蛋白浓度。并将全班的结果加以统计，用平均值 ± 标准差表示。

6.1.3　红细胞沉降率的测定

红细胞在循环血液中具有悬浮稳定性，但在血沉管中，会因重力逐渐下沉。通常以第 1 h 末红细胞下降的距离作为沉降率的指标，简称为血沉。血浆中的某些特性能改变红细胞的沉降率，因此血沉可作为某些疾病检测的指标之一。

▶▶ 视频
红细胞沉降率的测定

【实验药品】

109 mmol/L 柠檬酸钠［柠檬酸钠（$Na_3C_6H_5O_7 \cdot 2H_2O$）32 g，溶于 1 000 mL 蒸馏水中］，75% 乙醇等。

【仪器与器械】

血沉管（根据动物可采取的血量选择不同长度的血沉管），血沉架，试管，

1 mL 移液管，刺血针，注射器及针头，带盖的小瓶（或表面皿），干棉球等。

【方法与步骤】

1. 取血

鱼类采用断尾取血（其他动物采用静脉取血）。取血 1.6 mL，加入含 109 mmol/L 柠檬酸钠 0.4 mL 的抗凝管中，混匀。

2. 吸血

将混匀的抗凝血吸入血沉管中至刻度"0"处，擦去血沉管尖端外周的血液并将血沉管直立于血沉架上。

3. 观察结果

1 h 末，准确读出红细胞下沉后暴露出的血浆段高度，即为红细胞沉降率。

【注意事项】

1. 抗凝剂与血液比例为 1：4，并充分混匀。

2. 血沉管放置要垂直，不得有气泡和漏血。

3. 最好在 18～25℃，并在采血后 2 h 内完成。

【实验结果】

报告该实验动物红细胞的沉降率。并将全班的结果加以统计，用平均值 ± 标准差表示。

6.1.4　红细胞脆性的测定

视频
红细胞脆性的测定

正常红细胞悬浮于等渗的血浆中，若将其置于高渗溶液内，则红细胞会因失水而皱缩；反之，将其置于低渗溶液内，则水进入红细胞，使红细胞膨胀。如环境渗透压继续下降，红细胞会因继续膨胀而破裂，释放血红蛋白，称为**溶血**。红细胞膜对低渗溶液具有一定的抵抗力，这一特征称为**红细胞渗透脆性**。红细胞膜对低渗溶液的抵抗力越大，红细胞在低渗溶液中越不容易发生溶血，即红细胞渗透脆性越小。将血液滴入不同的低渗溶液中，可检查红细胞膜对于低渗溶液抵抗力的大小。开始出现溶血现象的低渗溶液浓度，为该血液红细胞的最小抵抗力；开始出现完全溶血时的低渗溶液浓度，则为该血液红细胞的最大抵抗力。

生理学上将与血浆渗透压相等的溶液称为**等渗溶液**，而将红细胞能维持正常形态、大小和悬浮于其中的溶液称为**等张溶液**。等渗溶液不一定是等张溶液（如 1.99% 的尿素溶液），但等张溶液一定是等渗溶液。

【实验药品】

1% 肝素，1%NaCl 溶液，蒸馏水等。

【仪器与器械】

10 mL 小试管，试管架，滴管，1 mL 移液管，注射器，长针头等。

【方法与步骤】

1. NaCl 溶液的配制

取 10 个小试管，配制出 10 种不同质量浓度的 NaCl 低渗溶液（0.25%，0.3%，0.35%，0.4%，0.45%，0.5%，0.55%，0.6 %，0.65%，0.9%）。

2. 制各抗凝血

不同动物采血方法各有所异（见 3.6.1 节），但多采用末梢血。将血滴在盛有 1% 肝素的表面皿上，混匀（1% 肝素 1 mL 可抗 10 mL 的血）。

3. 加抗凝血

用滴管吸取抗凝血，在各试管中各加一滴，轻轻摇匀，静置 1～2 h。

4. 观察结果

根据各管中液体颜色和浑浊度的不同，判断红细胞脆性。

（1）未发生溶血的试管　液体下层有大量红细胞下沉，上层为无色透明，表明无红细胞破裂。

（2）部分红细胞溶血的试管　液体下层有红细胞下沉，上层出现透明淡红（淡红棕）色，表明部分红细胞已经破裂，称为不完全溶血。

（3）红细胞全部溶血的试管　液体完全变成透明红色，管底无红细胞下沉，表明红细胞完全破裂，称为完全溶血。

【注意事项】

1. 小试管要干燥，加抗凝血的量要一致，只加一滴。
2. 混匀时，轻轻倾倒 1～2 次，减少机械震动，避免人为溶血。
3. 抗凝剂最好为肝素，其他抗凝剂可改变溶液的渗透性。
4. 配制不同浓度的 NaCl 溶液时应力求准确、无误。可根据不同动物特点和需要调整 NaCl 溶液的浓度梯度和浓度范围。

【实验结果】

报告该实验动物红细胞的最小渗透抵抗力和最大渗透抵抗力。将全班的结果加以统计，并用平均值 ± 标准差表示。

【思考题】

1. 进行该系列实验时，你认为如何组织安排各项实验的顺序更为合理有效？
2. 在哪些情况下，红细胞的比容明显增加？
3. 测定红细胞比容时，一种常出现的误差来源是什么？误差倾向于增加还是减少？
4. 测定红细胞比容的实际意义是什么？
5. 影响测量的血红蛋白含量的主要因素是什么？
6. 决定红细胞沉降率的因素是什么，在什么情况下沉降率将升高？
7. 何谓红细胞悬浮稳定性，其测定原理是什么？
8. 红细胞的形态与生理特征有何关系？讨论如何通过渗透脆性特征判断机体的健康状况。
9. 根据结果分析血浆晶体渗透压保持相对稳定的生理学意义。

（曲宪成）

实验 6.2　血细胞计数

红细胞、白细胞、血小板（血栓细胞）是血液中重要的细胞成分，其中红细胞

视频
血细胞计数

数量最多。作为机体自稳态系统，动物血液中的血细胞的数目保持着相对稳定状态，血细胞数量的变化在某种程度上能反映出机体的机能状态的变化。因为血液中血细胞数很多，无法直接计数，需要将血液稀释到一定倍数，然后再用血细胞计数板，在显微镜下计数一定容积的稀释血液中的红、白细胞数量，最后将之换算成每升血液中所含的红、白细胞数。

【实验目的】

本实验通过观察和测定一种动物的血细胞，学习、掌握应用稀释法计数红细胞和白细胞的原理和方法。

【实验对象】

鲫或其他动物，种类不限。

【实验药品】

蒸馏水，75% 乙醇，95% 乙醇，乙醚，1% 氨水，血细胞稀释液（按如下方法配制）：

① 哺乳动物红细胞稀释液：NaCl 0.5 g，$Na_2SO_4 \cdot 10H_2O$ 2.5 g，$HgCl_2$ 0.25 g，蒸馏水加至 100 mL。也可用生理盐水做稀释液。

② 哺乳动物白细胞稀释液：冰醋酸 1.5 mL，1% 结晶紫 1 mL，加蒸馏水至 100 mL。该白细胞稀释液可使红细胞遭到破坏，以防止其干扰。

③ 鱼用血细胞稀释液：NaCl 0.7 g（在遇到病鱼或红细胞脆性较大的鱼易出现溶血现象时，NaCl 可调整到 0.7 ~ 0.8 g），中性红 3 mg，结晶紫 1.5 mg，甲醛 0.4 mL，加蒸馏水至 100 mL。白细胞核被染成蓝色，红细胞核呈非常淡的浅灰色或基本不染色，红细胞形态基本不变，在显微镜下容易区分。此液有效期较长。

【仪器与器械】

显微镜，血细胞计数板，小试管，微量（血红蛋白）采血管，1 mL、5 mL 移液管，玻璃棒，刺血针，干棉球。

常用的血细胞计数板是改良式牛鲍尔计数板（Neubauer），为优质厚玻璃制成。每块计数板由 H 形凹槽分为两个同样的计数池（图 6-5）。计数池的两侧各有一个长条形支柱，比计数池高出 0.1 mm。计数池的长、宽各 3.00 mm，平均分成边长为 1 mm 的 9 个大方格。每个大方格容积为 0.1 mm³。在 9 个大方格中：位于四角的 4 个大方格是计数白细胞的区域，每个大方格又用单线分为 16 个中方格；位于中央的大方格用双线分成 25 个中方格，其中位于正中及四角的 5 个中方格是计数红细胞和血小板的区域，每个中方格又用单线分为 16 个小方格（图 6-6）。

【方法与步骤】

1. 采血与血液的稀释

（1）加稀释液   用 5 mL 移液管取红细胞稀释液 2 mL 加入一小试管中，备用。用 1 mL 移液管取白细胞稀释液 0.19 mL 加入另一小试管中，备用。

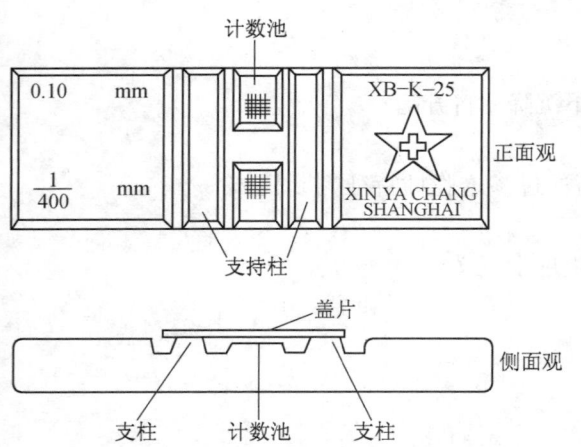

图 6-5　计数板的正面和侧面观

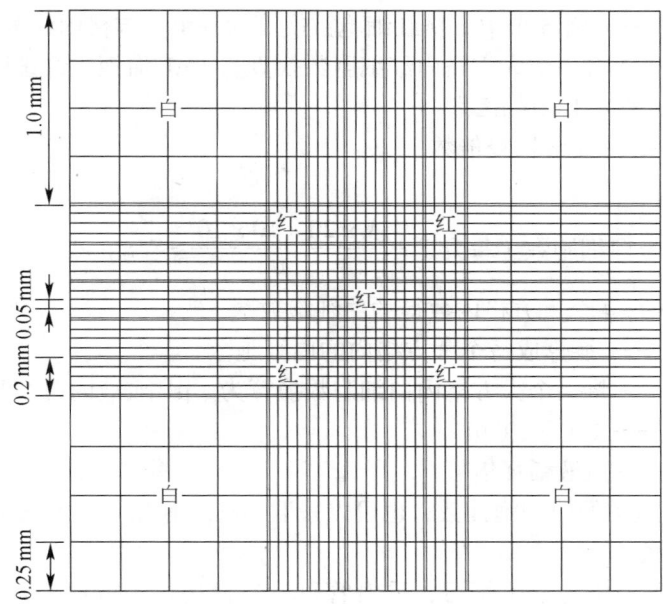

图 6-6　血细胞计数室

（2）采血　一般取动物的末梢血（或抗凝静脉血），采血前需进行消毒。

（3）稀释　用微量（血红蛋白）采血管吸两次 10 μL 血液，分别加至有红细胞稀释液和白细胞稀释液试管的底部，并用上清液清洗管内残留血液。分别摇动小试管，使稀释液与血液混匀。这样使红细胞稀释了 200 倍，白细胞稀释了 20 倍。

2. 充池（布血）

将盖玻片的一边与计数池的纵线末端接触，然后缓慢放下，使盖玻片平放在计数室两侧的支持柱上（这样可赶走盖玻片下的空气），用微量采血管或蘸有红细胞悬浮液的玻璃棒靠近盖玻片的前方边缘，靠毛细管作用将红细胞悬浮液充入计数池。室温中平放 3～5 min，待细胞下沉后显微镜下计数。若计数池未被布满或过多以致使盖玻片浮动，或弄到盖玻片外面都需重新充池（布血）。

3. 计数

于高倍镜下计数中间大方格内四角及中央的 5 个中方格内红细胞总数，或四周 4 个大方格内的白细胞数。计数视野的移动路线如图 6-7 所示。如果细胞压边线，则按数上不数下，数左不数右原则进行。如果各中方格内的红细胞数相差 20 个以上（鱼类红细胞相对较少，应多于 10 个），四周各大方格内的白细胞数相差 8 个以上，则说明血细胞分布不均匀，需摇动稀释液，重新充池（布血）。

4. 计算

（1）红细胞

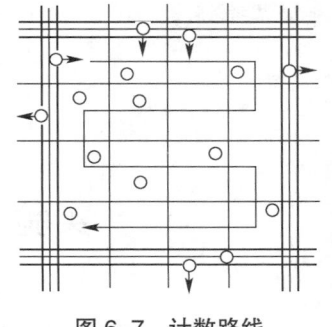

图 6-7　计数路线

$$红细胞数（每升）= \frac{N \times 200 \times 10 \times 10^6 \times 25}{5} = N \times 10^{10}$$

式中：N——5 个中方格内数得的红细胞数

25/5 —— 将 5 个中方格红细胞数换算为一个大方格内红细胞数

10 —— 将一个大方格内红细胞数换算为 1 μL 血液内红细胞数

10^6 —— 1 L=10^6 μL

200 —— 血液稀释倍数

（2）白细胞

$$白细胞数（每升）= \frac{N \times 20 \times 10 \times 10^6}{4} = N \times 5 \times 10^7$$

式中：N —— 4 个大方格内数得的白细胞数

$N/4$ —— 换算成每个大方格内的白细胞数

10 —— 将一个大方格内白细胞数换算为 1 μL 血液内白细胞数

10^6 —— 1 L =10^6 μL

20 —— 血液稀释倍数

（注：对于鱼类的白细胞计数，也可以采取与红细胞相同的方法进行。）

5. 器械洗涤

（1）采血管　作为学生练习，采血管可反复使用。当取血失败或计数完毕应立即按清水冲去血迹→蒸馏水 1~2 次→95% 乙醇 1~2 次→乙醚 1~2 次的顺序洗涤。如果采血管中有凝血块，则用 1% 氨水浸泡，再按上述顺序洗涤。

（2）血细胞计数板　血细胞计数板只能用清水浸泡、漂洗和蒸馏水漂洗，然后以丝绢轻轻拭净（或滤纸吸干）。

【注意事项】

1. 取血操作应迅速，以免凝血。

2. 吸取血液时，采血管中不得有气泡，吸血和稀释液的体积一定要准确。

3. 计数时，显微镜要放稳，载物台应置水平位，不得倾斜。一般在暗光下计数的效果较好。

【实验结果】

报告该实验动物的红细胞数和白细胞数。并对全班的结果加以统计，用平均值 ± 标准差表示。

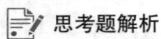
思考题解析

【思考题】

1. 稀释液装入计数板后，为什么要静置一段时间才开始计数？

2. 显微镜载物台为什么应置于水平位，而不能倾斜？

3. 分析影响计数血细胞准确性的可能因素。

（翁强）

实验 6.3　有关血液凝固特性的系列实验

生理性止血是指小血管受损出血后数分钟内出现血流自行停止的过程，包括：①受损伤局部的血管收缩，继之内皮细胞和黏附于损伤处的血小板释放缩血管物质（5-HT、ADP、TXA_2、内皮素等），使血管进一步收缩封闭创口。②血栓的形成。血管内膜损伤，暴露内膜下组织，激活血小板，使血小板迅速黏附、聚集，形成松软的止血栓堵住伤口，实现初步止血。③纤维蛋白凝块形成。血小板血栓形成的同时，激活血管内的凝血系统，在局部形成血凝块，加固止血栓，起到有效止血作用。

出血时间就是指小血管受到破损后，血液流出到自行停止出血所需时间，又称止血时间。出血时间可反映血小板和毛细血管的机能。正常人出血时间为 1 ~ 4 min，出血时间延长见于血小板数量减少或毛细血管机能缺损等情况。

凝血时间是指血液流出体外至凝固所需时间。凝血时间只反映血液本身的凝血过程是否正常，凝血因子是否缺乏或减少。正常人采用玻片法测定的凝血时间为 2 ~ 5 min，凝血时间延长，常见于某些凝血因子缺乏或异常的疾病。

血液凝固发生在血浆中，是有许多因子参与、连锁式酶的有限水解激活过程。其最终结果是血浆中的纤维蛋白原变成纤维蛋白，即血浆由流体状态变为冻胶状态。根据激发凝血反应的原因和凝血酶复合物形成的途径不同，可将血液凝固分为内源性凝血系统和外源性凝血系统。内源性凝血系统是指参与凝血过程的因子全部存在于血浆中，而外源性凝血系统是指有组织因子参与下的血液凝固过程，凝血时间较前者短。肺组织浸液含有丰富的组织因子，在血液中加入肺组织浸液时可观察到外源性凝血系统的作用。

【实验目的】

了解出血和凝血时间的测定方法；

通过测定不同条件下的血液凝固时间，了解影响血液凝固的一些因素。

【实验对象】

小鼠，兔，鱼，人或其他动物不限。

6.3.1　出血时间的测定

【仪器与器械】

小烧杯，剪毛剪，乙醚棉球，乙醇棉球，采血针，滤纸，秒表。

【方法与步骤】

用手将小鼠固定（见 3.3.3 节），将小鼠头部伸入盛有乙醚棉花的小烧杯 1 ~ 3 min，使小鼠麻醉；用剪毛剪剪去小鼠腿部被毛，并以乙醇棉球消毒；用采血针刺入皮下，让血自动流出；立即记下时间，每隔 30 s 用滤纸轻触血液，吸去流出的血，使滤纸上的血滴依次排列，直到无血流出为止，记下出血时间。

【注意事项】

1. 将小鼠麻醉时，小鼠可能会挣扎，此时不要松手。

2. 乙醚麻醉时间不要过长，以免造成小鼠死亡。

3. 采血时应让血液自然流出，不要挤压。

【实验结果】

报告该实验动物出血时间。并对全班的结果加以统计，用平均值 ± 标准差表示。

6.3.2　凝血时间的测定

【仪器与器械】

注射器，玻片，针，秒表。

▶ 视频
凝血时间测定与
影响血液凝固时
间的因素

【方法与步骤】

1. 取血方法

将鱼用湿布包住，侧卧于木板上，在鱼尾部（腹鳍和尾鳍之间）侧线下方用手去除少许鳞片，将注射器在侧线下方 1~2 mm 处垂直插入肌肉，碰到脊椎骨后，稍往下方移动，插入尾静脉内，轻轻抽取注射器，让血在负压作用下自然流入注射器内（见 3.6.1 节）。

2. 凝血时间观察

将注射器内的血液小心注在事先准备好的玻片上，记下时间，每隔 30 s 用针尖挑血一次，直至挑起细纤维血丝为止。从开始出血到挑出细纤维血丝的时间即为凝血时间。

【注意事项】

1. 湿布包鱼时仅将身体部位包住，不要包到鳃，以免影响鱼呼吸；如一时抽不出血可轻轻转动注射器，直至抽出血为止。

2. 针尖挑血应向一个方向直挑，不可多个方向挑动或挑动次数过多，以免破坏纤维蛋白网状结构，造成不凝血的假象。

【实验结果】

报告该实验动物的凝血时间。并对全班的结果加以统计，用平均值 ± 标准差表示。

6.3.3　影响血液凝固的因素

【实验药品】

20% 氨基甲酸乙酯溶液，肝素，2% 草酸钾溶液，生理盐水，液状石蜡，肺组织浸液（取兔肺剪碎，洗净血液，浸泡于 3~4 倍量的生理盐水中过夜，过滤收集的滤液即成肺组织浸液，存冰箱中备用）。

【仪器与器械】

兔手术台，哺乳动物手术器械一套，动脉夹，动脉插管（或细塑料导管），注射器，试管 8 支，小烧杯 2 个，试管架，竹签 1 束（或细试管刷），秒表等。

【方法与步骤】

1. 向兔静脉注射氨基甲酸乙酯溶液（1 g/kg），将兔麻醉，仰卧固定于兔手术台上。正中切开颈部，分离一侧颈总动脉，远心端用线结扎阻断血流，近心端夹上动脉夹。在动脉当中斜向剪一小切口，插入动脉插管（或细塑料导管），结扎导管以备取血。

2. 准备好下列试管

试管 1：不加任何处理（对照管）。

试管 2：用液状石蜡润滑整个试管内表面。

试管 3：放少许棉花。

试管 4：置于有冰块的小烧杯中。

试管 5：加肝素（终浓度 8 U/mL）。

试管 6：加草酸钾 1~2 mL。

试管 7：加肺组织浸液 0.1 mL。

3. 放开动脉夹，每管加入血液 2 mL。将多余的血液盛于小烧杯中，并不断用竹签搅动直至纤维蛋白形成，取出纤维蛋白，将该血液取 2 mL 加入试管 8 中。

4. 记录凝血时间　每个试管加血 2 mL 后，即刻开始计时，每隔 15 s 倾斜一次，观察血液是否凝固，至血液成为凝胶状不再流动为止，记录所经历的时间。5、6、7 号试管加入血液后，盖住试管口将试管颠倒两次，使血液与药物混合。

5. 如果加肝素和草酸钾的试管不出现血凝，可再向两管内分别加入 0.025 mol/L 的 $CaCl_2$ 溶液 2 ~ 3 滴，观察血液是否发生凝固。

【注意事项】

1. 采血的过程尽量要快，以减少计时的误差。对比实验要紧接着进行。

2. 判断凝血的标准要力求一致。一般以倾斜试管达 45° 时，试管内血液不见流动为准。

3. 每支试管口径大小及采血量要相对一致，不可相差太大。

【实验结果】

将各种条件下的凝血时间按表 6-1 填写，并进行比较、分析，解释产生差异的原因。

表 6-1　血液凝固及其影响因素

实验管号	实验处理	凝血时间
1	不加任何处理（对照管）	
2	用液状石蜡润滑整个试管内表面	
3	放少许棉花	
4	置于有冰块的小烧杯中	
5	加肝素（终浓度 8 U/mL）	
6	加草酸钾 1 ~ 2 mL	
7	内加肺组织浸液 0.1 mL	
8	脱纤维蛋白血液	

【思考题】

1. 论述正常生理性止血过程。

2. 出血时间长短与哪些因素有关？

3. 论述测定出血时间和凝血时间的临床意义。

4. 出血时间长的患者凝血时间是否一定延长？

5. 讨论血液凝固对机体的生理意义。

6. 论述血液凝固的机制。影响血液凝固的外界因素有哪些？

7. 为什么有几管不凝？为什么有几管凝血时间比对照管长？为什么有几管凝血时间比对照管短？

思考题解析

（曲宪成）

实验 6.4　ABO 血型鉴定和交叉配血实验

ABO 血型是根据红细胞表面存在的凝集原决定的：只存在 A 凝集原的称为 A 血型，只存在 B 凝集原的称为 B 血型，同时存在 A 凝集原和 B 凝集原的称为 AB 血型，两种凝集原都不存在的称为 O 血型。而血清中还存在凝集素，当 A 凝集原与抗 A 凝集素相遇或 B 凝集原与抗 B 凝集素相遇时，会发生红细胞凝集反应。一般 A 型标准血清中只含有抗 B 凝集素，B 型标准血清中只含有抗 A 凝集素，因此可以用标准血清中的凝集素与被测者红细胞反应，以确定其血型。

同种动物不同个体的红细胞凝集称为同族血细胞凝集作用。不同动物的血液互相混合有时也可产生红细胞凝集，称为异族血细胞凝集作用。对于动物的天然血型抗体了解不多，而且免疫效价也很低，所以同种动物第一次输血，一般不会引起严重后果。但第二次输血就必须进行交叉配血试验，才能决定是否能相互输血。

【实验目的】

观察红细胞凝集现象；

学习 ABO 血型鉴定方法，掌握血型鉴定原理。

【实验对象】

正常人。

【实验药品】

A 型和 B 型标准血清。

【仪器与器械】

双凹玻片，采血针，竹（牙）签，75% 乙醇棉球，干棉球，玻璃蜡笔（记号笔），尖头滴管，显微镜等。

【方法与步骤】

1. ABO 血型的鉴定

（1）取双凹玻片一块，在两端分别标上 A 和 B，中央标记受试者的号码。

（2）在 A 端和 B 端的凹面中分别滴上相应标准血清少许。

（3）75% 乙醇棉球消毒环指（无名指）指端（或耳垂），用采血针刺破皮肤，用消毒后的尖头滴管吸取少量血（也可用红细胞悬浮液，见下述），分别与 A 端和 B 端凹面中的标准血清混合，放置 1~2 min 后，用肉眼观察有无凝血现象，肉眼不易分辨的用显微镜观察。

拓展知识

血液凝集的判断

（4）根据凝集现象的有无判断血型（图 6-8）。

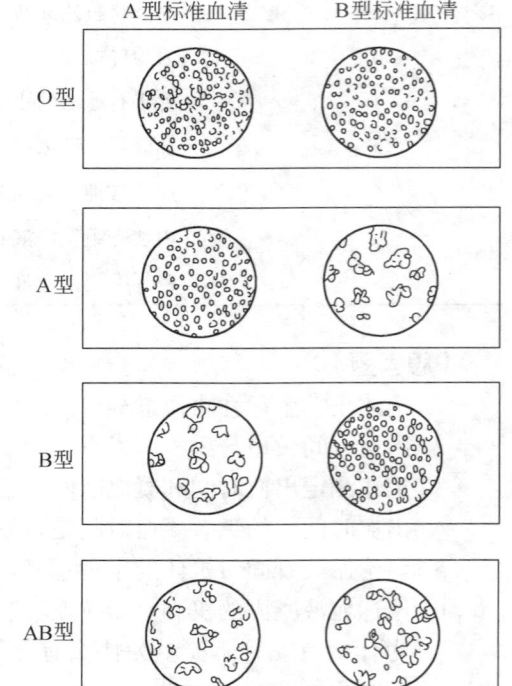

图 6-8　ABO 血型鉴定示意图

2. 交叉配血试验

（1）分别对供血者和受血者消毒、静脉取血，制备成血清和红细胞悬浮液。红细胞悬浮液是将受检者的血液一滴，加入装有生理盐水约 1 mL 的小试管中，即为 2% 的红细胞悬浮液。加盖备用。

（2）取双凹玻片一块，在两端分别标上供血人和受血人的名称或代号，分别滴上他们的血清少许。

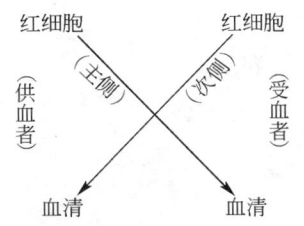

图 6-9　交叉配血试验示意图

（3）将供血者的红细胞悬浮液吸取少量，滴到受血者的血清中（称为主侧配血，图 6-9）；将受血者的红细胞悬浮液吸取少量，滴入供血者的血清中（称为次侧配血），混合。放置 10～30 min 后，肉眼观察有无凝集现象，肉眼不易分辨的用显微镜观察。如果两次交叉配血均无凝集反应，说明配血相合，能够输血。如果主侧发生凝集反应，说明配血不合，不论次侧配血结果如何都不能输血。如果仅次侧配血发生凝集反应，只有在紧急情况下才有可能考虑是否输血。

【注意事项】

1. 应将吸取标准血清的两个滴管严格分离开，千万不要混淆。

2. 指端、采血针和尖头滴管务必做好消毒准备。做到一人一针，不能混用。使用过的物品（包括竹签）均应放入污物桶，不得再到采血部位采血。

3. 经消毒部位自然风干后再采血，血液容易聚集成滴，便于取血。取血不宜过少，以免影响观察。

4. 采血后要迅速与标准血清混匀，以防血液凝固。

5. 红细胞悬浮液浓度要适中，不可太浓或太稀。

6. 在进行交叉配血试验时，一定要防止将主侧配血和次侧配血搞混了。

【实验结果】

有无凝集现象？报告你测得的血型。

【思考题】

1. ABO 血型分类标准是什么？

🖊️ 思考题解析

2. 除 ABO 血型外还有什么血型系统？分类标准是什么？

3. 为什么在配血实验时，如果主侧发生凝集反应，不论次侧配血结果如何都不能输血？

4. 血液凝集和血液凝固有何区别？

（翁强）

第7章

血液循环生理

实验 7.1　蛙心起搏点观察

心肌的电生理特性表现为兴奋性、自律性和传导性。其自律性取决于心脏的特殊传导系统，但心脏各部分的自动节律性高低不同。正常情况下，蛙心静脉窦（哺乳动物是窦房结）的自律性最高，它产生的自动节律性兴奋向外扩布，并依次传到心房、房室交界区、心室，进而引起整个心脏兴奋和收缩，因此静脉窦（窦房结）是主导整个心脏兴奋和搏动的正常部位，被称为正常起搏点；而心脏其他部位的自律组织受窦房结（静脉窦）的控制并不表现出其自身的自律性，仅起着兴奋传导作用，故称之为潜在起搏点。在某些病理情况下，窦房结的兴奋因传导阻滞不能控制其他自律组织的活动，或者其他部位的自律组织自律性增高，则此时自律性最高的组织支配心脏的活动，这些异常的起搏点部位称为异位起搏点。

【实验目的】

学习蛙类心脏的暴露方法，熟悉蛙心的解剖结构。

利用斯氏结扎法观察并比较蛙心静脉窦、心房和心室各自律组织自动节律性高低，确定蛙心起搏点。

【实验对象】

蟾蜍或蛙。

【实验药品】

任氏液。

【仪器与器械】

小动物手术器械，蛙板，蛙钉，滴管，玻璃分针，秒表等。

【方法与步骤】

1. 在体蛙心的暴露

取蛙一只，破坏脑和脊髓，仰卧位固定于蛙板上。自胸骨剑突软骨后缘呈 V 形切口向上剪去胸部皮肤，沿已有 V 形切口剪开胸壁至锁骨下，用粗剪刀分别剪断左右两侧锁骨后剪去整块胸部骨骼。用眼科剪小心打开心包（勿伤及心脏和血管），充分暴露心脏。

▶▐ 视频
蛙心脏插管

2. 实验项目

（1）观察心脏各部位及收缩的先后顺序　参照图 7-1，观察蛙心各部位，从心脏腹面可观察到心室、心房、动脉球（圆锥）和主动脉。用玻璃分针向前翻转蛙心，暴露心脏背面，可观察到静脉窦和心房、心室，在静脉窦和心房交界处有一条隐约的半月形白线，又称窦房沟。从心脏背面观察静脉窦、心房和心室的搏动顺序，记录正常心搏频率。如果用加热的玻璃分针或小冰块先后分别接触改变心室、

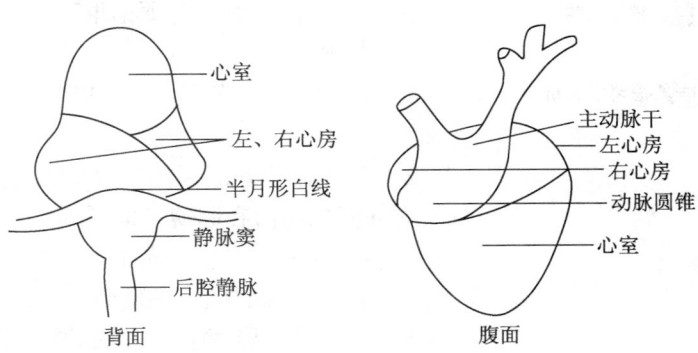

图 7-1　蛙的心脏解剖示意图

心房和静脉窦的局部温度，观察温度对各部位搏动频率的影响。

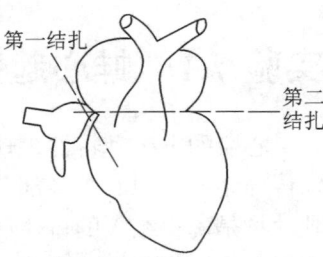

图 7-2　斯氏结扎部位示意图

视频
蛙心脏斯氏结扎

（2）斯氏第一结扎　分离主动脉两分支的基部，用眼科镊在主动脉干下引一细线。将蛙的心尖翻向头端，暴露心脏背面，在窦房沟处将预先穿入的细线做斯氏第一结扎（图 7-2），阻断其静脉窦和心房之间的传导，可观察到心房、心室暂时停跳。待心房、心室复跳后，分别记录心房、心室的复跳时间和蛙心各部分的搏动频率，填入表 7-1，比较结扎前后有何变化。

（3）斯氏第二结扎　完成第一结扎后，继续用细线在心房与心室之间即房室沟处做斯氏第二结扎（图 7-2）。结扎后，心室暂时停止跳动，而静脉窦和心房继续跳动。间歇较长时间后，心室又开始跳动，在表 7-1 中记录心室复跳时间以及蛙心各部分的搏动频率。

表 7-1　斯氏结扎后蛙心各部分的搏动频率及复跳时间

项目	心搏频率 /（次 /min）			复跳时间 /s
	静脉窦	心房	心室	
正常				—
斯氏第一结扎后				
斯氏第二结扎后				

【注意事项】

1. 结扎前要准确区分心脏各部位。静脉窦识别技巧为：先于心房和心室搏动；壁最薄，可被隐约观察到窦中暗红的静脉血。

2. 结扎线以纤细的丝线为好，结扎时部位必须要准确，应落在相邻部位的交界处，每次结扎用力不宜过紧，以刚好能阻断心房或心室的搏动为宜（阻断其兴奋的传导）。

常见问题

【实验结果】

记录、分析、讨论各项结果。

思考题解析
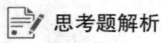

【思考题】

1. 什么是自动节律性？哺乳动物和两栖类动物的自动节律性组织分别是什么？

2. 正常情况下，两栖类动物和哺乳类动物的心脏起搏点各是心脏的哪一部分？它如何控制潜在起搏点的活动？

3. 斯氏第一结扎后，静脉窦、心房、心室的搏动节律有何变化，为什么？

4. 斯氏第二结扎后，静脉窦、心房、心室的搏动节律有何变化，为什么？

5. 如何证明两栖类心脏的起搏点是静脉窦？

（肖向红　柴龙会）

实验 7.2　心肌收缩特性的观察

在一个心动周期中，当心肌经历一次兴奋时，细胞膜上的钠离子通道就会由静息状态经历激活、失活和复活等过程。其兴奋性也随之会经历**有效不应期**、**相对不应期**、**超常期**等一系列周期性变化过程。与骨骼肌和神经细胞相比，心肌兴奋性最为显著的特点是有效不应期特别长，相当于整个收缩期和舒张期早期（几乎占据心肌收缩曲线 2/3 的时长），在此期间施加任何刺激都不能引起心肌的再次兴奋和收缩。但在心肌舒张的中期和晚期（相当于相对不应期和超常期），给予有效刺激可使心肌产生一次比正常窦性节律提前出现的动作电位和收缩，称为期前（额外）兴奋和收缩。而期前兴奋（收缩）也有自己的有效不应期，所以当下一次窦房结的节律性冲动到达时，常常会落在这个有效不应期内，因而不会引起心肌的兴奋和收缩，会出现一个较长的舒张期，称代偿性间歇。如果窦性心律过慢，当期前兴奋的有效不应期结束时，（期前兴奋之后的）窦性兴奋才传到心室，则可引起心室一次新的收缩，而不会出现代偿性间歇。因此，心脏不会像骨骼肌那样产生强直收缩，始终保持着收缩和舒张交替的节律性活动，从而实现心脏的泵血功能。

■▶ **动画**
心肌兴奋性周期性变化与收缩活动的关系

【实验目的】

学习蟾蜍（蛙）或鱼类心脏活动描记的方法；

通过在心脏活动的不同时期给予阈上刺激，观察心肌兴奋性的阶段性变化的特征。

【实验对象】

蟾蜍（或蛙）、黄鳝（或鲤、鲫等鱼类）。

7.2.1　蛙类心肌收缩特性的观察

【实验药品】

任氏液。

■▶ **教学课件**
蛙心肌收缩特性

【仪器与器械】

生物信号采集处理系统，张力换能器，小动物手术器械，支架，蛙心夹，滴管，烧杯，双极刺激电极等。

【方法与步骤】

1. 蛙心标本制备

有两种蛙心标本可以选择，在体蛙心标本制作简单，但离体蛙心标本实验结果典型。

（1）在体蛙心标本　参照实验 7.1 的方法暴露心脏。

（2）离体心脏标本　离体心脏标本制备（斯氏蛙心插管法）参见实验 7.3。

2. 连接实验装置

在体蛙心标本按图 7-3 示意图所示，用连有细线的蛙心夹在心室舒张期夹住心尖，细线再与张力换能器连接（离体蛙心标本参照图 7-11 提示进行）。调整蛙心夹连线使其与地面垂直，固定刺激电极，使其两极在舒张期和收缩期均与心室良好接

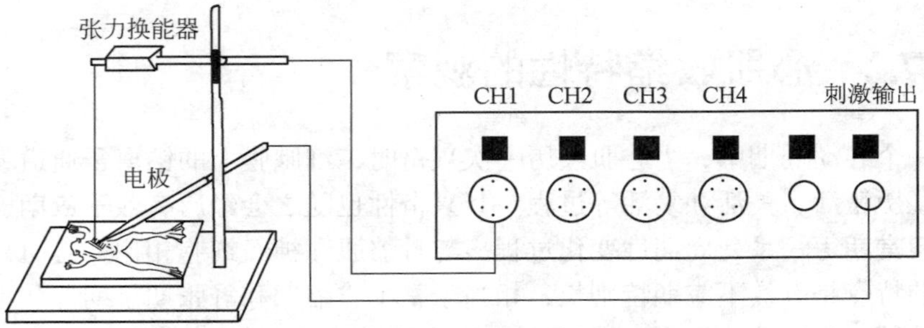

张力换能器

电极

CH1　CH2　CH3　CH4　刺激输出

图 7-3　在体蛙心实验仪器连接示意图

触。将张力换能器信号线与生物信号采集处理系统的输入通道（CH1 或其他通道）连接。将双极刺激电极与刺激器输出接口连接，并调整好记录装置。

3. 实验项目

（1）描记正常心搏曲线，观察识别曲线的收缩相和舒张相。

描记的心搏曲线可出现 3 个波峰（图 7-4），但有时波峰减少只出现 1 个或 2 个波峰，主要与心肌各部位收缩力的相对大小、蛙心夹连线的紧张度、张力换能器的灵敏性以及心搏曲线的放大倍数有关。

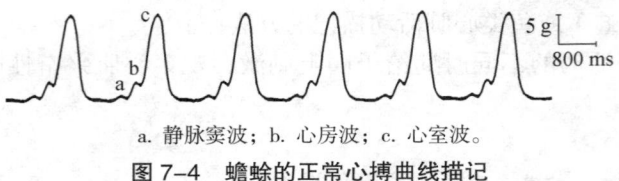

5 g
800 ms

a. 静脉窦波；b. 心房波；c. 心室波。

图 7-4　蟾蜍的正常心搏曲线描记

（2）用中等强度的单个阈上刺激分别在心室收缩期和舒张早、中、晚期刺激心室，连续记录心搏曲线，观察能否出现期前收缩，若出现期前收缩，是否随之出现代偿间歇（图 7-5）。

心肌收缩曲线

刺激标记

a　　b　　c　　　　　d

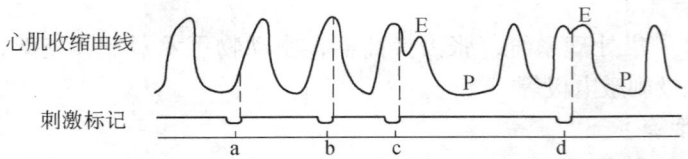

E：期前收缩；P：代偿间歇；a 和 b：刺激落在有效不应期内，无反应；
c 和 d：刺激都落在相对不应期，产生期前收缩与代偿间歇。

图 7-5　期前收缩与代偿间歇

（3）测量期前收缩起点至下一个正常心室收缩起点的时间间隔，测出心室前一收缩起点与期前收缩起点的最短时间间隔。

（4）在心室舒张的中、晚期改变刺激强度刺激心室，观察心室收缩的幅度是否发生变化。

（5）如果连续刺激心室肌，观察心脏是否会出现强直收缩。

（6）如果向心脏滴加 3~5 滴 0.01% 肾上腺素溶液，观察是否会出现代偿间歇。

【注意事项】

1. 由于蛙的心尖部肌肉比较厚，在记录心搏曲线时应注意用蛙心夹夹住少量心尖部肌肉，不要用力牵拉蛙心夹连线，既要夹住心脏，又不能妨碍心脏的收缩活动，防止将心室壁夹破。

2. 经常给心脏滴加任氏液，防止心脏表面干燥。

3. 每一次刺激产生效应后，一定要等心搏曲线恢复正常（约 1 min）并描记一段正常对照曲线后，再施加下一刺激，避免短时间内重复多次地施加刺激。

4. 张力传感器与蛙心夹之间的细线应保持适宜的紧张度，张力过大或过小都会影响收缩曲线的幅度。

5. 双极刺激电极与心室接触良好的同时，还应尽量不让其阻碍心脏的自发收缩。

6. 实验前应预先绘制出记录原始数据的表格，如记录心室前一收缩起点与期前收缩起点的最短时间间隔。

【实验结果】

1. 剪贴记录曲线，做好标记，并分析讨论。

2. 在预先设计的原始数据表格中列出数据，进行统计学统计和显著性检验。

3. 结合心搏曲线图和统计处理结果进行分析讨论，并给出结论。

7.2.2　鱼类心肌收缩特性的观察

【实验药品】

任氏液，妥开利［或其他肌松剂、MS-222（又称鱼安定）］，鱼心脏灌流液（见附录 1）。

▶▮ 视频
黄鳝心肌收缩特性

【仪器与器械】

小动物手术器械，生物信号采集处理系统，张力换能器，蛙心夹，双极刺激电极，玻璃分针，纱布，支架，滴管，大头钉，木板条，蛙心插管，细钢丝等。

【方法与步骤】

1. 标本的制备

（1）在体黄鳝心脏标本

① 破坏脑和脊髓：用纱布裹住黄鳝的身体，露出头。从枕骨与脊椎交界处剪断脊柱（不要太深，以免剪断腹面的血管），此时可见白色脊髓。用一细钢丝插入椎管，前后移动，顺势深入（插入椎管的感觉是钢丝前进时有阻力），可见钢丝所到处的肌肉松弛。钢丝插入深浅视鱼体大小而定，约为峡部（两鳃盖之间的部位）到肛门长度的 1/2~3/4。

② 观察黄鳝的心脏构造：黄鳝的心脏属一心房（耳）、一心室（图 7-6）。从心脏的腹面可以看到圆锥形、肌肉壁肥厚、收缩有力的心室。在心室

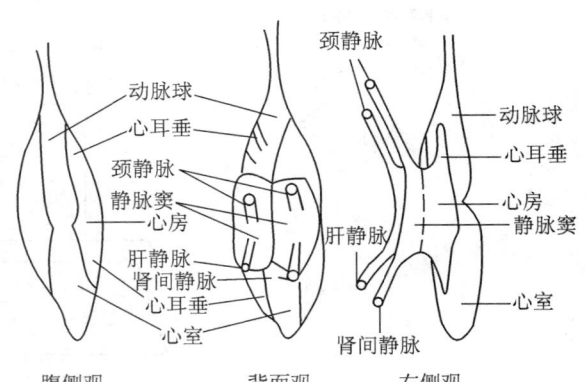

图 7-6　黄鳝的心脏

的前方有一球形的膨大，称为动脉球。动脉球的壁含有丰富的弹性纤维，具有很大的弹性，动脉球背侧及两侧被心房的附属物——上心耳（房）垂包裹着。动脉球向前延伸为腹主动脉。用玻璃分针将心脏拨向一侧，可以看到心脏的背侧面，从背面可以看到心房（耳）。黄鳝的心房呈 H 形，壁薄，它的中央部分正处在静脉窦的腹侧面，在前面和后面两个方向上有两对附属物叫作心耳（房）垂，上心耳（房）垂包在动脉球的背外侧，下心耳（房）垂位于心室的背外侧面。心房的腹壁只有一个房室孔与心室相通。

静脉窦位于心房的背侧面，是一个壁薄并呈长形的囊，其背侧壁折叠形成一条很浅的纵行沟，将静脉窦的背侧表面分成两等份。右颈静脉和肾间静脉开口于静脉窦右边背侧部分，它们几乎是头尾相接，在同一个纵行方向上平行进入静脉窦；左颈静脉和肝静脉以同样的方式开口于静脉窦的左边背侧部分。静脉窦通过横向的窦房孔与心房相通。用连有细线的蛙心夹在心室舒张期夹住心尖备用。

（2）鲤、鲫等鱼类离体心脏标本的制作　将鱼注射肌松剂（箭毒或妥开利，肌内注射 0.1～0.4 mg/kg，或用 MS-222 麻醉）之后，侧卧在搪瓷盘中。用粗剪刀剪断围心腔的肩带和舌基骨并除去，剪开心包膜暴露心脏。分离出动脉球和腹主动脉，并在动脉球下穿两根线，一根结扎腹主动脉，另一根线打一活结备用（图 7-7）。

用眼科剪在心腹隔膜后方剪开进入静脉窦的静脉放血，用鱼用心脏灌流液冲去血液，以棉球蘸干（也可不进行此步）。提起结扎线将动脉球固定，并在动脉球上剪一向心的斜行切口，将充有鱼用心脏灌流液的蛙心插管插入动脉球并向前伸入心室。将插管内的血液吸出，并用鱼用心脏灌流液冲洗数次，束紧备用的活结，固定插管。剪断腹主动脉，提起插管，提起心脏，用线尽量远离静脉窦将其他血管结扎。在结扎外方剪断各组织。此时心脏完全离体，借助灌流液而正常搏动，即可开始实验。

2. 连接实验装置

按图 7-8（或图 7-11），将蛙心夹上的细线与张力换能器相连，让心脏搏动信号输入生物信号采集处理系统的输入通道。将双极刺激电极与心室接触良好并固定稳妥

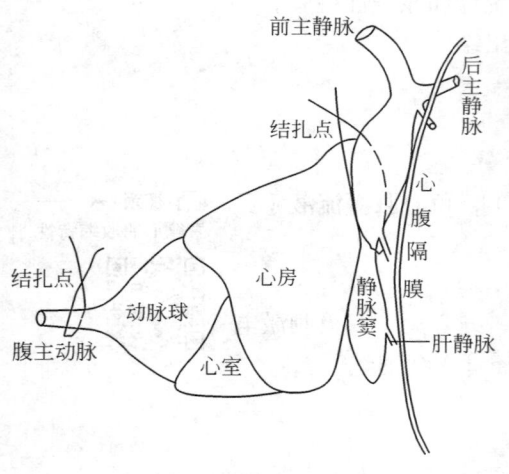

图 7-7　鲤心脏左侧观

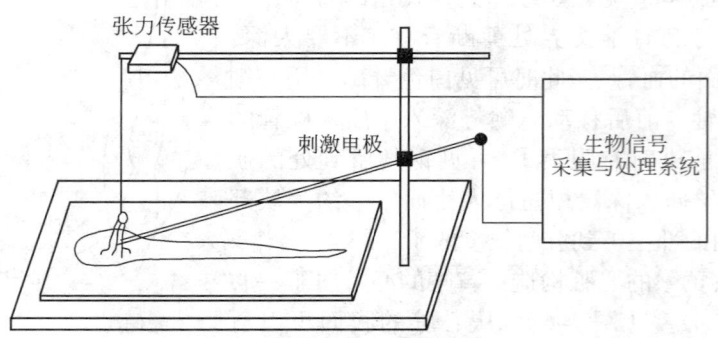

图 7-8　在体黄鳝心脏期前收缩与代偿间歇实验仪器装置连接图

后，与刺激器的刺激输出连接。

3. 实验项目

（1）描记鱼正常心搏曲线，观察曲线的收缩相和舒张相。

（2）用中等强度的单个阈上刺激分别在心室收缩期或舒张早期刺激心室，观察能否引起期前收缩。

（3）用同等强度的单个阈上刺激在心室舒张早期之后的不同时段刺激心室，观察有无期前收缩出现。

（4）以上刺激如果能引起期前收缩，观察其后有无代偿间歇出现（图 7-9）。

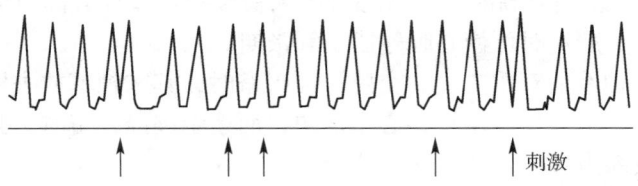

图 7-9　黄鳝心脏的期前收缩和代偿间歇

【注意事项】

1. 经常给鱼心脏滴加灌流用的生理盐水，以保持心脏适宜的环境。

2. 张力传感器与蛙心夹之间的细线应保持适宜的紧张度。

3. 双极刺激电极与心室接触良好，同时应尽量防止其阻碍心脏的自发收缩。

4. 谨防灌流液沿细线流入张力传感器内而损坏其电子元件。

【实验结果】

剪贴记录曲线，做好标记，并分析讨论。

【思考题】　　　　　　　　　　　　　　　　　　　　📝 思考题解析

1. 分析期前收缩和代偿性间歇现象产生的基本原理。

2. 与骨骼肌相比，心肌兴奋性与收缩的变化有何特点，有何生理意义？

3. 在心室收缩期和舒张的早、中、晚期分别施加阈上刺激，能否出现期前收缩，为什么？

4. 期前收缩后是否就一定会出现代偿性间歇，为什么？

5. 为什么通常在代偿性间歇后首次出现的心室收缩幅度比较高？

6. 如果以刺激强度为横坐标，心脏收缩幅度为纵坐标，作心脏收缩强度曲线，该曲线应有何特点，为什么？

7. 如何测定心肌不应期，实验依据是什么？

（肖向红　柴龙会　李大鹏）

实验 7.3　离子及药物对离体蛙（或鱼）心脏活动的影响

两栖类及大多数硬骨鱼类心脏的正常起搏点是静脉窦。正常节律性活动需要一个适宜的理化环境（如 Na^+、K^+、Ca^{2+} 等浓度及比例、pH 和温度）。如果将离体蛙心用接近其血浆理化特性的任氏液灌流，维持心脏适宜的理化环境，在一定时间内心脏仍能产生节律性兴奋和收缩活动。但当改变灌流液的组成成分，这种节律性舒缩活动也随之发生改变，说明内环境理化因素的相对稳定是维持心脏正常节律性活动的必要条件。

心肌的生理特性（自律性、兴奋性、传导性和收缩性）都与 Na^+、K^+、Ca^{2+} 等离子有关。当血 K^+ 过高时，心肌兴奋性、自律性、传导性和收缩性均降低，表现为收缩力减弱、心动过缓和传导阻滞，严重时心脏可停搏于舒张期。当血 Ca^{2+} 升高时，心肌收缩力增强，但过高时可使心室停搏于收缩期；而血 Ca^{2+} 降低时，心肌收缩力减弱。血 Na^+ 轻微变化对心肌影响不明显，只有发生明显变化时才会影响心肌的生理特性，Na^+ 剧烈升高时，虽然心脏的兴奋性和自律性升高，但兴奋的传导性和收缩性却下降，严重时可使心脏停搏于舒张期。

心脏受自主神经的双重支配。交感神经兴奋时，其末梢释放去甲肾上腺素，使心肌收缩力加强，传导速度增快，心率加快；而迷走神经兴奋时，其末梢释放乙酰胆碱，使心肌收缩力减弱，传导速度减慢，心率减慢。

毒毛花苷 K 属于强心苷类药物，可抑制 Na^+/K^+ – ATP 酶活性，使细胞内丢钾，最大舒张电位绝对值减小，接近阈电位，自律性增高，K^+ 外流减少而使有效不应期缩短，因此强心苷中毒时可出现室性心动过速或室颤。利多卡因是钠通道阻滞药，对正常心肌组织电生理特性影响小，对除极化组织的钠通道（处于失活态）阻滞作用强，因此对于强心苷中毒所致的除极化型心律失常外有较强的抑制作用，能降低动作电位 4 期除极相速率，提高心肌的兴奋阈值，降低自律性。

【实验目的】

学习制备离体蛙（或鱼）心脏及离体心脏灌流的方法；

观察 Na^+、K^+、Ca^{2+} 3 种离子，去甲肾上腺素、乙酰胆碱、温度、酸碱度等因素对心脏活动的影响；

通过该实验使学生初步对递质、受体、受体兴奋剂及受体阻断剂的概念有感性认识。

【实验对象】

蛙或黄鳝（或其他鱼类）。

【实验药品】

0.4% 肝素 – 任氏液（插管用），任氏液，0.65% NaCl，2% $CaCl_2$，1% KCl，3% 乳酸，2.5% $NaHCO_3$，0.01% 肾上腺素，0.01% 乙酰胆碱，0.005% 阿托品，0.25% 毒毛花苷 K，0.05% 利多卡因等溶液。

如果以鱼类心脏为实验对象，灌流液需用鱼类生理盐水（见附表 1–3）。

【仪器与器械】

生物信号采集处理系统，张力换能器，小动物手术器械，蛙板，细线，滴管，烧杯，蛙心插管，蛙心夹，试管夹，滴管，双凹夹，万能支架，恒温水浴，温度计等。

如果采用黄鳝为实验动物，还需要细钢丝、木板条、纱布。

【方法与步骤】

1. 标本的制备

（1）离体蛙心标本制备（斯氏蛙心插管法）

① 取蛙一只，按实验 7.1 的方法，充分暴露心脏。识别心房、心室、动脉圆锥、主动脉、静脉窦和前后腔静脉。

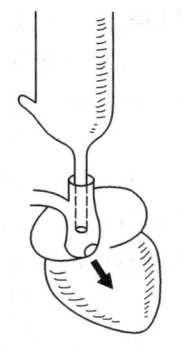

视频
离子及药物对离体
蛙心活动的影响

② 在左主动脉下穿一细线并在远心端结扎以备插管时牵引用；在左、右主动脉下穿一细线以备固定蛙心插管用。

③ 提起左主动脉远心端细线，用眼科剪在左主动脉上向心方向剪一 1/2 斜切口，将盛有少量 0.4% 肝素－任氏液的蛙心插管自切口插入动脉圆锥至其基部。轻轻托住心室，将蛙心插管尖端稍稍后退并转向心室中央方向，在心室收缩时向其背部后方及心尖方向推进（注意主动脉内有螺旋瓣会阻碍插管，图 7-10）。若已插入心室腔内，可见插管内液面上下波动甚至有血液喷涌，迅速将插管内的血液吸出，用 0.4% 肝素－任氏液换洗数次，再用左、右主动脉下的备用细线扎紧蛙心插管并固定于插管侧钩上。

图 7-10　插管进入心室示意图

④ 轻提起插管，剪断左右主动脉。继续轻提起插管以抬高心脏，用细线在尽量远离静脉窦处将左右肺静脉、前后腔静脉一起结扎。在结扎外方剪断各组织，此时心脏完全离体。操作中切忌损伤静脉窦。用滴管将插管内液用任氏液反复冲洗至清澈液体为止，保持液面高度为 1～2 cm。如果离体蛙心标本制备成功，管内液面会随着心室搏动而上下移动。

（2）离体黄鳝心脏标本制备　以鱼类为实验材料，一般选用黄鳝（其他鱼类离体心脏标本制备见实验 7.2）。

教学课件
离子及药物对离体黄鳝心脏活动的影响

① 按实验 7.2.2 的方法暴露黄鳝心脏。在动脉球下方穿两根线（图 7-11）。一根在腹主动脉远心端结扎并留下线头，便于插管和剪动脉球时有一支撑点。另一根线打一活结备用（结扎和固定插管用）。

② 左手拉住腹主动脉上结扎线头，于动脉球上剪一小口，将装有鱼用生理盐水的蛙心插管插入动脉球，并顺势推入心室，此时可见插管内的液面随心脏搏动而上下移动。用滴管吸去插管中的血液，更换为新鲜的灌流液，束紧腹主动脉上准备好的松结（备用线）连同插管尖端一起结扎，并将线头系在插管侧面的钩上，以固定插管。剪断腹主动脉，轻轻提起插管和心脏，在尽量远离静脉窦处用线将其他血管结扎，于结扎线外侧剪断各组织。此时心脏完全离体，借灌流液而正常搏动。用滴管不断更换插管中的灌流液，冲洗心室直至没有血液为止。

2. 连接实验装置

按图 7-12 将蛙心插管固定于支架上，用与张力换能器连线的蛙心夹在心室舒张期夹住心尖部，调整连线紧张度至适宜。将张力换能器信号线与生物信号采集处理系统输入通道相连。

3. 实验项目

实验前应预先绘制出实验原始数据记录表

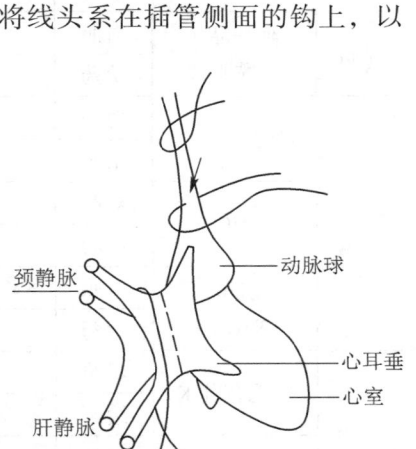

图 7-11　黄鳝心脏插管部位

（图中标注：颈静脉、肝静脉、肾间静脉、动脉球、心耳垂、心室）

格和统计表格（表7-2）。

（1）记录正常的心搏曲线作为正常对照，注意观察心搏频率及心室收缩和舒张程度。

（2）不同离子对心脏收缩的影响

① 缺少 Ca^{2+} 的现象：吸出插管内全部灌流液，替换为 0.65% NaCl 溶液（鱼类为 0.75% NaCl），观察记录心搏曲线的变化。出现明显变化时，吸出灌流液，用任氏液反复冲洗至心搏曲线恢复正常。

② Ca^{2+} 的作用：将 1~2 滴 2% $CaCl_2$ 溶液加入灌流液中，观察记录心搏曲线变化。出现明显变化时，吸出灌流液，用任氏液反复冲洗至心搏曲线恢复正常。

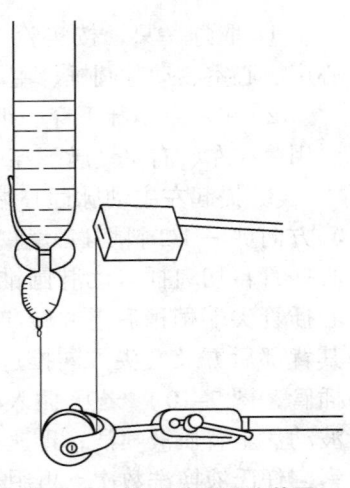

图 7-12　蛙心灌流实验装置

表 7-2　实验原始数据记录表

实验项目			心率/(次/min)	幅度（张力）	基线水平	其他
离子	缺少 Ca^{2+}	对照				
		给药				
	K^+	对照				
		给药				
	Ca^{2+}	对照				
		给药				
递质	肾上腺素	对照				
		给药				
	乙酰胆碱	对照				
		给药				
拮抗	阿托品+乙酰胆碱	对照				
		给药				
	温度	对照				
		给药				
酸碱度	$NaHCO_3$	对照				
		给药				
	乳酸+$NaHCO_3$	对照				
		给药				
药物	毒毛花苷K	对照				
		给药				
	利多卡因	对照				
		给药				

③ K^+ 的作用：将 1 ~ 2 滴 1% KCl 溶液加入灌流液中，观察记录心搏曲线变化。出现明显变化时，吸出灌流液，用任氏液反复冲洗至心搏曲线恢复正常。

（3）递质和药物对心脏收缩的影响

① 肾上腺素的作用：将 1 ~ 2 滴 0.01% 肾上腺素加入灌流液中，观察记录心搏曲线变化。出现明显变化时，吸出灌流液，用任氏液反复冲洗至心搏曲线恢复正常。

② 乙酰胆碱的作用：将 1 ~ 2 滴 0.01% 乙酰胆碱加入灌流液中，观察记录心搏曲线变化。出现明显变化时，吸出灌流液，用任氏液反复冲洗至心搏曲线恢复正常。

③ 阿托品的作用：将 1 ~ 2 滴 0.5% 阿托品加入灌流液中，观察记录心搏曲线变化。然后加入 1 ~ 2 滴 0.01% 乙酰胆碱，再观察记录心搏曲线变化。记录一段时间后，吸出灌流液，用任氏液反复冲洗至心搏曲线恢复正常。

（4）温度的影响　将插管内的灌流液吸出，加入 4℃ 任氏液，观察记录心搏曲线变化。出现明显变化时，用室温任氏液冲洗至心搏曲线恢复正常。

（5）酸碱度的影响

① 碱的作用：将 1 ~ 2 滴 2.5% $NaHCO_3$ 加入灌流液中，观察记录心搏曲线变化。出现明显变化时，吸出灌流液，用任氏液反复冲洗至心搏曲线恢复正常。

② 酸的作用：将 1 ~ 2 滴 3% 乳酸加入灌流液中，观察记录心搏曲线变化。出现明显变化时，再加 1 ~ 2 滴 2.5% $NaHCO_3$ 溶液，观察记录心搏曲线变化，任氏液冲洗至心搏曲线恢复正常。

（6）药物对心脏收缩的影响　将 1 ~ 2 滴 0.25% 毒毛花苷 K 加入灌流液中，观察记录心搏曲线变化。出现明显变化时，立即加入 1 ~ 2 滴 0.05% 利多卡因溶液，观察记录心搏曲线变化。

【注意事项】

1. 制备离体心脏标本时，勿伤及静脉窦，并保持心脏湿润。

2. 应在心室舒张期用蛙心夹一次性夹住心尖，避免心脏因夹伤而导致漏液。

3. 每次滴加试剂应先加 1 ~ 2 滴，如果不明显再补加。当出现明显效应后，应立即吸出全部灌流液，更换为新鲜任氏液使心搏曲线恢复正常，再进行下一项目。插管内灌流液面高度应保持相对恒定。

4. 每项实验均应有前后对照，即描记一段正常心搏曲线再加药。加药时应及时在心搏曲线上标记，以便观察分析。各种滴管应分开，不可混用。

5. 在实验过程中，仪器的各种参数一经调好，应不再变动。

6. 标本制备好后，如心脏机能状态不好（不搏动），可向插管内滴加 1 ~ 2 滴 2% $CaCl_2$ 或 0.01% 肾上腺素，以促进心脏搏动。在实验程序安排上也可考虑促进和抑制心脏搏动的药物交替使用。

7. 谨防灌流液沿细线流入张力换能器内而损坏其电子元件。

【实验结果】

描记各项心搏曲线图，剪贴记录曲线，测量各项实验前后的心搏频率、心室收缩和舒张幅度（张力），统计学处理实验数据，进行显著性检验，并对处理结果进

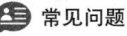 常见问题

行分析讨论。

思考题解析

【思考题】

1. 正常蛙（或鱼）心搏曲线的各个组成部分分别反映了什么？

2. 根据心肌生理特性分析上述各项实验结果及产生机制。

3. 以上实验结果归纳起来，说明了什么问题？

4. 为什么常用两栖类动物做心脏灌流实验，而不用离体哺乳动物心脏？

5. 蛙类心脏灌流时，心肌以什么方式获得营养？与哺乳动物有何区别？

6. 实验中为何要保持蛙心插管内液面高度相对恒定？液面过高或过低会产生什么影响？

（肖向红　柴龙会　李大鹏）

实验 7.4　蛙心电图和容积导体的导电规律

由于机体任何组织与器官都处于组织液的包围之中，而组织液作为导电性能良好的容积导体，可将组织和器官活动时所产生的生物电变化传至体表。故某一器官或组织的生物电变化可经容积导体在体表或远隔部位被仪器记录到，如心脏活动所产生的生物电变化，可通过置于体表不同部位的引导电极记录下来，即心电图。

典型的心电图主要由 P 波、QRS 波群和 T 波组成，它们分别反映心房除极化、心房复极化、心室除极化和心室复极化的次序和时程。

【实验目的】

学习在体蛙心和离体蛙心心电图的描记方法；

论证容积导体的存在，了解其导电规律。

【实验对象】

蛙或蟾蜍。

【实验药品】

任氏液。

【仪器与器械】

心电图机或生物信号采集处理系统，生物电导联线，小动物手术器械一套，蛙板，蛙钉（或大头钉），滴管，烧杯（50 mL），培养皿，鳄鱼夹等。

【方法与步骤】

1. 实验准备

蛙或蟾蜍在毁脑和脊髓后，用蛙钉（或大头钉）扎住四肢背位固定于蛙板上。

2. 连接实验装置

模拟心电图标准 II 导联的连接方式，将接有导联线的鳄鱼夹分别夹在蛙或蟾蜍右前肢和两后肢的蛙钉（大头钉）金属针部分，负极接右前肢，正极接左后肢，地线接右后肢。再将导联线连接至心电图机或生物信号采集处理系统（图 7-13）。为保证导电性良好，可在鳄鱼夹和蛙钉之间垫以任氏液浸润过的脱脂棉。

3. 实验项目

（1）记录常规导联方式（在体蛙心）的蛙或蟾蜍标准 II 导联心电图。

（2）将引导电极随意连接于蛙或蟾蜍身体各部位，观察是否能记录到心电图，其波形有何变化。

（3）按实验 7.1 中介绍的方法打开胸腔，暴露心脏并使其处在正常解剖位置。按上述实验项目（1）中的方法记录蛙或蟾蜍的心电图。用小镊子夹住主动脉干，连同静脉窦一同快速剪下心脏，并将蛙心放入盛有任氏液的培养皿内，观察此时显示器上波形有何变化。

（4）将培养皿中的心脏按原来方向重新放回蛙心胸腔原来的位置，观察记录显示器上波形有何变化。

（5）将心脏倒放（即心尖朝上），此时波形将发生什么变化。

（6）从蛙腿上将导联线取下，夹在培养皿边缘并与培养皿内的任氏液相接触，再将心脏置于培养皿中部，观察记录显示器上是否显示心电波形（图 7-14）。

（7）再将心脏任意放置于培养皿内，观察心电图的波形有何变化。

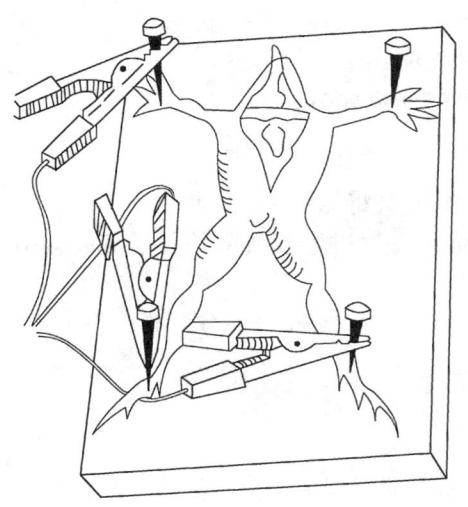

图 7-13　蛙心脏生物电活动记录

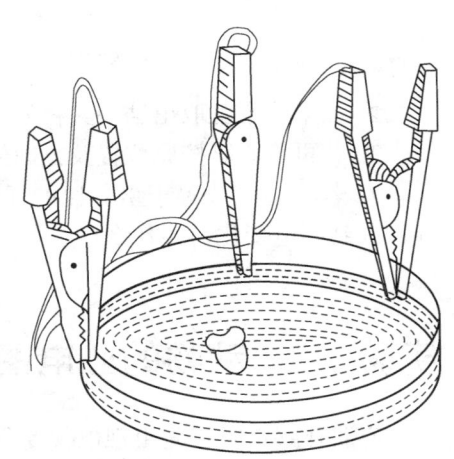

图 7-14　蛙心电容积导体引导法

【注意事项】

1. 捣毁蛙或蟾蜍的脑和脊髓时必须彻底，使其全身肌肉处在松弛状态下再记录心电图。

2. 剪取心脏时切勿伤及静脉窦。

3. 培养皿中的任氏液温度最好保持在 30℃ 左右。

4. 仪器必须接地良好，以克服干扰。如果按标准 Ⅱ 导联连接且使用 ECG 导联线时，出现干扰时可将左前肢也与 ECG 左前肢导联线连接，即可克服干扰。

【实验结果】

剪贴记录曲线（图 7-15），根据实验结果总结容积导体的导电规律。

【思考题】

1. 将引导电极置于体表或体内任何部位，为什么均可引导记录到心脏的生物电活动？

📝 思考题解析

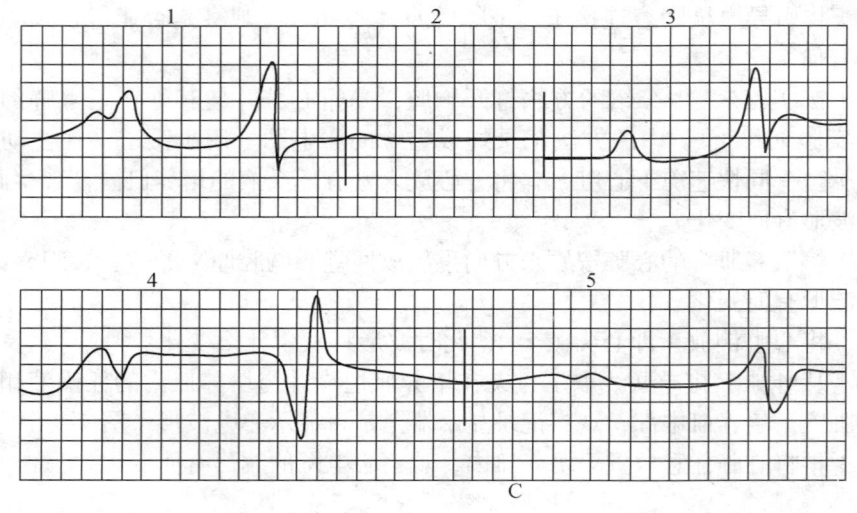

1. 正常波形；2. 剪去心脏；3. 将心脏放回胸腔原位；4. 将心脏倒置于胸腔；

5. 将离体心脏置于培养皿任氏液中。

图 7-15　离体蛙心容积导体法心电图描记

2. 如果将心脏取出结果又将如何，为什么？

3. 若再将心脏按原位置及方向放回胸腔，此时又将如何变化，为什么？

4. 若将心脏放置于培养皿的任氏液中浸泡，并通过培养皿中的任氏液能否引导记录到心电变化，为什么？

（张晶钰　柴龙会）

实验 7.5　动物的心电图描记

心肌在兴奋时首先出现电位变化，并且已兴奋部位和未兴奋部位的细胞膜表面存在着电位差，当兴奋在心脏传导时，这种电位变化可通过心肌周围的组织和体液等容积导体传至体表。将测量电极放在体表规定的两点即可记录到由心脏电活动所致的综合性电位变化。该电位变化的曲线称为心电图。

体表两记录点间的假设连线称为导联轴，心电图是心电向量环在相应的导联轴上的投影。心电图波形的大小与导联轴的方向有关，与心脏的舒缩活动无直接关系。导联的方式有 3 种：①标准的肢体导联，是身体两肢体间的电位差，简称标 I （左、右前肢间，左正右负）、II（右前肢，左后肢，左正右负）、III（左前后肢，前负后正）导联（图 7-16），右后肢接地。②单极加压导联，左、右前肢及左后肢 3 个肢体导联上各串联一个 5 kΩ 的电阻，共同接于中心电端，此中心站的电位为 0，以此作为参考电极。探测电极分别置于右、左前肢和左后肢，分别称为 aVR（右前肢）、aVL（左前肢）、aVF（左后肢）。③单极胸导联，仍以上述的中心电端为参考电极，探测电极置于胸前。常规的有 $V_1 \sim V_6$ 共 6 个部位

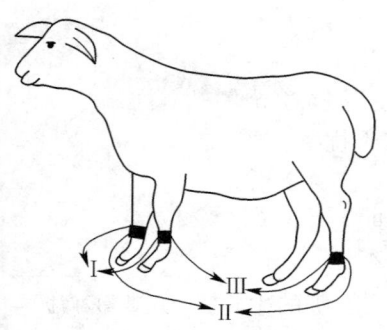

图 7-16　羊标 I、II、III 心电导联图

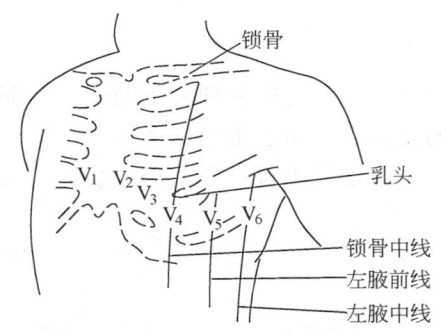

V_1：胸骨右缘四肋间；V_2：胸骨左缘四肋间；
V_3：$V_2 \sim V_4$ 的中点；V_4：左锁骨中线五肋间；
V_5：左腋前线第五肋间；V_6：左腋中线第五肋间。

图 7–17　胸导联电极安放示意图

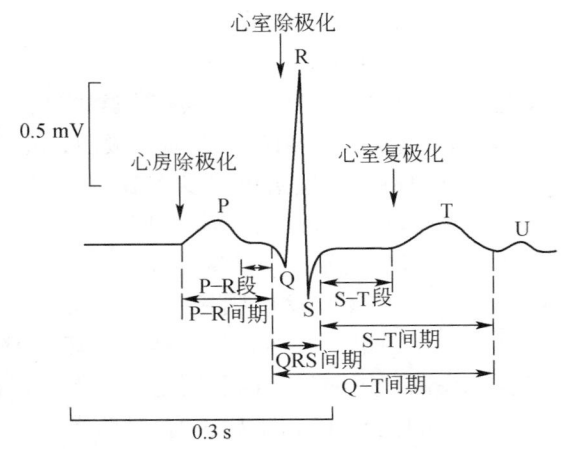

图 7–18　正常体表心电图

（图 7–17）。

当心脏的兴奋自窦房结（或静脉窦）产生后，沿心房扩布时在心电图上表现为 P 波；兴奋继续沿房室束浦肯野纤维向整个心室扩布，则在心电图上出现 QRS 波群，此后整个心室处于除极化状态没有电位差，然后当心脏开始复极化时，产生 T 波（图 7–18）。

7.5.1　哺乳动物和禽类的心电图

【实验目的】
学习描记哺乳动物、禽及鱼类心电图的方法；
熟悉各类动物正常心电图的波形，了解其生理意义。

【实验对象】
兔（或羊），鸽。

【实验药品】
10% NaCl 溶液，乙醚，消毒液等。

【仪器与器械】
心电图机（或生物信号采集处理系统），心电导联线，肢体导联夹，动物解剖台或保定架，固定绳，橡皮毯，粗砂纸，针形记录电极（或不锈钢注射针头），棉花，纱布，分规，剪毛剪等。

【方法与步骤】
1. 实验准备
（1）兔
将清醒兔背位固定于解剖台上，底下垫以橡皮毯以排除干扰。对四肢进行剪毛、消毒。前肢的两针形电极分别插入肘关节上部的前臂皮下，后肢两针形电极分别插入膝关节上部的大腿皮下（为减少动物疼痛，也可将四肢相应部位剃毛后，用浸透 10% NaCl 溶液的纱布固定电极，无须将电极刺入皮下）。动物在开始固定时会出现较大的挣扎，通常需安静 20 min 左右方可进行心电图描记。胸前导联可参照人的相应部位安放。

（2）羊

羊预先训练，使其在实验期间能保持安静站立。4个电极分别装于四肢的掌部和跗部（图7-16）。在装电极前，先将该部分的毛剃去，用乙醚棉球擦拭后，涂上导电糊（或覆盖一层浸透10% NaCl溶液的棉花），然后将电极扎紧并连导线。待动物安静20 min后，即可测定心电图。

（3）鸽

将鸽子背位固定于解剖台上，用单夹型鸟头固定器固定其头部，用缚带将四肢固定于解剖台的侧柱上（图7-19）。对两翼和后肢进行剪毛、消毒。取两针形电极分别插入左右两翼相当于肩部的皮下，连接两后肢的电极则需插入股部外侧皮下。胸前导联电极按下列顺序连接：自胸前龙骨突正中线最顶端的上缘向下 1.5 cm处为起点，由起点向左侧外侧 1.5 cm处为 V_1；V_1 再向

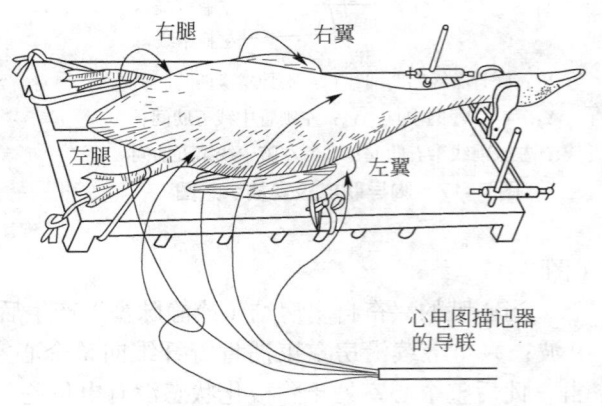

图7-19　鸟类心电各导联部位及单夹型鸟头固定器示意图

外侧 1.5 cm处为 V_3。由于鸟类的心脏胸骨面几乎全部为右心室外壁这一解剖特点，V_5 应在左翼的腋后线外下部 1.5 cm处。以针形电极分别插入以上各点的皮下，即可得到 V_1、V_3、V_5 的心电图。

2. 仪器连接

（1）心电图机描记　将动物体上的电极与导联线插头按颜色（或字母标示）分别连接。前肢：左黄、右红（鸡两翼的两电极相当于上肢部位，亦为左黄、右红）；后肢：左绿、右黑；胸前为白。

确定走纸速度（或扫描速度）：一般为 25 mm/s；但某些动物心率过快时（如兔、鼠、鸡等），可将其速度调至 50 mm/s。

定标：重复按动 1 mV 定标电压按钮，使描记笔（或描记基线）向下移动 10 mm，记录标准电压曲线。

（2）生物信号采集处理系统的记录　若使用 ECG 导联线则按上述实验项目（1）方法连接后再接入仪器的 ECG 接口；若使用生物电导联线，按图7-16模拟心电标准 I、II、III 导联，分别接入仪器的3个输入通道（CH1、CH2、CH3）。打开仪器，调整参数。

3. 记录心电图

旋转导联选择开关，依次记录 I、II、III、aVR、aVL 和 aVF 6种导联的心电图。

4. 测量 II 导联心电图　包括P波、QRS波群、T波振幅，P—R、R—R 和 Q—T 间期（图7-20）。

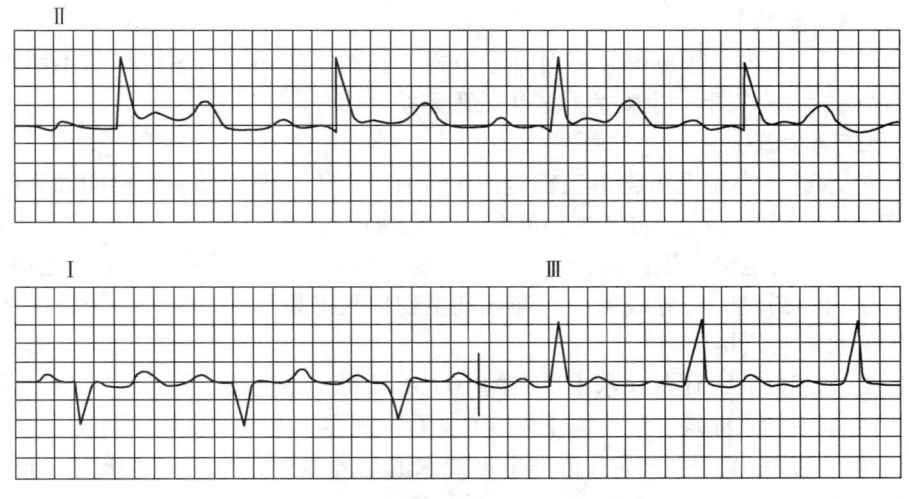

图 7-20　山羊标准肢体导联心电图

【注意事项】

1. 在清醒动物上进行心电图描记必须保证动物处于安静状态，否则因动物挣扎，肌电干扰极大。应在固定动物后稳定一段时间，再描记心电图。

2. 针形电极与导线应紧密连接，防止因松动产生 50 Hz 干扰波。

3. 在每次切换导联方式时，必须先切断输入开关，然后再开启。若基线不平稳或有干扰，须调整或排除后再做记录。

【实验结果】

1. 剪贴心电图曲线。

2. 测量、分析各种动物的心电图

测量若干个 R—R（或 P—P）间期，求其平均值，即为一个心动周期的时间（s）。

3. 计算心率

$$心率（次/min）= \frac{60}{P—P 或 R—R 间隔时间}$$

4. 统计全班结果，用平均值 ± 标准差表示心动周期和心率。

7.5.2　鱼类的心电图

鱼类心电图与其他脊椎动物相似，也具有 PQRST 5 个波，只需在鱼体表面选择两点进行引导即可将心电图记录下来，但引导电极位置的不同会导致波形的差异，因此，一定要标明引导电极的位置。一般来说有效位置离心脏愈近，心电图的振幅就愈高。

【实验对象】

鲫（或鲤）。

【实验药品】

鱼用生理溶液（见附表 1-3）等。

【仪器与器械】

水族箱，毛巾，橡皮圈，一对针形电极（长约 1.5 cm，周围绝缘的不锈钢针，连接有导线），充气泵，生物信号采集处理系统等。

【方法与步骤】

1. 在水族箱中用毛巾将鱼轻轻包住，将有效电极从两胸鳍后缘斜向插入肌肉，用手指按住电极的导线，再通过头部套入一个橡皮圈，压紧电极导线，避免鱼在游动时牵拉导线使电极发生位移，另一无关电极插入鱼尾柄背部肌肉。去掉毛巾，让鱼在水中自由游动。将导线另一端连接到生物信号采集处理系统的一个输入通道。水族箱的水体必须接地。

2. 电极接好后，让鱼在水中适应约 10 min 即可开始记录。

3. 向水中加入冰块，使水温下降 5℃左右，观察心电图的变化。

4. 将心脏取出，置于盛有鱼类生理盐水的培养皿中，将记录电极置于培养皿溶液中，观察此时的心电图。

【注意事项】

防止电线被鱼体缠住和电极从鱼体脱落。

【实验结果】

1. 描记室温及低温条件下鱼的心电图。

2. 也有人模拟人的肢体导联记录方法，将一对电极的鳄鱼夹分别夹在双侧胸鳍上（相当人的上肢），另一对电极的鳄鱼夹夹在鱼的腹鳍上（相当于人的下肢），待鱼呼吸运动平稳后，即可记录其肢体导联的心电图。此时鱼心电 Ⅱ 导联的 QRS 波群的主波向上（图 7-21）。

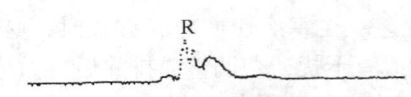

图 7-21　鲫鱼的心电图

Ⅱ导联，扫描速度 701 mm/s，QRS 的主波方向向上，此例 P 波、T 波不明显

【思考题】

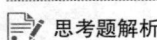
思考题解析

1. 心电图记录在科研和医学临床中有何意义？

2. 说明心电图各波的生理意义。如果 P—R 间期延长而超过正常值，说明什么？

3. P—R 间期与 Q—T 间期的正常值与心率有什么关系？

4. R—R 间期不等超过一定数值时，心脏可能出现了什么问题？

5. 分析鱼类心电图，与其他已知的脊椎动物心电图进行比较。

6. 分析水温对鱼类心电图的影响。

[附] 心电图各波振幅与时间的测量

1. 振幅测量

某波的高度即电压大小，如果为向上的波，其高度应从基线的上缘垂直测量到峰顶点。而向下波形的幅度应从基线下缘垂直测量到波谷最低处。

2. 时间测量

向上波形时间，应从基线下缘开始向上的点测量到波形终点，向下波形则应从基线上缘开始向下的点测量到波终点。

3. 心率测量与心律的确定

（1）心率测量　测量 5 个以上 R—R 间期或 P—P 间期，求其平均值，此数值就是一个心动周期的时间（s），心率可按前述公式计算。

（2）心律的确定　在分析心电图时，首先要明确心脏兴奋的起源在何处，即心脏起搏点在什么部位。如果起源于窦房结，则称为窦性心律；如果起源于房室结，则称为结性心律。

（柴龙会　张晶钰）

实验 7.6　在体蛙心肌动作电位、心电图及收缩曲线的同步描记

若将悬浮式玻璃微电极插入心室肌内就可记录到心室肌兴奋时的电活动，可观察心肌细胞动作电位（AP）的形状和特征；在心脏表面安放记录电极，可以记录到与单个心肌细胞动作电位近似的心肌复合动作电位。在心动周期中，心脏各部分兴奋过程中出现的电变化可通过心脏周围的导电组织和体液反映到体表，使身体各部位在每一心动周期中都能发生规律性电变化。将测量电极放置在体表的一定部位记录出来的心脏电变化曲线就是心电图（ECG）。心电图波形是心室肌细胞发生兴奋时的综合电变化在体表的反映。

关于心肌动作电位和心电图波形之间的关系，由于兴奋的心肌细胞和静止的心肌细胞之间形成一个电偶极子，前者电位低，形成电穴，后者电位高，形成电源。电偶极子是有方向和大小的矢量，称为心电向量。多个心肌细胞的心电向量相加得到一个总和向量，称为综合心电向量。随兴奋在心脏的传布，不同部位发生兴奋的心肌细胞数目在改变。综合心电向量在每个导联连线（导联轴）上的投影就是心电图的波形。因此，心电图是总的心肌细胞动作电位的一种表现形式。

蟾蜍标准 Ⅱ 导联：右上肢为负极，左下肢为正极，右下肢接地。记录的各个导联心电图波形分别是反映心房兴奋的除极化波（P 波）、反映心室兴奋的除极化波（QRS 波群）和反映心室复极化波（T 波）。心肌细胞的生物电活动是心肌收缩活动的前提，心脏的兴奋和搏动是同步的。通过实时描记心肌细胞动作电位、心电图、心搏曲线，有利于理解心脏活动的特点。

【实验目的】

学习、理解容积导体原理和悬浮微电极描记在体蛙心肌细胞电活动的方法；

观察心室肌细胞动作电位（AP）的波形、心电图和心肌收缩曲线，分析心电图与心室肌细胞动作电位、心肌收缩之间的时间关系，进一步理解心肌兴奋和收缩的关系。

【实验动物】

蛙或蟾蜍。

【实验药品】

任氏液，3 mol/L KCl 溶液等。

【仪器与器械】

生物信号采集处理系统，张力换能器，微电极拉制仪，微电极操纵器，玻璃微电极（尖端 1～2 μm），针形电极，心导联线，蛙类手术器械，支架，蛙心夹，滴管，烧杯，丝线等。

【方法与步骤】

1. 在体蛙心标本制备

在体蛙心标本制备方法参见实验 7.1、7.2 中介绍的方法。

2. 连接实验装置

（1）记录心搏曲线　在心室舒张期用蛙心夹夹住心尖部，蛙心夹的连线通过滑轮与体轴方向垂直地连接到张力换能器，张力换能器信号线与生物信号采集处理系统的输入通道（如 CH1）连接。调整蛙心夹连线的紧张度，注意确保心脏处于其正常解剖位置，避免因心脏吊起而影响心电图引导（图 7-22）。

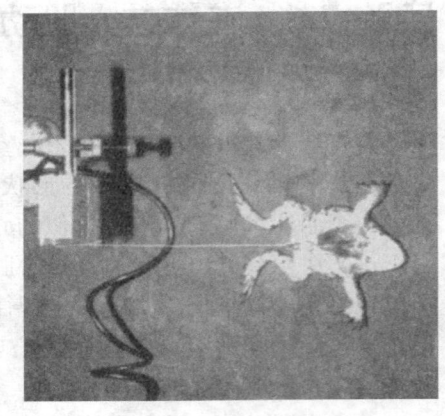

图 7-22　心搏曲线的描记

（2）心电图引导　模拟心电图标准 II 导联记录 ECG，将导线（+）极接左后肢，（−）极接右前肢，地线接右后肢。生物电导联线另一端与生物信号采集处理系统的输入通道（如 CH2）连接，引导心电。

（3）动作电位引导　将悬浮式微电极弹簧部分上端（绝缘部分）固定在微电极操纵器上，弹簧下段的粗银丝插入玻璃微电极（预先充灌 3 mol/L KCl 溶液）。将微电极放大器输入线（+）夹在弹簧上端导线的裸露部分，参考电极置于心脏附近的切口处。将微电极放大器与生物信号采集处理系统的输入通道（如 CH3）相连。将玻璃微电极缓慢垂直刺入心室壁内（选择搏动幅度较小部位）记录动作电位。

（4）调整好仪器及参数，在显示器上可观察到 3 条曲线，待曲线稳定后开始描记。

3. 实验项目

（1）描记正常心肌动作电位、心电图和心搏曲线（图 7-23）。

（2）观察记录心肌动作电位的波形，区分动作电位的 5 个相期，注意平台期的形态和持续时间。辨认除极化、反极化和复极化过程。

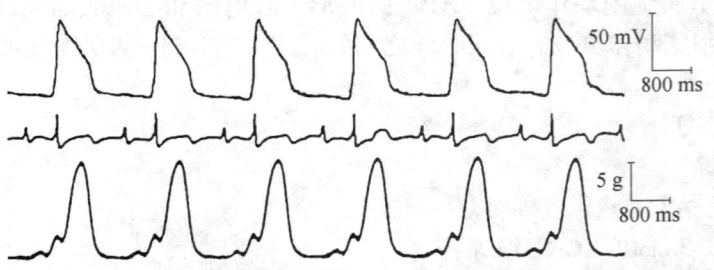

图 7-23　蟾蜍在体心肌动作电位、心电图与心搏曲线同步观察

（3）测量动作电位相关参数值　静息电位值、动作电位高度、超射值、动作电位时程。

（4）观察记录心电图，分析心肌动作电位与心电图之间的关系。特别注意 0 相期与 R 波、3 相期与 T 波的对应关系。

【注意事项】

1. 经常在心脏表面滴加任氏液，确保心室不离开体腔。

2. 记录心肌动作电位时必须使用微电极放大器，因为玻璃微电极具有极高的电阻（5 ~ 100 MΩ），远远超出前置放大器的输入电阻值（1 MΩ），因此要接入高输入阻抗放大器，即微电极放大器（阴极放大器），输入阻抗可高达 10^{12} MΩ。

【实验结果】

描记心肌动作电位、心电图及心搏曲线，剪贴记录曲线，列出各项实验的原始数据表，统计学处理实验数据，并对实验结果进行分析讨论。

【思考题】

1. 心电记录的基本原理是什么？心电图各波形的意义是什么，为什么？

2. 细胞内记录和细胞外记录有何不同？

3. 心肌动作电位的特征有哪些，有何生理意义？

4. 心脏电活动与机械活动的时相关系如何？

5. 玻璃微电极内为什么要充灌高浓度的 KCl 溶液？

6. 心肌动作电位 0 期应该与心电图的哪个波相对应？机制如何？

　　　　　　　　　　　　　　　　　　　　　（柴龙会　张晶钰　肖向红）

📝 思考题解析

实验 7.7　蛙类微循环观察

微循环是指微动脉和微静脉之间的血液循环，是血液和组织液进行物质交换的重要场所。经典的微循环包括微动脉、后微动脉、毛细血管前括约肌、真毛细血管网、通血毛细血管、动 – 静脉吻合支和微静脉等部分。

由于蛙类的肠系膜组织很薄，易于透光，可以在显微镜下或利用微循环图像分析系统直接观察其微循环血流状态、微血管的舒缩活动及不同因素对微循环的影响。

在显微镜下，小动脉、微动脉管壁厚，管腔内径小，血流速度快，血流方向是从主干流向分支，有轴流（血细胞在血管中央流动）现象；小静脉、微静脉管壁薄，管腔内径较大，血流速度慢，无轴流现象，血流方向是从分支向主干汇合；而毛细血管管径最细，仅允许单个血细胞依次通过。

【实验目的】

学习用显微镜或微循环图像分析系统观察蛙肠系膜微循环内各血管及血流状况，了解微循环各组成部分的结构和血流特点；

观察某些药物对微循环的影响。

【实验对象】

蛙或蟾蜍。

【实验药品】

任氏液，20% 氨基甲酸乙酯溶液，0.01% 去甲肾上腺素，0.01% 组胺等。

【仪器与器械】

电子天平，手术剪，手术镊，玻璃分针，眼科镊，有孔蛙板，蛙钉，滴管，烧杯（50 mL），显微镜或计算机微循环血流（图像）分析系统，注射器（1~2 mL），4 号针头等。

【方法与步骤】

1. 实验准备

取蛙或蟾蜍一只，称重，在尾骨两侧皮下淋巴囊中注射 20% 氨基甲酸乙酯溶液（2 mg/kg），10~15 min 后蛙进入麻醉状态。用蛙钉将蛙腹位（或背位）固定在蛙板上，在腹部侧方做一纵行切口，轻轻拉出一段小肠襻，将肠系膜展开，小心铺在有孔蛙板上，用数枚蛙钉将其固定（图 7-24）。

2. 实验项目

（1）在低倍显微镜下，识别动脉、静脉、小动脉、小静脉和毛细血管（图 7-25），观察血管壁、血管口径、血细胞形态、血流方向和流速等各自的特征。利用计算机微循环血流（图像）分析系统采集图像，对微循环血流做进一步分析。

（2）用玻璃分针给予肠系膜轻微机械刺激，观察此时血管口径及血流有何变化。

（3）用一小片滤纸将肠系膜上的任氏液小心吸干，然后滴加 1~2 滴 0.01% 去甲肾上腺素于肠系膜上，观察血管口径和血流有何变化。出现变化后立即用任氏液冲洗几次。

（4）血流恢复正常后，滴加 1~2 滴 0.01% 组胺于肠系膜上，观察血管口径及血流变化。

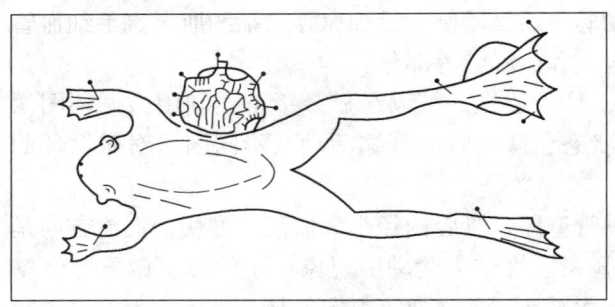

图 7-24　蛙肠系膜标本固定方法

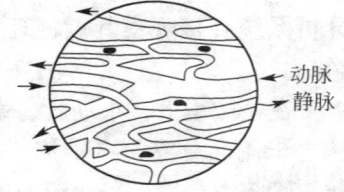

→ 动脉
→ 静脉

图 7-25　蛙肠系膜微循环的观察

【注意事项】

1. 手术操作要仔细，避免出血造成视野模糊。

2. 固定肠系膜不能拉得过紧，不能扭曲，以免影响血管内血液流动。

3. 实验中要经常滴加少许任氏液，防止标本干燥。

4. 实验结束后，将蛙或蟾蜍毁髓以迅速处死。

【实验结果】

根据实验观察结果，对蛙肠系膜微循环内各血管及血流状况进行描述，并加以分析。

【思考题】

1. 低倍镜下如何区分小动脉、小静脉和毛细血管？各血管中血流有何特点，如何与生理机能相适应？

📝 思考题解析

2. 机械性刺激、组胺及去甲肾上腺素引起微循环变化有何不同，为什么？

（张晶钰 肖向红）

实验 7.8 交感神经对血管和瞳孔的作用

交感神经中枢经常处于紧张性活动中，其紧张性冲动可通过交感神经传到血管平滑肌和扩瞳肌，引起血管收缩和瞳孔扩大。若切断交感神经，则其支配的血管显著扩张，瞳孔缩小。

【实验目的】

了解交感神经对兔耳小动脉管壁平滑肌以及眼扩瞳肌的作用。

【实验对象】

兔。

【实验药品】

0.01% 肾上腺素，生理盐水等。

【仪器与器械】

生物信号采集处理系统（或刺激器），哺乳动物手术器械一套，兔手术台，固定绳，保护电极，细线等。

【方法与步骤】

1. 实验准备

将兔背位固定于手术台上，剪去颈部及耳部被毛。在麻醉状态下，自颈部正中线纵行切开皮肤，钝性分离颈部肌肉，暴露气管。分离气管一侧交感神经，在其下方穿双线备用。若不易判断，可用电刺激神经观察兔耳血管的变化情况进行判定（图 7-26）。

2. 连接实验装置

将保护电极与生物信号采集处理系统（或刺激器）的刺激输出连接。

3. 实验项目

（1）在光亮处比较两耳血管的粗细，并用手触摸感受其温度有无差别。比较两眼瞳孔的大小。

（2）结扎一侧交感神经，并在近中枢端将其剪断。比较两耳血管粗细有何变化，瞳孔有无变化，用手触摸感受其温度有无差异，解释原因。

（3）用中等强度的电刺激（波宽 1 ms，强度 2～3 V，频率

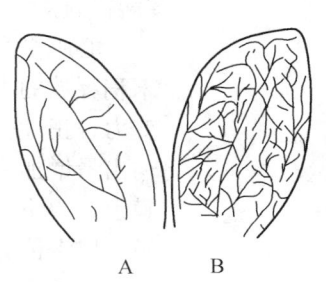

图 7-26 兔耳血管的反应

A. 刺激交感神经时的兔耳血管；B. 切断交感神经后的兔耳血管

5~10 Hz），刺激已切断的交感神经外周端，观察同侧兔耳小动脉有何变化，瞳孔有何变化。

（4）静脉注射 0.01% 肾上腺素 0.2~0.3 mL，观察两侧兔耳血管和瞳孔有何变化。

【注意事项】

1. 应选择兔耳血管清晰的兔，为保护兔耳血管不宜采用耳缘静脉注射。腹腔注射麻醉起效慢，需等待 5~15 min。

2. 实验结束后，耳缘静脉注射空气迅速处死动物。

【实验结果】

分析讨论所观察到的实验现象。

【思考题】

1. 切断一侧交感神经后，两耳血管、耳温及瞳孔有何变化，为什么？

2. 用中等强度的电刺激，刺激交感神经外周端，同侧兔耳小动脉有何变化，瞳孔有何变化，为什么？

3. 注射肾上腺素后，结果又将如何，为什么？

[附] 也可用离体蛙眼观察肾上腺素对蛙眼扩瞳肌的作用

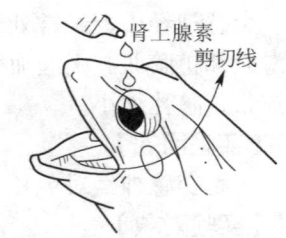

图 7-27　肾上腺素对蛙眼扩瞳肌的影响

取蛙，用粗剪刀于口角处，经过听囊将蛙的上颌连同颅盖骨一并剪下（图 7-27），立即放在瓷盘中，用滴管吸取 0.01% 肾上腺素 1 滴，滴在蛙的一侧瞳孔上，与对侧瞳孔相对比，观察该瞳孔有何变化。

（柴龙会　张晶钰）

实验 7.9　血压的测定及心血管活动的神经体液调节

生理情况下，机体的心血管系统受神经、体液等因素的调节，维持着心血管活动和动脉血压的相对稳定。动脉血压的相对稳定对于保持机体各组织、器官正常的血液供应和物质代谢是极其重要的。因此，动脉血压是衡量心血管机能及其活动的综合指标。

心脏受交感神经和副交感神经（迷走神经）的双重支配。交感神经兴奋时，其末梢释放的去甲肾上腺素与心肌细胞膜上 β 受体结合，对心脏产生正性变时、正性变力、正性变传导作用，使心率加快、房室传导加快、心肌收缩力增强，从而使心输出量增加，动脉血压升高。迷走神经兴奋时，其末梢释放的乙酰胆碱与心肌细胞膜上 M 受体结合，对心脏产生负性变时、负性变力、负性变传导作用，使心率减慢、房室传导减慢、心肌收缩力减弱，从而使心输出量减少，动脉血压降低。支配血管的神经主要是交感缩血管神经，兴奋时通过其末梢释放的去甲肾上腺素与血管平滑肌上 α 受体结合，引起缩血管效应，使外周阻力增加，同时容量血管收缩，促进静脉回流，心输出量增加，血压升高。

心血管中枢通过神经反射作用改变心输出量及外周阻力，从而调节动脉血压。其中颈动脉窦 – 主动脉弓的压力感受性反射（又称减压反射）调节较为重要，当动脉血压升高时，压力感受器向中枢传入冲动增加，通过抑制交感神经紧张性活动，增强迷走神经活动，引起心率减慢、心肌收缩力减弱，心输出量减少，血管舒张和外周阻力降低，使动脉血压回降，以保持动脉血压的相对稳定。反之，使动脉血压回升。

影响心血管活动最重要的体液因素是肾上腺素和去甲肾上腺素。肾上腺素对 α 与 β 受体均有激活作用，使心率加快，心肌收缩力加强，传导加快，心输出量增加；但对血管作用取决于优势受体。去甲肾上腺素主要激活 α 受体，使血管收缩，外周阻力增加，动脉血压升高，但对心脏的作用要远弱于肾上腺素。

7.9.1 兔心血管活动的神经体液调节

由于兔主动脉弓压力感受器传入神经在颈部自成一束，又称减压神经或主动脉弓神经，其传入冲动或放电的频率随动脉血压的变化而变化，并呈集群性放电的特征，所以兔是研究心血管活动的极好材料。

【实验目的】

学习哺乳动物动脉血压的直接测定方法；

以动脉血压、心率为观测指标，在整体条件下，观察神经体液因素及其重要神经递质、受体激动剂或拮抗剂等，对心血管活动的调节、影响；

观察减压神经传入冲动频率与动脉血压的关系。

【实验对象】

兔。

【实验药品】

台氏（Tyrode）液，生理盐水，20% 氨基甲酸乙酯（或 3% 戊巴比妥钠），肝素（300 U/mL），0.01% 去甲肾上腺素，0.005% 肾上腺素，0.01% 乙酰胆碱溶液等。

【仪器与器械】

生物信号采集处理系统，血压换能器，三通管，双极保护电极，监听器（或耳机、音箱代替），心电导联线，兔手术台，哺乳动物手术器械一套，气管插管，动脉夹，动脉插管，丝线，纱布，脱脂棉，注射器（50、10、2、1 mL 若干），万能支架，双凹夹等。

【方法与步骤】

1. 实验准备

（1）麻醉与固定　兔称重后，用 20% 氨基甲酸乙酯（1 g/kg）或 3% 戊巴比妥钠（20 ~ 60 mg/kg）于耳缘静脉缓慢注射麻醉。注射时要密切观察动物的肌张力、呼吸频率、角膜反射和痛反射变化，防止麻醉过深导致死亡。当动物四肢松弛，呼吸变深变慢，角膜反射迟钝、痛反射消失时，表明动物已麻醉成功。将麻醉的兔仰卧位固定于兔手术台上。

（2）气管插管　参照 3.7.3 节的方法插入气管插管。

（3）分离颈部血管和神经　参照 3.7.2 节及 3.7.3 节的方法分离气管两侧的颈

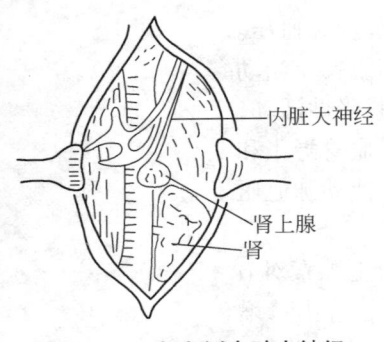

图 7-28　兔左侧内脏大神经解剖位置

总动脉鞘（血管神经束），识别鞘内的颈总动脉和迷走神经（最粗）、交感神经、减压神经（最细）。用玻璃分针依次分离出减压神经和迷走神经 1～2 cm，分别穿线备用。

（4）分离内脏大神经（此步也可放在刺激内脏大神经前进行）　沿腹部正中线切口找到肾脏，在肾脏的前方即可找到由脂肪组织包埋的玉米粒大小淡黄色的肾上腺，沿肾上腺再往前即可找到内脏大神经（图 7-28）。参照 3.7.2 节的方法，小心分离一侧内脏大神经主干，在其下方穿一细线备用。

（5）动脉插管　将动脉插管通过三通管与压力换能器连接，按图示开启三通管开关，用注射器向三通管、动脉插管、压力换能器压力腔内充灌肝素生理盐水直至全部空气排出，然后将与压力换能器侧管相连的三通管开关旋转约 45° 关闭其所有管道。参照 3.7.3 节的方法做颈动脉插管。

2. 连接实验装置

（1）减压神经放电引导　将钩状保护电极（镀金或镀银）固定在支架上，与生物信号采集处理系统的输入通道（如 CH1）连接，接地线与兔颈部切口连接。钩状保护电极悬空钩起减压神经（切勿过紧），调节好仪器参数即可监听到正常减压神经放电的声音（从监听器中可监听到类似火车行驶的声音）。用止血钳将神经周围的皮肤提起做一皮兜后加入 38℃ 液体石蜡（也可不做皮兜，在神经表面随时滴上液体石蜡），以防神经干燥，并起到绝缘效果。

（2）将刺激电极与系统的刺激输出连接，压力换能器与生物信号采集处理系统的输入通道（如 CH2）连接。

（3）心电引导　将针形记录电极分别刺入动物各肢体末端并固定后，通过生物电导联线与系统的输入通道（如 CH3）连接，记录心电图波形，作为心率、心律的观察指标。记录方式为标准 II 导联：负极接右前肢，正极接左后肢，地线接右后肢。

（4）设置好系统各通道参数，持续记录实验结果直至所有项目完成，中途不能修改参数，施加处理因素时每次都应打标记，以便实验后分析处理。

3. 实验项目

（1）观察记录正常动脉血压曲线　松开动脉夹，使血压信号经动脉插管和血压换能器输入生物信号采集处理系统中，随即可见动脉血压随心室舒缩而变化，观察记录正常血压曲线。在血压曲线上可见三级波（图 7-29）：

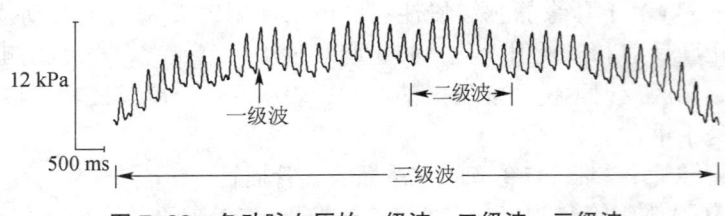

图 7-29　兔动脉血压的一级波、二级波、三级波

一级波（心搏波）：由心室舒缩活动所引起的血压波动，心缩期上升，心舒期下降，其频率与心率一致。

二级波（呼吸波）：由呼吸运动引起的血压波动，表现为吸气时先降后升，呼气时先升后降，其频率与呼吸频率一致。

三级波：不常出现，为一低频缓慢波动，可能由心血管中枢的周期性紧张活动引起血管的周期性紧张变化所致。

（2）观察记录正常状态下减压神经放电与动脉血压和心电图三者的关系　注意观察减压神经的集群性放电与血压、心电图的波动是否同步，每次集群性放电持续多长时间，与血压和心电图各波的时间关系（见图 7-30）。

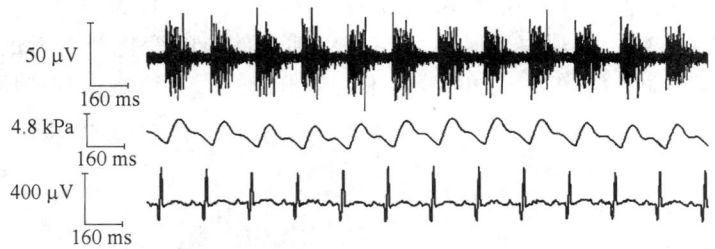

图 7-30　减压神经放电与动脉血压、心电图的同步记录

（3）夹闭未插管侧的颈总动脉　用玻璃分针将未插管侧的颈总动脉和伴行的神经游离开，再用动脉夹。夹闭 10 ~ 15 s，观察血压与减压神经放电的变化（图 7-31）。在出现一段明显变化后，突然取下动脉夹，观察血压又有何变化。

图 7-31　夹闭一侧颈总动脉对动脉血压的影响

（4）牵拉颈总动脉远心端　手持插管一侧的颈总动脉远心端结扎线，沿心脏方向有节奏地（约 2 ~ 5 次 /s）反复牵拉 5 ~ 10 s，观察血压与减压神经放电的变化（图 7-32）。若持续牵拉，血压与减压神经放电又会有何变化，为什么？

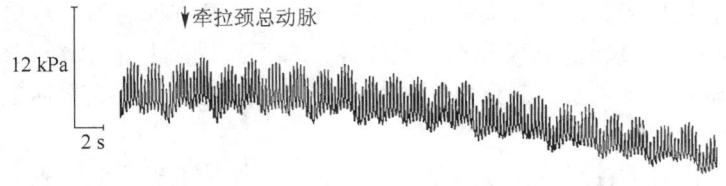

图 7-32　牵拉一侧颈总动脉对动脉血压的影响

（5）静脉注射乙酰胆碱　待血压基本稳定后，由耳缘静脉注入 0.01% 乙酰胆碱 0.2 ~ 0.3 mL，监听减压神经放电的声音，观察动脉血压与减压神经放电的变化及关

系，并注意观察动脉血压降低到何种程度时，集群性放电才开始减少或完全停止放
电，其恢复过程如何（图 7-33）。

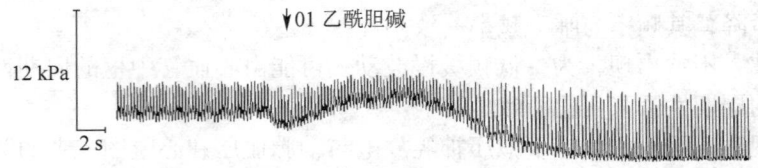

图 7-33　静脉注射乙酰胆碱对动脉血压的影响

（6）静脉注射去甲肾上腺素　待血压基本稳定后，由耳缘静脉注入 0.01% 去甲
肾上腺素 0.2 ～ 0.3 mL，观察动脉血压与减压神经放电的变化及二者的关系。注意
何时减压神经冲动发放增多，何时分辨不出集群形式。持续观察到血压恢复正常为
止（图 7-34）。

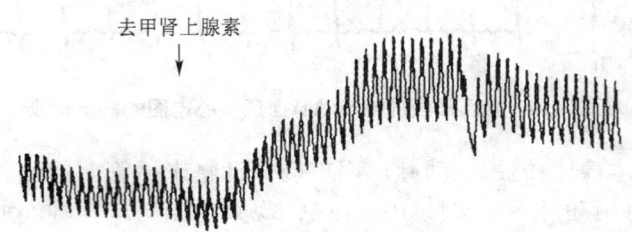

图 7-34　静脉注射去甲肾上腺素对动脉血压的影响

（7）静脉注射肾上腺素　待血压基本稳定后，由耳缘静脉注入 0.005% 肾上腺
素 0.2 ～ 0.3 mL，观察血压和心率的变化（图 7-35）。

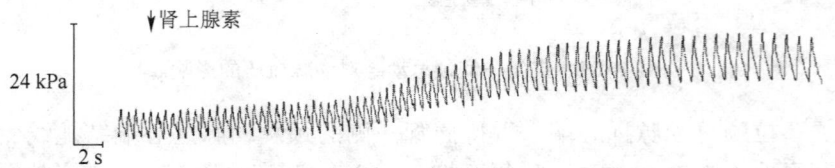

图 7-35　静脉注射肾上腺素对动脉血压的影响

（8）分别刺激迷走神经外周端和中枢端　待血压基本稳定后，双重结扎并剪断
一侧迷走神经，通过保护电极分别电刺激迷走神经外周端和中枢端（图 7-36），待
血压变化明显时停止刺激。观察血压和心率各有何变化，为什么？迷走神经是传入
效应还是传出效应？

（9）刺激内脏大神经　待血压基本稳定后，用保护电极刺激内脏大神经，观察
血压和心率的变化（图 7-37）（注：刺激前需分离内脏大神经）。待血压变化明显
时停止刺激。

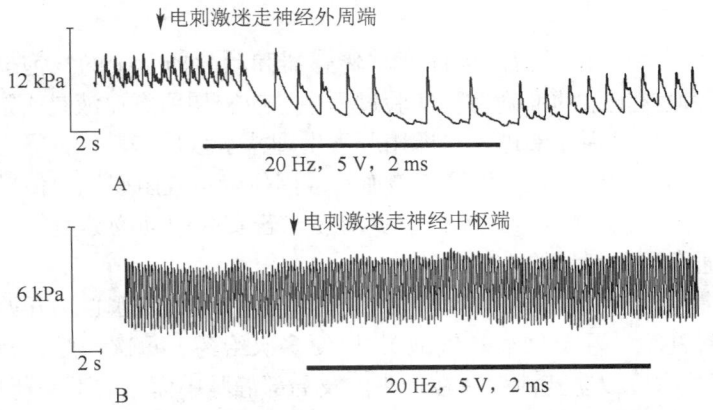

图 7-36　分别刺激迷走神经外周端（A）和中枢端（B）对动脉血压的影响

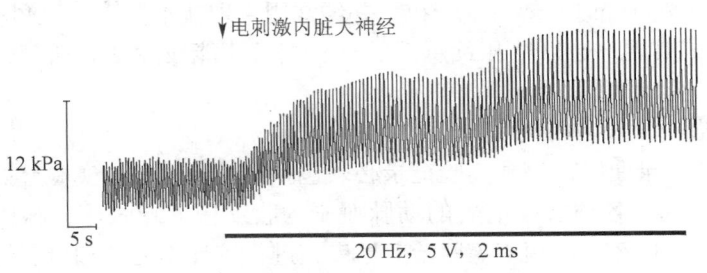

图 7-37　刺激内脏大神经对动脉血压的影响

（10）刺激减压神经　在血压基本恢复正常后，刺激完整减压神经，观察血压和心率各有何变化，为什么？待血压出现较明显变化时停止刺激。双重结扎并剪断一侧减压神经，分别刺激减压神经中枢端和外周端相同一段时间（图 7-38）。血压与心率又有何变化，为什么？

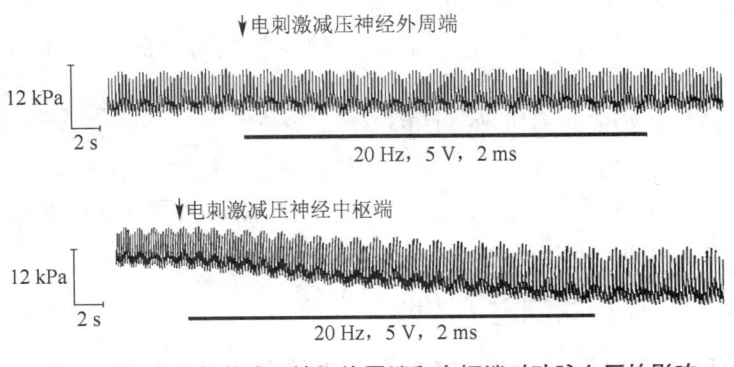

图 7-38　分别刺激减压神经外周端和中枢端对动脉血压的影响

（11）失血　待血压基本稳定后，通过与动脉插管相连的三通管放血 50 mL；之后立即用肝素生理盐水将动脉插管内血液冲回血管内，以防插管内凝血，观察记录心率与血压的改变。

【注意事项】

1. 用压力换能器记录血压应注意将传感器和动脉插管中的气泡彻底排出，否则会影响动脉血压记录的准确性。实验过程中，应密切留意血液是否进入压力换能器压力腔内，一旦发现血液进入立即用肝素生理盐水缓慢将其推回颈总动脉。要保持动脉插管与动脉方向一致，以防刺破血管或因血管折叠阻碍压力传导。

2. 谨防动物因麻醉过量致死，宁少勿多。若实验中动物苏醒挣扎，可适量补充麻醉药，通常为原剂量的 1/5 ~ 1/4。

3. 实验中给药次数较多，应"节约"耳缘静脉，从其远心端开始给药。可选用静脉输液针注射（注意回血和气泡），以便多次给药。每次静脉给药后应立即注射 1 mL 生理盐水，以防药液残留在针头内及局部静脉中而影响下一药物效应。

4. 每项实验前要有观察对照，必须待血压和心率恢复正常后，才能进行下一项目。

5. 注意分离神经时不要过度牵拉，并经常用生理盐水保持其湿润。

6. 实验结束后，必须结扎颈总动脉近心端后才能拔除动脉插管，耳缘静脉注射空气迅速处死动物。

【实验结果】

剪贴各项记录曲线，每项实验记录必须包括实验前对照、实验开始的标记及实验项目注释。列出各项实验前后的动脉血压的收缩压、舒张压、脉压、平均动脉压、心率、减压神经放电频率等原始数据表，进行统计学处理和显著性检验。比较各处理前后血压、心率与减压神经放电之间的变化，分析血压、心电图与减压神经放电存在的时间关系。

💬 常见问题

📝 思考题解析

【思考题】

1. 正常血压曲线的一级波、二级波及三级波各有何特征，其形成机制是什么？

2. 为什么常选用兔来观察心血管活动的调节？

3. 短时间夹闭未插管一侧颈总动脉对全身的血压和心率有何影响？如果夹闭部位在颈动脉窦上，其影响是否相同，为什么？

4. 试分析实验中各处理因素引起减压神经放电与动脉血压和心率的变化和机制。

5. 如何通过实验证明减压神经是传入神经？

6. 兔耳缘静脉注射麻醉时，应注意哪些事项，怎样判断动物的麻醉程度？

7. 如果使用细线垂直向上或向心方向快速提拉未插管一侧的颈总动脉，动脉血压的变化是否相同，为什么？

7.9.2　鸟类动脉血压的测定（选做）

此实验可选用鸭、鸡、鹅做实验对象，现将实验方法简要介绍如下（须使用禽类固定台，如图 7–39 所示）：

1. 实验准备

（1）麻醉和固定　取鸭称重，用 20% 氨基甲酸乙酯溶液（0.7 ~ 0.8 g/kg）作腹腔注射，约 15 min 麻醉后，背位或侧位固定。

（2）分离颈部两侧迷走神经　从喉下部 2 cm 处沿正中线切开皮肤，分离胸舌骨肌，再沿气管侧壁分离其结缔组织。在气管两侧的结缔组织中可见到一根粗的白色神经，即迷走神经。用玻璃分针将其分离 2 ~ 2.5 cm，在其下穿一根线备用，用浸透生理盐水的棉球或纱布覆盖，防止干燥。

（3）分离颈动脉　见图 7-40，在食管侧面找到颈动脉，分离出来，在其下穿一细线备用。

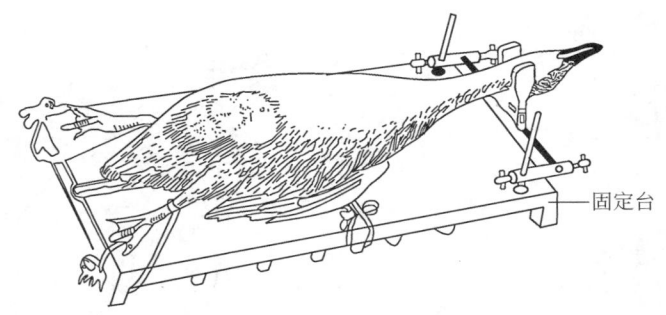

图 7-39　简易夹型鸟头固定器及固定台

固定台

（4）插动脉插管　剪去股部羽毛。先用手摸出股二头肌和股肌膜张肌的肌间沟，用镊子夹住股部皮肤，沿肌间沟切开皮肤 3 ~ 4 cm，再用止血钳钝性分离，在约 1 cm 深处可看到纵行的股动脉、股静脉和与它们平行的坐骨神经（图 7-41）。用玻璃分针轻轻分离出股动脉，在其下穿双线，将股动脉提起，此时要特别注意血管分支，最好将分支结扎剪断。在远心端进行结扎，近心端用套有乳胶套膜的动脉夹夹住股动脉。在无血压的这一段血管靠近远心端结扎线处，用眼科剪向心脏方向剪一斜口，将装有肝素的动脉插管插入，结扎并固定。

2. 实验项目　可参考实验 7.9.1 的内容。

 常见问题

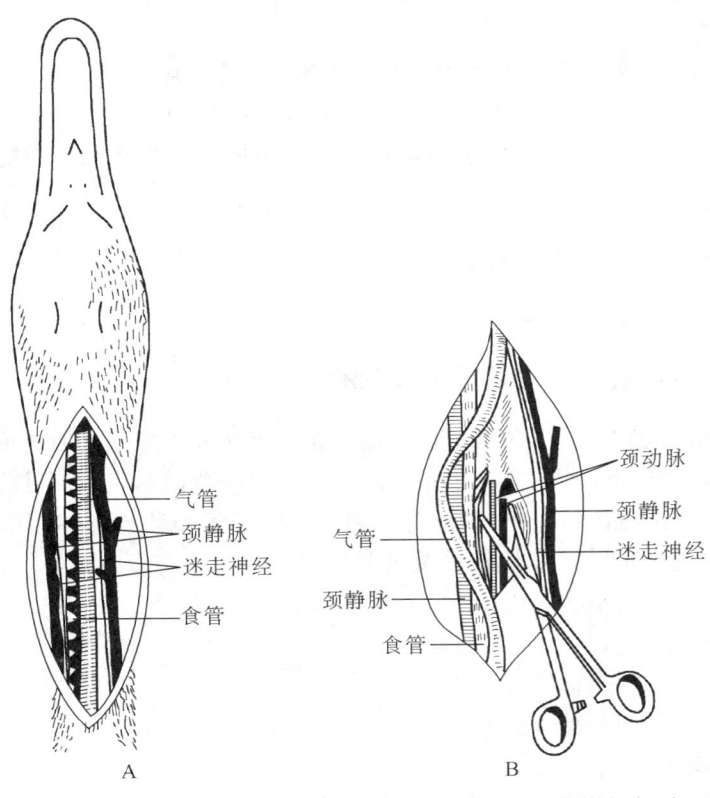

气管
颈静脉
迷走神经
食管

A

颈动脉
颈静脉
迷走神经

气管
颈静脉
食管

B

图 7-40　鸭颈部的动脉、静脉和迷走神经（A）及放大（B）

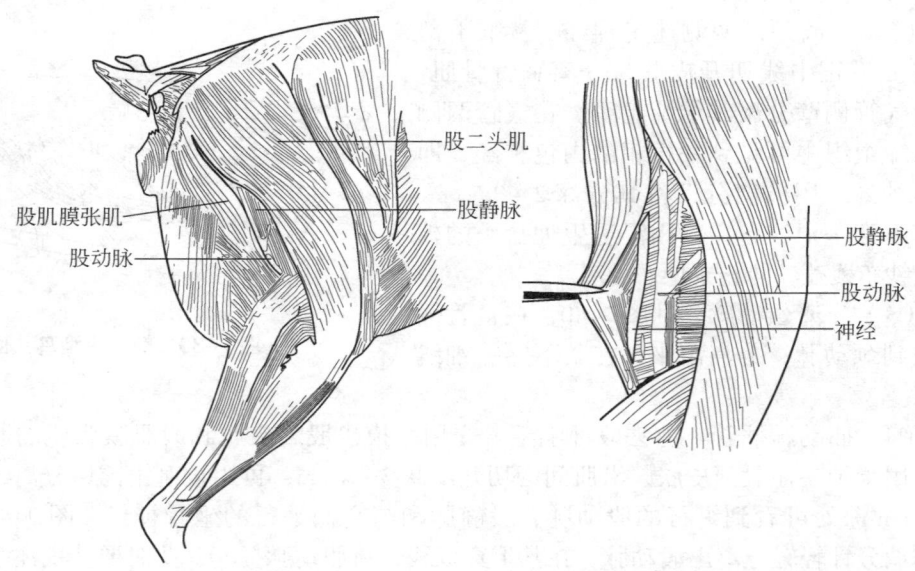

图 7-41   鸟类股部动、静脉及血管

【思考题】

思考题解析

1. 切断鸭颈部一侧迷走神经对心率和血压有何影响，如何来证明？

2. 鸟类失血对血压和心率有什么影响？如果及时补液后又会发生什么变化？与哺乳动物相比有何不同，为什么？

3. 迷走神经、肾上腺素对鸟类动脉血压各有什么作用？

4. 神经体液因素对哺乳类和鸟类血压的作用有什么不同，为什么？

5. 哺乳动物血压直接测压法通常在颈动脉做插管，为什么鸟类的是在股动脉做插管？

7.9.3   鼠类血压的测定（选做）

有关内容可参见实验 14.4。

7.9.4   鱼类动脉血压的直接测定（选做）

相对于哺乳动物，由于鱼类的血液循环属于单循环系统，再加之鱼类体表被覆鳞片，所以鱼类的血压测定非常困难。对于鱼类血压数据的获得，目前常采用背主动脉或者腹主动脉插管的方法进行直接测定。由于鱼类动脉的弹性远比哺乳动物差，所以动脉血压的波形图比较尖锐（图 7-42）。一般，鲤科鱼类（如鲤、鲫、草鱼等）的动脉压范围是收缩压 $18.35 \sim 28.56$ mmHg，舒张压 $7.72 \sim 13.54$ mmHg。

【实验目的】

掌握鱼类主动脉插管的方法；

学习鱼类血压的测定方法。

【实验对象】

鲤科鱼类（如鲤、鲫等），体重 $200 \sim 500$ g。

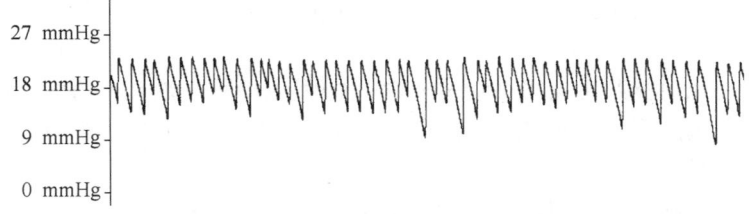

图 7-42　鲫的腹主动脉血压波形图

【实验药品】

MS-222，肝素钠，生理盐水等。

【仪器与器械】

注射器，动脉插管（PE50 管），金属导丝，压力换能器，生物信号采集处理系统，三通阀，铁支架，手术器械，鱼用 V 形手术台，循环水系统，鱼用动脉夹，手术缝合线等。

【方法与步骤】

1. 仪器连接和准备

实验采用多道生物信号采集处理系统（RM6240BD 型）进行鱼类血压数据的采集。将压力换能器（YPJ01 型，免定标型）的数据输出线连接到生物信号采集处理系统 CH1 信号通道，在压力换能器头端的两处小管分别与三通阀相连。其中一个三通阀与 PE50 管相连；然后通过另一个三通阀将 1% 的肝素钠溶液注满压力换能器腔体和 PE50 管，并排空空气，系统基线调零。

2. 鱼类麻醉与固定

将鲫鱼从水族箱中迅速捞出放入 MS-222 溶液（150 mg/L；用 300 mg/L $NaHCO_3$ 缓冲）中浸泡，待鳃盖不再张合，鱼即进入深度麻醉状态。手术操作前，鱼体称重，将麻醉鱼类转运到 V 形手术操作台上，台面上覆盖一层吸满水的海绵。手术期间，微型循环水系统通过蠕动泵为试验鱼的鳃部进行灌流麻醉（灌流液为 75 mg/L MS-222 加 150 mg/L $NaHCO_3$ 的缓冲溶液）和供氧，避免应激对鱼类血压和心率的影响。

3. 腹主动脉血压测定的技术方法

（1）将鲫鱼背位水平固定在 V 形手术台上，解剖暴露围心腔和头部腹面的鳃部血管，将经由动脉球发出的腹主动脉游离出来，确定 4 支入鳃动脉的解剖位置：一般鱼类的腹主动脉从动脉球向前延伸，并依次向左右背侧分支，最先出现的是分别向第 4 对、第 3 对鳃弓延伸，进入鳃的第 4、第 3 对入鳃动脉；然后出现的是向第 2 对鳃弓延伸，进入鳃的第 2 对入鳃动脉；最后腹主动脉向前往背侧转折，再沿第 1 鳃弓延伸进入鳃，成为第 1 入鳃动脉（图 7-43）。

（2）用鱼用动脉夹封闭第 2 和第 3 入鳃动脉之间

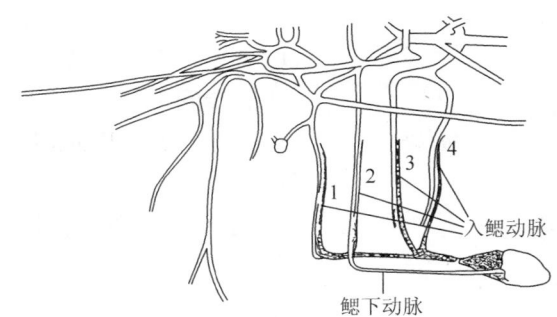

图 7-43　鲤鱼头部入鳃动脉侧面示意图

的主动脉血流，于第 1 对入鳃动脉的基部结扎第 1 对入鳃动脉，防止随后进行动脉插管时血液回流。

（3）在入鳃动脉第 1 与第 2 对分支之间的腹主动脉上沿 45° 角度朝向心端剪一个切口，将充满肝素钠溶液的 PE50 管插入腹主动脉，直至第 2 对与第 3 对分支之间为止，结扎固定。

（4）打开动脉夹，同时打开与 PE50 管相连的三通管，血压变化即可通过压力换能器将血压信号传输到生物信号采集处理系统，打开系统的 CH1 通道，记录血压波形采集数据。

4. 背主动脉血压测定的技术方法

在确定动脉插管的解剖学位置和连接好压力换能装置的前提下，直接利用穿刺针和微导丝将 PE50 管推送至背主动脉合适位置测量血压。

（1）首先，将 22 G 穿刺针沿口腔内背面中线，沿向心端相同方向刺入背主动脉，可观察到有血液回流（见 3.7.3 节）。

（2）然后将中间穿有微导丝（外径 0.45 mm）的充满肝素钠的 PE50 管沿穿刺针插入主动脉，轻轻将其推进主动脉中，推进距离约为 10 mm（此距离刚好使导管尖端位于第 2 对与第 3 对出鳃动脉分支之间，具体推进距离视鱼体大小而定），拔出穿刺针。

（3）最后固定 PE50 管拔出导丝，再将 PE50 管与压力换能器连接进行血压数据的采集。

5. 数据处理

用 RM6240USB2.0j 版系统中"专用静态测量"和"专用动态测量"模块对鱼类血压波形进行计算，测量腹主动脉平均收缩压（mSP）、平均舒张压（mDP）、平均动脉压（mAP）和心率（HR）。

【注意事项】

1. 注意动脉插管中不得混入空气。

2. 要准确定位动脉插管的位置，否则可能会造成所测血压过高或者测不到血压。

3. 要保证麻醉鱼类的正常呼吸。

【实验结果】

1. 记录并打印鱼类血压的波形图。

2. 计算鱼类的主动脉平均收缩压（mSP）、平均舒张压（mDP）、平均动脉压（mAP）和心率（HR）。

【思考题】

思考题解析

1. 为什么如果动脉插管进入血管过深（如进入到动脉球）时看不到血压的收缩和舒张波？

2. 针对鱼类的单循环血液系统，在进行动脉血压的直接测定时有何特殊要求和注意事项？

（肖向红   柴龙会   李大鹏）

实验 7.10　兔心电图与左心室内压的同步记录

兔右颈总动脉与左心室之间的血管通路呈一相对直线，因此可将心导管通过右颈总动脉直接插入兔的左心室内。左心室内的压力变化可直接反映心脏泵血机能的情况。左心室压力信号经压力换能器换能后，连同心电信号一并输入生物信号采集处理系统，通过对左心室内压进行分析，可得到部分血流动力学参数：左心室收缩压（LVSP）、左心室舒张压（LVDP）、左心室收缩压最大上升速率（$+dp/dt_{max}$）、左心室舒张压最大下降速率（$-dp/dt_{max}$）及心率、心电图等指标。通过对这些参数的综合分析，结合同步记录的心电图，可评价左心室的泵血机能。

【实验目的】

学习用心导管及生物信号采集处理系统监测兔左心室内压力变化的实验方法；

了解心电图和左心室泵血的时间关系及对左心室泵血机能的评价。

【实验对象】

兔，体重 1.5 ~ 2 kg。

【实验药品】

20% 氨基甲酸乙酯，1 000 U/mL 肝素生理盐水溶液，0.01% 肾上腺素溶液，0.01% 去甲肾上腺素溶液，0.01% 乙酰胆碱溶液，生理盐水等。

【仪器与器械】

生物信号采集处理系统，压力换能器，三通管，气管插管，心室导管（导管内径 1.5 mm），心电导联线，兔手术台，哺乳动物手术器械一套，注射器（1 mL、5 mL），支架，玻璃分针，动脉夹，丝线，纱布等。

【方法与步骤】

1. 实验准备

（1）麻醉与固定　兔称重，耳缘静脉注射 20% 氨基甲酸乙酯溶液（1 g/kg）麻醉，背位固定于手术台上。38 ℃保暖，耳缘静脉注射肝素生理盐水（100 U/kg）肝素化抗凝。

（2）插气管插管　见 3.7.3 节。

（3）左心室插管引导左心室内压的方法

将心室导管通过三通管与压力换能器连接，正确开启三通管开关，用注射器向三通管、心室导管、压力换能器压力腔内充灌肝素生理盐水直至全部空气排出，然后将与压力换能器侧管相连的三通管关闭。将压力换能器与生物信号采集处理系统的输入通道（如 CH2）连接，调整仪器参数后可监测心室导管内压力变化。

经右侧颈总动脉做左心室插管（也可经左侧颈总动脉插管）：分离右侧颈总动脉约 3 ~ 4 cm，在其下方穿两根细线，一根将颈总动脉远心端结扎，另一根打一松结留作固定心室导管用。用动脉夹将近心端夹住，在离远心端结扎线约 0.3 cm、心脏一侧的动脉壁上剪一向心方向的半斜切口。测量从切口到左心室（左胸前触摸到的心尖波动最明显处）的距离，并按此距离在心室导管上做好标记，以便确定导管推进的最大深度。将已充满肝素生理盐水的心室导管从右颈总动脉切口逆行插入，当靠近动脉夹处时，略微收紧固定导管的细线松节；一手捏住动脉及其内部导管，一手缓慢放开动脉夹，若有血液自切口渗出，可夹闭动脉夹再将松节稍稍收紧。继续插入导管，至主动脉瓣入口时有明显的抵触、抖动感。根据导管上的距离标记可估计导管离左心室的距离。当突然产生一个突空感时，说明导管已插入左心室内，此时系统屏幕上的动脉血压波形突然变成心室内压波形，迅速将固定导管的松节扎紧，并另做一结扎加固导管。调整压力换能器的固定高度，使其与左心室水平。

2. 仪器连接

心电导联：将针形记录电极分别刺入动物各肢体末端并固定后，通过生物电导联线与系统的输入通道（如 CH1）连接。记录方式为标准 II 导联：负极接右前肢，正极接左后肢，地线接右后肢。

3. 实验项目

（1）同步记录正常心电图、左心室内压曲线，观察其对应关系（图 7-44）。

（2）观察记录心电图及部分血流动力学参数，并以此为对照值：心率（HR）、左心室收缩压（LVSP）、左心室舒张压（LVDP）、左心室收缩压最大上升速率（ $+dp/dt_{max}$ ）和左心室舒张压最大下降速率（ $-dp/dt_{max}$ ）。

（3）耳缘静脉注射 0.01% 肾上腺素溶液 0.2~0.3 mL，观察各参数变化。

（4）耳缘静脉注射 0.01% 去甲肾上腺素溶液 0.2~0.3 mL，观察各参数变化。

（5）耳缘静脉注射 0.01% 乙酰胆碱溶液 0.2~0.3 mL，观察各参数变化。

【注意事项】

1. 麻醉应适量缓慢，并密切监视动物的呼吸、角膜反射、肌张力、痛反射，避免过量、过快导致死亡。

2. 手术时应仔细辨认并钝性分离神经、血管。

3. 左心室插管时，心室导管走向应与动脉走行方向平行，以防导管刺破动脉壁而造成动物失血死亡。插管速度应尽可能缓慢，用力适度，当推进阻力较大时，可采用退退进进，不断调整方向插入。插管时，应密切注视显示屏上的血压波形，以判断心导管所处的位置与状态。若显示屏上的血压波形突然消失，可将导管退后 0.5~1.0 cm。如仍无波形，则导管内可能有凝血，可通过三通管缓慢注入少量肝素或重新插管。

4. 若导管内出现血液凝固，应抽取出血块，重新灌注肝素生理盐水。

5. 进行每一实验项目时，需待前一项实验效果基本消失后再进行下一实验项目，并做好前、后对照实验，打好标记。

6. 实验结束后，耳缘静脉注射空气迅速处死动物。

【实验结果】

1. 统计各组实验结果，以平均值 ± 标准差表示，比较各处理因素前后左心室内压各参数的变化，可用直方图来表示。

2. 剪贴实验记录（图 7-44）。

3. 根据 II 导联心电图计算心率

测量相邻两个心动周期中 P 波与 P 波的间隔时间（s）或 R 波与 R 波的间隔时间（s）去除 60，即得每分钟心率：

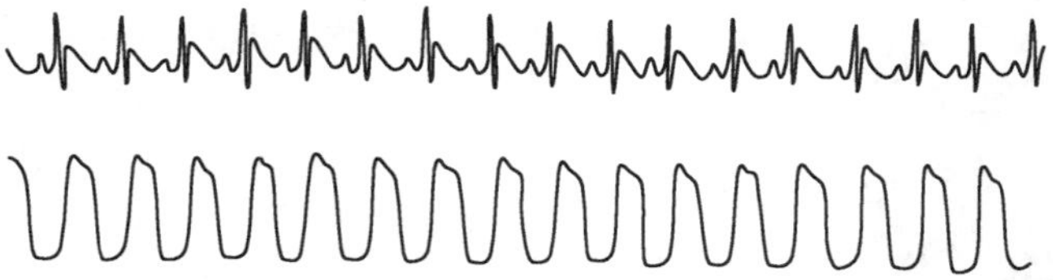

图 7-44　兔心电图 / 左心室内压同步记录

$$心率（次/min）= \frac{60}{P-P\ 或\ R-R\ 间隔时间}$$

【思考题】

1. 通过本次实验，你对经颈总动脉进行左心室插管术有何体会？在插管中应注意什么？

2. 实验中所观测的各项参数有何生理意义？除这些参数外还有哪些参数可进行左心室机能的评价？

3. 分别从静脉注射肾上腺素、去甲肾上腺素、乙酰胆碱后各参数有何变化，对心血管活动有什么影响，为什么？

4. 心室射血和动脉血压形成之间的关系如何？

5. 在一个心动周期中，在哪些时相室内压力变化速率最大？

（肖向红　柴龙会）

第 8 章

呼吸生理

实验 8.1 大鼠离体肺静态顺应性的测定

肺顺应性是指肺在外力作用下的可扩张性，它是衡量肺弹性阻力的一个指标。肺顺应性与肺弹性阻力呈反比关系，弹性阻力大者扩张性小，即顺应性小；相反，弹性阻力小者则顺应性大。肺顺应性可用单位跨肺压引起的肺容积变化来表示。因肺容量背景不同肺顺应性的特点也不同，故以不同跨肺压所引起肺容积变化的关系曲线，即肺顺应性曲线来反映肺顺应性或肺弹性阻力。实验在离体肺上进行，模拟分段屏气下测定肺的压力 – 容积变化，并绘制成曲线。

肺弹性阻力主要来源于肺泡内表面少量液体的表面张力和肺内弹性纤维的弹性回缩力，若分析此两种作用，可向肺内充气或充水，分别测其压力 – 容积曲线。因为充气时肺泡内存在气 – 液界面，而充水时不存在此界面，故测出的压力 – 容积曲线不同。

【实验目的】
学习、掌握肺顺应性的测定方法；
加深理解肺顺应性和肺泡表面张力之间的关系。

【实验对象】
大鼠。

【实验药品】
20% 氨基甲酸乙酯溶液，生理盐水等。

【仪器与器械】
哺乳动物手术器械一套，肺顺应性实验装置（图 8–1），该装置的连接导管用一次性输液器连接，10 mL 注射器一个（上连一个 20 cm 长的细塑料管），玻璃平皿，滴管，棉线等。

【方法与步骤】
1. 气管 – 肺标本制备
取大约 250 g 体重的大鼠，用过量氨基甲酸乙酯（1 g/kg）麻醉致死，沿前胸正中线切开皮肤，在胸骨剑突下剪开腹壁并向两侧扩大创口，在肋膈角处刺破膈肌使肺萎陷，然后向两侧剪断膈肌与胸壁的联系，再沿萎陷的肺缘剪断两侧胸壁直至锁骨，除去剪下的胸前壁，分离剪断肺底部与膈肌联系的组织。然后，在颈部分离气管，在甲状软骨下剪断，向下分离并剪断与之联系的组织，直到气管 – 肺标本全部从胸腔中游离出来，最后剪掉附着的心脏。在整个手术过程中，所用金属器械不可与肺组织接触，以避免造成肺或气管损伤而发生漏气。标本游离后放在一玻璃平皿内用生理盐水冲去血迹，在气管断缘处插入一 Y 形插管，用棉线结扎牢固，至此完成标本制备。

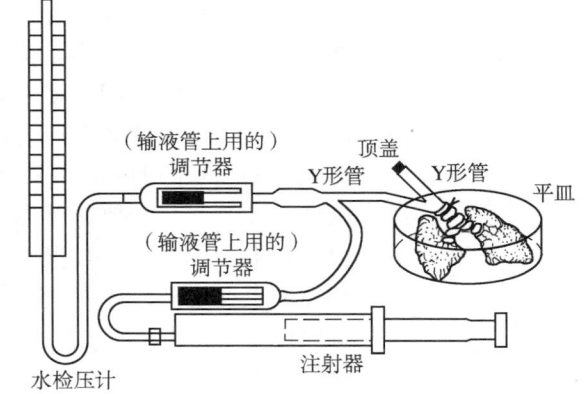

图 8–1 肺顺应性测定装置示意图

2. 仪器连接

按照图 8-1 将肺标本连于肺顺应性测定装置上。

3. 实验步骤

（1）向肺内注入空气做压力 - 容积曲线　肺组织放在有少量生理盐水的玻璃平皿内，打开调节器 1、2 及 Y 形插管 3 的顶盖 5，将注射器抽入 10 mL 空气后，关闭顶盖 5，便可进行实验。通过螺旋推进器向检测系统中缓慢注入空气，在水检压计稳定在 0、4、8、…、24 cm 各段水平处，分别记录各压力水平时注入空气的容积。每一压力水平的维持都需要进一步注入少量气体，越是高水平压力，注入空气越多，达到稳定所需时间也越长，一般需要 4 ~ 5 min。在压力达到 24 cmH$_2$O 时开始抽气，按 24 cmH$_2$O、20 cmH$_2$O、16 cmH$_2$O、…、0 cmH$_2$O 各阶段依次使检压计的压力下降，待压力稳定后记录各水平注射器内的空气容积。每一压力水平也需要进一步抽气而得以稳定，压力越低达到稳定所需时间越长。在整个实验过程中不断向标本上滴洒生理盐水，保持标本湿润。将所得各压力水平的空气容积，减去检压计液柱升高的容积（预先测算好）即是进入肺内气体容积，结果记入表 8-1 内。

表 8-1　不同跨肺压时肺容积变化的实验记录表

跨肺压 /cmH$_2$O	注气 /mL	抽气 /mL	跨肺压 /cmH$_2$O	注水 /mL	抽水 /mL
0			0		
4			1		
8			2		
12			3		
16			4		
20			5		
24			6		

注：1 cmH$_2$O = 98.1 Pa。

（2）向肺内注入生理盐水做压力 - 容积曲线　首先将测压系统内充满水并排出空气。用针头上连有塑料管的注射器从水检压计开口处伸入并注入清水，待水流至 Y 形插管 4 处关闭调节器 1，并抽出检压计中零点以上的水，使其液面恰在零点处。然后把装置中的注射器充满生理盐水，打开 Y 形插管 3 上的顶盖 5，使管道内充满生理盐水并排出气泡，盖上顶盖。向肺内注入和抽出生理盐水，重复 3 ~ 5 次，以冲洗出气管中的分泌物和气泡，打开顶盖 5 将冲洗液和气泡由此排出，接着关闭顶盖 5，然后向平皿内倒入生理盐水深达 3 cm 左右，调节平台使平皿中的液面与水检压计零点同高。开放调节器 1 使系统内压力为 0，这时关闭调节器 2，再将注射器内充入生理盐水 10 mL 连入系统即可进行实验。与上述实验一样向肺内分阶段注入和抽出生理盐水，将每一压力水平的容积变化记入表 8-1 内，所不同的是压力变化阶段以 1 cmH$_2$O、2 cmH$_2$O、…、6 cmH$_2$O 为宜，其最大容积变化最好接近上述实验的最大容积水平。

【注意事项】

1. 制备无损伤的气管 – 肺标本是实验成败的关键，因此整个手术过程要非常细心。因肺与周围脂肪组织颜色近似，应特别注意。若不慎造成一侧肺漏气时，可将该侧的支气管结扎，用单侧肺进行实验，但实验时抽、注容量应减半。

2. 须用新鲜标本，整个实验中要保持肺组织的湿润，实验装置各接头处不可漏气。

3. 充气或注入生理盐水时速度不宜太快，量也不宜过多，一般不超过 10 mL（双侧肺）。

4. 置肺的平皿要大些，以免悬浮着的肺与平皿壁接触而造成实验误差。

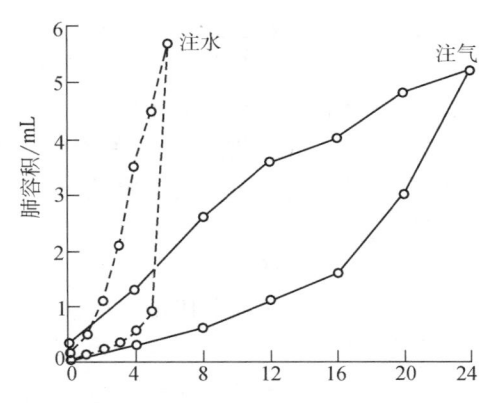

图 8-2　大鼠肺顺应性曲线

【实验结果】

根据表 8-1 的数据以检压计内压力（即跨肺压）为横坐标，以各压力水平时的肺容积为纵坐标，做气体压力 – 肺容积曲线和水压力 – 肺容积曲线（参照图 8-2），并将两曲线加以比较。讨论肺顺应性与肺泡表面张力的关系。

【思考题】

1. 肺顺应性大小与肺容积之间有何关系？
2. 比较充气实验和注水实验所得肺顺应性曲线有何不同。

（郭慧君　王春阳）

实验 8.2　胸内负压的测定

胸内负压是由肺的弹性和肺泡表面张力而产生的回缩力造成的，并随呼吸运动而变化。胸内负压的存在是保证正常呼吸运动的必要条件。若胸壁发生穿透性损伤，引起空气大量进入胸膜腔时，则负压消失，肺组织塌陷，呼吸运动停止。

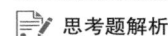

视频
胸内负压测定

【实验目的】

证明胸内负压的存在，了解胸内负压的产生机理及影响因素。

【实验对象】

兔。

【器材与药品】

兔手术台，常用手术器械，粗注射针头（尖头磨钝，侧壁开数小孔），水检压计，橡皮管，橡皮管夹，20 mL 注射器。

【方法与步骤】

将兔麻醉，仰卧固定于手术台上；剪去颈部、腹部及胸部右侧 4~5 肋间处被毛；切开颈部皮肤、肌肉，分离气管、两侧迷走神经干，于其下穿一线备用。在气管上作一 T 形切口并插入气管套管，结扎固定；水检压计与粗针头用橡皮管连接，中间用止血钳夹闭。进行下列实验项目：

1. 胸膜腔内负压的观察：当针头插入胸膜腔时即可见水检压计与胸膜腔相通的一侧液面上升，而与空气相通的一侧液面下降，表明胸膜腔内的压力低于大气压，为负压。

2. 胸膜腔内负压随呼吸运动的变化：仔细观察吸气和呼气时胸膜腔内负压的变化。

3. 增大呼吸无效腔对胸膜腔内负压的影响：将气管套管开口端一侧连一长 20 cm、内径 1 cm 的橡皮管，然后堵塞另一侧，使无效腔增大，造成呼吸运动加强，观察胸膜腔内负压的变化。

4. 气胸对胸膜腔内负压的影响：剪去右侧肋骨造成开放性气胸，或者用一支粗的套管针穿透胸腔，使胸膜腔与大气直接相通，形成气胸，观察胸膜腔内负压和呼吸运动的变化。

5. 迅速关闭创口，用注射针头刺入胸膜腔内抽出气体，观察胸膜腔内压力的变化；可见胸膜腔内负压重又出现，呼吸运动也逐渐恢复正常。

【思考题】

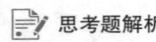

思考题解析

胸膜腔内负压是如何形成的？有何生理意义？

（李莉）

实验 8.3　呼吸运动的调节

呼吸运动是高等动物重要的生理活动，动物通过呼吸运动实现与外界环境间的气体交换过程即肺通气。呼吸运动是呼吸中枢节律性活动的反映。

呼吸中枢的活动受内、外环境各种因素刺激的影响，这些因素或直接刺激呼吸中枢或通过外周感受器间接引起呼吸中枢的变化，借以调节呼吸运动，实现机体对各种环境的适应。肺的扩张或缩小可通过迷走神经传到呼吸中枢，反射性引起吸气运动的抑制并向呼气运动转变。切断迷走神经导致吸气幅度加强，时间延长，呼气不规则，不及时。血液中 O_2 分压降低主要通过刺激外周化学感受器造成呼吸加深加快，低 O_2 对呼吸中枢起到直接抑制的作用，因而重度缺氧会造成呼吸停止而窒息。血液中 CO_2 分压轻微的升高就可刺激中枢化学感受器而使通气加强，所以中枢化学感受器在 CO_2 通气中起主要作用；只有当动脉血中 CO_2 分压突然升高时，因中枢化学感受器受到抑制对 CO_2 的敏感性下降，外周化学感受器的作用才显得重要起来。H^+ 对外周化学感受器的刺激主要通过窦神经和迷走神经传入延髓呼吸中枢，反射性引起呼吸加深、加快，肺通气增加。中枢化学感受器主要对脑脊液中的 H^+ 敏感，然而外周血液中的 H^+ 通过血 – 脑屏障十分缓慢，限制了它对中枢化学感受器的作用，外周血液中的 H^+ 只能通过碳酸酐酶作用转换成为 CO_2 扩散到脑脊液中，通过碳酸酐酶再转换为 H^+ 和 HCO_3^-，H^+ 才对中枢化学感受器发挥作用。

【实验目的】

掌握呼吸运动的描记方法；

观察某些神经和体液因素对呼吸运动的影响，并了解其作用的机制。

【实验对象】

兔。

【实验药品】

20% 氨基甲酸乙酯溶液，3% 乳酸溶液，生理盐水等。

【仪器与器械】

哺乳动物手术器械一套，手术台，生物信号采集处理系统，呼吸换能器（或张力换能器），刺激电极，气管插管，50 cm 橡皮管，注射器（20 mL），CO_2 球胆，空气球胆，钠石灰瓶，纱布，棉线等。

【方法与步骤】

1. 麻醉、固定动物，气管插管

取兔一只，称重，用 20% 氨基甲酸乙酯溶液（1 g/kg）进行耳缘静脉注射，麻醉后，仰卧位固定于手术台上，剪去颈部兔毛，沿颈部正中做 3 ~ 4 cm 长的切口，进行气管插管。分离颈部两侧的迷走神经，穿线备用。

2. 呼吸运动的描记

方法 1：切开胸骨下端剑突部位的皮肤，沿腹白线剪开约 2 cm 小口，打开腹腔。暴露出剑突内侧面附着的两块膈小肌，仔细分离剑突与膈小肌之间的组织，使剑突完全游离（图 8-3）。此时可观察到剑突软骨完全跟随膈肌收缩而上下自由运动。用一弯钩勾住剑突软骨，弯钩另一端与张力换能器相连。由换能器将信息输入生物信号采集处理系统，以描记呼吸运动曲线；或将呼吸换能器（流量式和热敏式）安放在气管插管的侧管上，以记录呼吸运动。

方法 2：用带线的夹子夹住（或用线拴住）胸廓运动最高点的皮肤或毛，将线的另一端连到机械换能器上，调节换能器和线的紧张度，将呼吸运动变化的信息输入生物信号采集处理系统，以描记呼吸运动曲线。

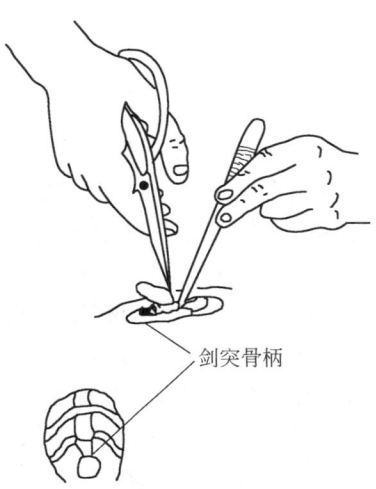

剑突骨柄

图 8-3 游离剑突软骨的方法

视频 ◀
呼吸运动、胸内负压、心电图和血压同时记录

3. 仪器连接

呼吸（张力）换能器与生物信号采集处理系统的 CH1 通道相连（图 8-4），刺激电极与刺激插孔相连。

4. 观察项目

（1）启动"开始"按钮，描记一段正常呼吸曲线，观察正常呼吸运动与曲线的关系（图 8-5）。

（2）窒息　夹闭气管插管套管的 1/2 ~ 2/3，持续 10 ~ 20 s，观察呼吸运动的变化情况（图 8-6A）。

（3）增加吸入气中 CO_2 浓度　将充满 CO_2 的球胆开口对准气管插管一侧管，松开球胆夹子，缓慢增加吸入气中 CO_2 浓度，待呼吸变化明显时夹闭球胆（图 8-6B）。

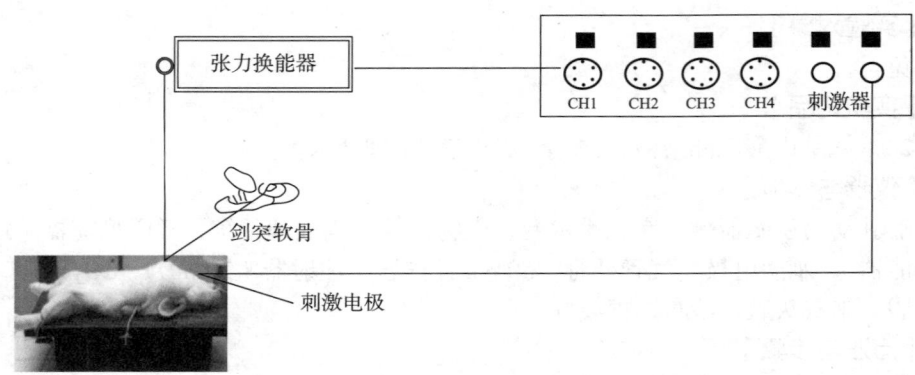

图 8-4 呼吸运动调节实验装置

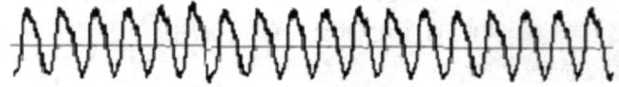

上升支代表吸气，下降支代表呼气

图 8-5 正常呼吸曲线

（4）增大无效腔 夹闭一侧气管套管，呼吸平稳后，另一侧套管接一段约 50 cm 长的橡皮管，动物通过此橡皮管呼吸，观察呼吸运动的变化，结果明显后去掉橡皮管恢复正常呼吸（图 8-6C）。

（5）缺 O_2 将一侧气管套管夹闭，呼吸平稳后，另一侧套管通过一只钠石灰瓶与盛有空气的球胆相连，使动物呼吸球胆中的空气。经过一段时间后，球胆中的氧气明显减少，但 CO_2 并不增多（钠石灰将呼出气中 CO_2 吸收），此时呼吸运动有何变化？待呼吸变化明显后，恢复正常呼吸。

（6）牵张反射 将事先装有空气（约 20 mL）的注射器（或用洗耳球）经橡皮管与气管套管的一侧相连，在吸气相之末堵塞另一侧管，同时立即向肺内打气，可见呼吸运动暂时停止在呼气状态。当呼吸运动出现后，开放堵塞口，待呼吸运动平稳后再于呼气相之末，堵塞另一侧管，同时立即抽取肺内气体，可见呼吸暂时停止于吸气状态，分析变化产生的机制。

（7）增加血液中 H^+ 浓度 经耳缘静脉快速注入 3% 乳酸 1～2 mL，观察呼吸运动的变化（图 8-6D）。

（8）迷走神经的作用

① 切断一侧迷走神经，呼吸运动有何变化？再将另一侧迷走神经结扎后在离中端剪断，呼吸运动又有何变化（图 8-6E、F）？

② 重复第（6）项实验，比较呼吸变化有什么区别。

③ 以中等强度重复脉冲刺激迷走神经向中端，观察在刺激期间呼吸运动的变化（图 8-6G）。

【注意事项】

1. 气管插管内壁必须清理干净后才能进行插管。

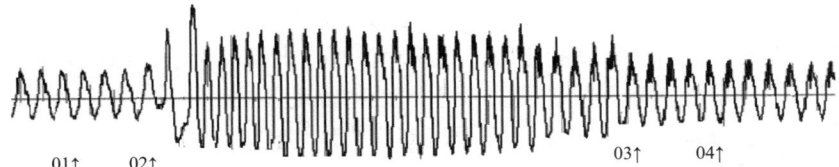

A. 窒息对呼吸运动的影响

01：对照期；02—03：窒息期；04：恢复期

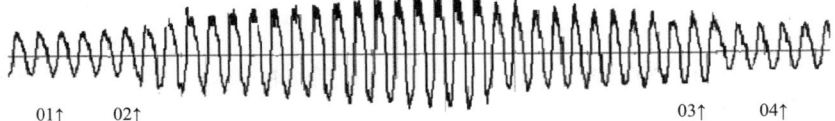

B. 增加吸入CO_2浓度对呼吸运动的影响

01：对照期；02—03：充入CO_2；04：恢复期

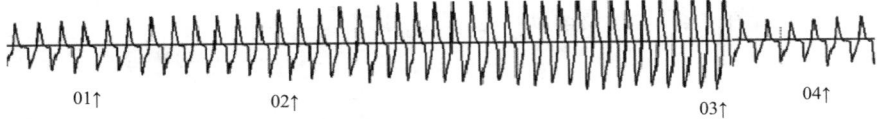

C. 增大无效腔对呼吸运动的影响

01：对照期；02—03：增大无效腔；04：恢复期

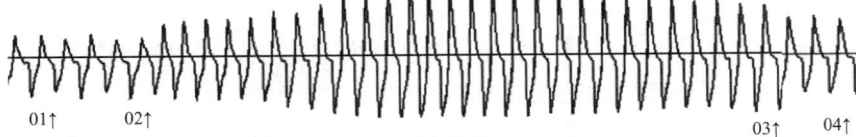

D. 注射乳酸对呼吸运动的影响

01：对照期；02—03：注射3%乳酸；04：恢复期

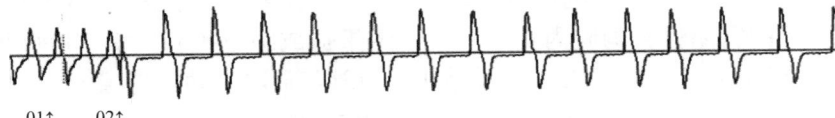

E. 剪断一侧迷走神经对呼吸运动的影响

01：对照期；02：剪断一侧迷走神经

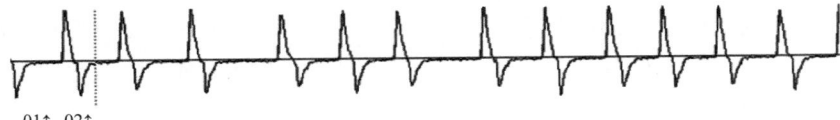

F. 剪断双侧迷走神经对呼吸运动的影响

01：剪断一侧迷走神经；02：剪断双侧迷走神经

G. 刺激迷走神经中枢端对呼吸运动的影响

01：剪断双侧迷走神经；02—03：刺激迷走神经中枢端；04：恢复期

图 8-6 呼吸运动调节的部分结果参考图形

2. 气流不宜过急，以免直接影响呼吸运动，干扰实验结果。

3. 当增大无效腔出现明显变化后，应立即打开橡皮管的夹子，以恢复正常通气。

4. 经耳缘静脉注射乳酸要避免外漏引起动物躁动。

5. 每一项实验前后均应有正常呼吸运动曲线作为比较。

【实验结果】

剪贴记录曲线（图 8-6），比较各种处理前后，呼吸幅度、频率的变化并对产生机制加以详细分析。

【思考题】

思考题解析

1. 增加吸入气中 CO_2 浓度、缺 O_2 刺激和血液 pH 下降均使呼吸运动加强，机制有何不同？

2. 如果将双侧颈动脉体麻醉，分别增加吸入气中 CO_2 浓度和给予缺 O_2 刺激，结果有何不同？

3. 迷走神经在节律性呼吸运动中起何作用？

（郭慧君　王春阳）

实验 8.4　刺激兔第四脑室底对呼吸运动、胸内负压、血压及膈神经放电的影响

节律性呼吸运动是由于呼吸中枢产生的节律性冲动，通过脊髓发出的膈神经及肋间神经传出，引起膈肌和肋间肌节律性收缩，而产生胸廓牵引肺有规律地扩张与缩小引起。膈神经的放电活动能直接反映呼吸中枢的活动。在呼吸过程中肺能随胸廓扩张，是因为在肺和胸廓之间有一密闭的胸膜腔，其内的压力低于大气压，称为胸膜腔内负压，该负压是由肺的弹性回缩力所产生，其大小随呼吸深度而变化。如果破坏胸膜腔的密闭性，胸腔内负压消失，结果造成肺不扩张，引起呼吸困难，肺的牵张感受器向呼吸中枢发放的冲动减少，膈神经放电活动也将减少。

心脏和肺同在胸腔，在肺通气过程中造成胸内压的变化也势必影响到心脏的射血机能。

呼吸和血压的中枢几乎涉及整个中枢神经系统，其中脑干的作用是最基本和最关键的。脑桥和延脑构成了第四脑室底部，第四脑室底同时存在着支配呼吸和心血管活动调节的基本中枢，称为活命中枢。电刺激第四脑室底不同部位可导致呼气和吸气时相的改变和血压的变化（图 8-7）。

拓展知识
位于脑干的呼吸和心血管调节中枢

【实验目的】

本实验拟通过生物信号采集处理系统和机械换能器、压力换能器及引导电极同步观察、记录刺激兔第四脑室底不同部位时引起呼吸运动、胸内负压与血压和膈神经放电活动的变化，加深理解呼吸运动与血压形成的机制及其关系。

【实验对象】

兔。

【实验药品】

20% 氨基甲酸乙酯溶液，0.9% NaCl 溶液，300 U/mL 肝素溶液，温热石蜡油等。

【仪器与器械】

生物信号采集处理系统，压力换能器，张力换能器，引导电极，刺激电极，哺乳动物手术器械一套，鼻中隔咬骨钳，脑定位仪，兔固定台，气管插管，胸内套管（或带橡皮管的粗穿刺针头）等。

【方法与步骤】

1. 动物的固定、麻醉及气管和动脉插管

取兔一只，称重，用20% 氨基甲酸乙酯溶液（1 g/kg）进行耳缘静脉注射，麻醉后，仰卧位固定于手术台上，剪去颈部的毛，沿颈部正中做 6～8 cm 长的切口，暴露气管和颈总动脉，做气管插管和颈总动脉插管。动脉插管接血压换能器记录动脉血压，插管和血压换能器内充肝素500 U，防止血凝。

分离颈部两侧的迷走神经，穿线备用。

2. 膈神经放电的引导

用止血钳在颈外静脉（在外侧皮下）和胸锁乳突肌之间向深处分离，直到气管边上，可看到较粗的臂丛神经向后外行走。兔的膈神经主要是由 C_4、C_5、C_6 脊神经腹支的分支构成，较细，于臂丛神经的内侧横过臂丛神经并与其交叉，由颈部前上方斜向胸部后下方，用玻璃分针仔细分离之，并除去神经上附着的结缔组织，于其下穿线备用（图 8-8）。将膈神经钩在悬空的引导电极上，为避免触及周围组织最好在放电极之前，将神经周围的液体吸干，神经下垫一个绝缘薄膜，电极内加一滴石蜡油。颈部皮肤接地，以减少干扰。

3. 插胸内套管

于右侧胸部腋前线第 4～5 肋骨之间，沿肋骨上缘做一长约 2 cm 的皮肤切口，用止血钳稍稍分离表层肌肉，将胸内套管的箭头形尖端从肋间插入胸膜腔（此时可记录到零位线下移，并随着呼吸运动上下移动，表明已插入胸膜腔内）。旋转胸内套管的螺旋，将套管固定于胸壁（图 8-9）。

胸内套管的另一端与高灵敏度的压力换能器相连（套管内不充水），若仅做定性观察可直接与水检压计相连。

也可用粗穿刺针头，如腰椎穿刺针，代替胸内套管。沿肋骨上缘顺肋骨方向将其斜插入胸膜腔，看到变化后，用胶布将针的尾部固定在胸部

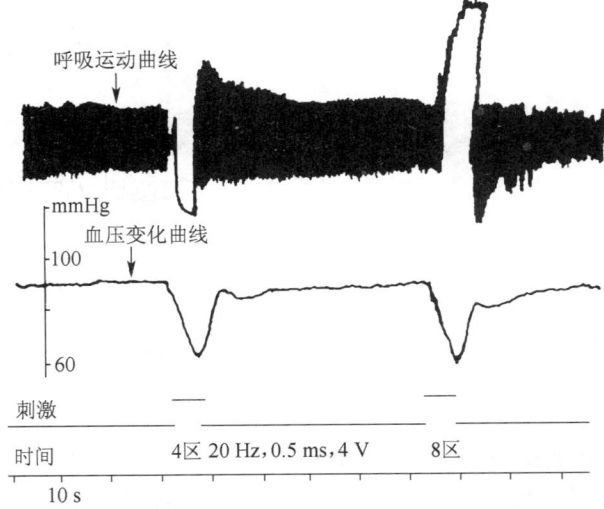

图 8-7　刺激兔第四脑室底时血压幅度和呼吸节律变化

呼吸运动曲线下移为呼气，上移为吸气

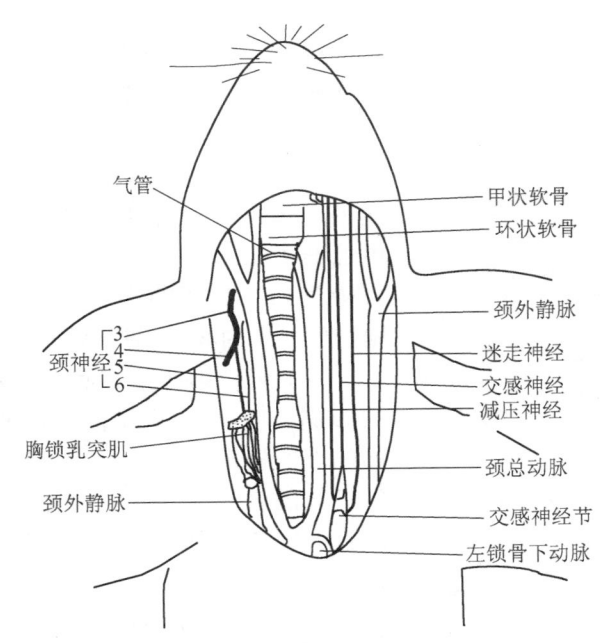

图 8-8　兔头部主要血管、神经示意图

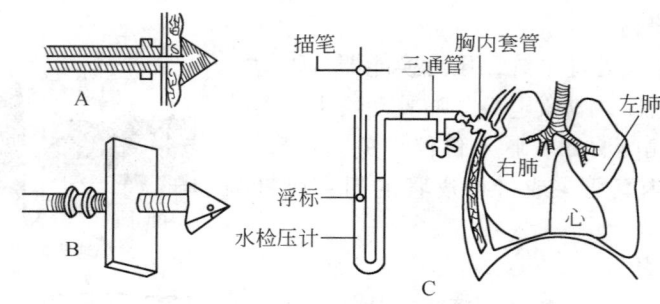

图 8-9　胸内负压的测定

A. 胸内套管剖面（已固定在胸壁上）；B. 胸内套管外形；C. 用水减压计测量胸腔内压

皮肤上，以防滑脱。此法容易产生凝血块或组织堵塞，应加以注意。针头尾端通过橡皮管与压力换能器相连。

4. 呼吸运动的描记

可参照实验 8.3 用线将胸骨柄的软骨与张力换能器相连，或将胸廓的皮肤或毛与张力换能器相连来描记呼吸活动。

5. 暴露第四脑室

在脑定位仪上重新固定兔，第四脑室朝上，减去从枕骨粗隆到第 2 颈椎的毛，正中切开皮肤，向两侧钝性分离肌肉。必要时用止血钳夹肌肉两端，将肌肉剪除，暴露枕骨大孔。用钝刀片刮尽枕骨大孔硬膜外的结缔组织，小心揭开枕骨大孔的硬膜，可见脑脊液从枕骨大孔溢出。用鼻中隔咬骨钳，从枕骨大孔向上逐渐咬去枕骨，暴露第四脑室下端和小脑的蚓部，向上轻推小脑，逐渐打开第四脑室底。

6. 仪器连接

进入生物信号采集处理系统，呼吸运动信号输入第 1 通道，胸内负压信号输入第 2 通道，血压信号输入第 3 通道，膈神经的引导电极导线输入第 4 通道。

7. 观察项目

（1）平静呼吸运动　同时记录平静呼吸运动、胸内负压曲线、血压曲线和膈神经放电曲线 1~2 min，并记录胸内负压数值。比较吸气和呼气时的胸内负压和血压的变化，膈神经放电的波幅、频率的变化。

（2）刺激第四脑室底下部对呼吸和血压的影响　刺激第四脑室底下部的不同部位：如闩部的极后区、迷走三角和舌下三角、室底下部的内侧和外侧区，观测刺激前后和刺激过程中兔的血压以及呼吸节律和幅度的变化（图 8-10）。

（3）刺激第四脑室底上部对呼吸和血压的影响　逐步向上打开第四脑室，轻推小脑，

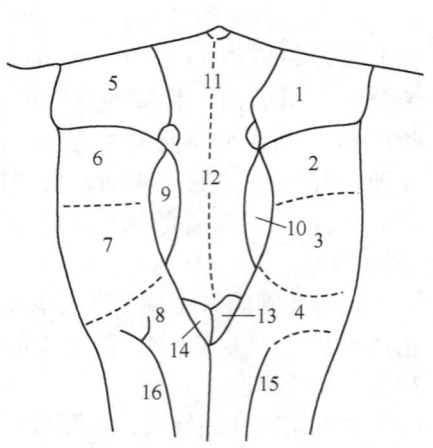

图 8-10　兔第四脑室底刺激 - 反应区示意图

暴露第四脑室底上部。刺激第四脑室底上部的内侧和外侧区，观测刺激前后和刺激过程中兔的血压以及呼吸节律和幅度的变化。

（4）胸壁贯通伤对胸内负压、呼吸运动及血压的影响（选做） 沿第 7 肋骨行走方向切开胸壁皮肤，切断肋间肌和壁层胸膜，使胸膜腔与大气直接相通形成气胸。观察肺组织是否萎陷，呼吸运动和胸膜内压及血压有何变化。

（5）剪断迷走神经（选做） 待呼吸恢复正常后，剪断一侧迷走神经，选择步骤（2）或（3）观测刺激前后和刺激过程中兔的血压以及呼吸节律和幅度的变化；再剪断另一侧迷走神经，观测刺激前后和刺激过程中兔的血压以及呼吸节律和幅度的变化。

【注意事项】

1. 插胸内套管时，切口不宜过大，动作要快，以免空气漏入胸膜腔。用穿刺针时，不要插得过猛过深，以免刺破肺组织和血管，形成气胸和出血过多。形成气胸后迅速封闭漏气的创口，并用注射器抽出胸膜腔内的气体，此时胸内压可重新呈现负压。

2. 分离膈神经动作要轻柔，神经干分离要干净，不能有血和组织粘在神经干上。

3. 记录电极除尖端外，其余部分应做绝缘处理，仪器和动物都要可靠接地。

4. 暴露第四脑室时要随时注意及时止血。只有血被止住才能进行下一步手术或实验。

5. 要注意脑室保温，用 37℃石蜡油覆盖第四脑室底部，避免长时间暴露第四脑室底使之温度降低。手术和刺激过程都要先刺激第四脑室下段，后刺激第四脑室上段，不要过早上推小脑和向脑室两侧扩展，以免导致出血和散热。

6. 刺激电极不要下插过深，定位要准，操作要轻巧；刺激强度要小，时间要短。刚看到效应就停止刺激，以免损伤脑组织和导致出血。

7. 实验中要注意刺激前后的对照，每项实验做完后，待呼吸运动恢复到对照水平后，才能再进行下一项实验。

8. 本实验也可设计成胸内负压、呼吸运动、膈肌放电和心电图同时记录观察。或选择其中几项同时记录观察。

【实验结果】

绘出第四脑室底影响兔呼吸和血压的区域（图 8-10）。剪贴实验记录，分析血压与呼吸运动、胸内负压及膈神经放电之间的关系（图 8-11）。

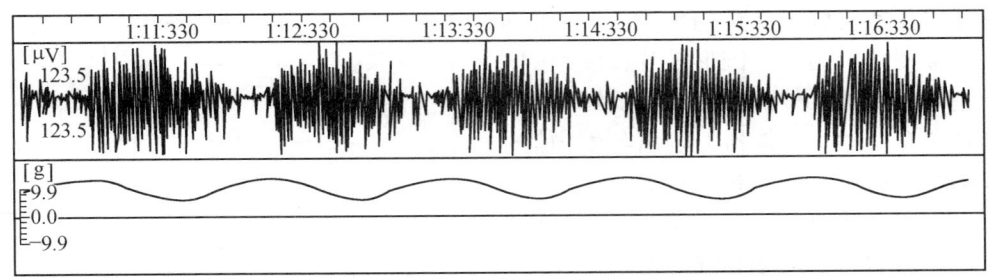

图 8-11 正常兔膈神经放电与呼吸运动关系曲线

【思考题】

思考题解析

1. 平静呼吸时，胸内压为何始终低于大气压？呼吸加深加快时，胸内压有何变化，为什么？

2. 在形成气胸时，胸内压与大气压比较有无不同，是否随呼吸运动而变化？

3. 迷走神经在呼吸调节中起到什么样的作用？

（郭慧君 王春阳）

实验 8.5　鱼类呼吸运动及重金属离子对鱼类洗涤频率的影响

鳃呼吸是鱼类的重要生理机能，除了进行气体交换外，鱼类在每次呼吸运动后，会出现一次洗涤运动，以清除进入口腔和鳃的异物，保证气体交换的顺利进行，洗涤运动因其特殊作用而对水环境的污染物十分敏感，其频率与污染程度密切相关。通过记录鱼类呼吸运动可以研究水环境中的污染物对鱼类呼吸机能的影响，并能作为水环境污染的指标。利用机械-电换能装置可把鳃盖的机械运动转为电信号，通过生物信号采集处理系统将其记录下来。由于在洗涤运动过程中，其水流入口腔后，不是像呼吸机械运动那样从鳃盖处流出，而是从口喷出，故在图形上可将两种运动区分开来。

【实验目的】

学习鱼类鳃运动的描记方法；

了解鱼类呼吸运动的特点；

观察重金属离子对洗涤运动频率的影响。

【实验对象】

鲤（鲫）。

【实验药品】

硫酸铜原液（1 g/L）等。

【仪器与器械】

张力换能器，生物信号采集处理系统，15 L 水族箱，毛巾等。

【方法与步骤】

1. 取 200 g 左右的鱼 1 条，放入水族箱，加上充气泵充气。

2. 用软木塞（或泡沫塑料）和橡皮圈将张力换能器固定在鱼的头背部，换能器上的金属片上套上一圆形胶片，胶片的外缘刚好与鳃盖骨外面接触，可随鳃盖骨的张合左右摆动。换能器的输出与生物信号采集处理系统相连（图 8–12）。

3. 待鱼安静后，开始记录。观察正常情况下鱼的呼吸运动和洗涤运动，以此为对照。

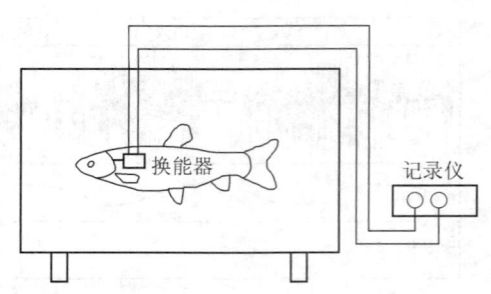

图 8–12　鱼类呼吸描记示意图

4. 在水族箱中加入 1 g/L 硫酸铜原液，使最终质量浓度分别为 0.1、0.5、1 和 10 mg/L，记录相应浓度的洗涤频率，每次实验时间为 10 ~ 15 min。

5. 实验观察项目

观察正常情况下鱼的呼吸运动和洗涤运动，以及加入不同浓度的硫酸铜后，鱼的呼吸运动和洗涤运动。

【注意事项】

实验时鱼类所处的环境必须保持安静状态，避免其他因素对实验的干扰。

【思考题】

1. 鱼类洗涤频率有何生理意义？

2. 分析其他可能影响鱼类洗涤频率的因素。

📝 思考题解析

（汤蓉）

第 *9* 章

消化生理

实验 9.1　胃肠道运动的观察和离体小肠平滑肌的生理特性

　　动物的胃肠道由平滑肌组成。胃肠道平滑肌除具有肌肉的共性，如兴奋性、传导性和收缩性之外，尚有自己的特性，主要表现为紧张性和自动节律性收缩（其特点是收缩缓慢而且不规则），可以形成多种形式的运动，主要有紧张性收缩、蠕动。此外，胃还有明显的容受性舒张，小肠还有分节运动及摆动。在整体情况下，消化管平滑肌的运动受到神经和体液的调节。动物麻醉后，这些运动依然存在。如果再刺激胃肠道的副交感神经或给胃肠道直接的化学刺激，这些运动形式会变得更加明显。兔的胃肠道运动活跃且运动形式典型，是观察胃肠运动的好材料。

　　如果将动物的小肠平滑肌离体，放置在各种化学成分、渗透压、pH、温度以及气体供应等因子十分接近机体的内环境的溶液中时，可保持离体小肠段长时间地存活下来，并可以观察到小肠平滑肌的自动节律性、紧张性收缩、伸展性和对机械牵拉、温度刺激、化学刺激十分敏感，而对电刺激和切割刺激不敏感等一系列特性。通常用台氏液做灌流液，将小肠段的一端固定，另一端连张力换能器，即可通过一定的记录装置记录下小肠肌的收缩曲线。

【实验目的】

　　观察胃肠道各种形式的运动，以及神经和体液因素对胃肠运动的调节；

　　学习离体小肠平滑肌灌流的实验方法；

　　证明小肠平滑肌具有自动节律性和紧张性活动，观察若干刺激对离体小肠运动的影响。

【实验对象】

　　兔或豚鼠（大鼠、小鼠也可以），乌鳢（后述）。

【实验药品】

　　台氏液，0.01% 肾上腺素，0.01% 乙酰胆碱，0.5% 和 0.01% 阿托品，3% 戊巴比妥钠，0.9% 生理盐水，1% $CaCl_2$ 溶液，1 mol/L HCl 溶液，1 mol/L NaOH 溶液等。

【仪器与器械】

　　兔手术台，哺乳动物手术器械一套，电刺激器，保护电极，纱布，索线，细线，注射器，恒温平滑肌浴槽，生物信号采集处理系统，张力换能器，万能支架，螺旋夹，双凹夹，温度计，细塑料管（或橡胶管），长滴管，小烧杯等。

9.1.1　兔胃肠运动形式的直接观察

【方法与步骤】

　　1. 标本的制备

　　（1）麻醉动物　耳缘静脉注射 3% 戊巴比妥钠（25 ~ 60 mg/kg），将兔背位固定于手术台上，剪去颈部和腹部的被毛。

　　（2）按常规行气管插管术　见 3.7.3 节。

　　（3）从剑突下，沿正中线切开皮肤，打开腹腔，暴露胃肠。

（4）在膈下食管的末端找出迷走神经的前支，分离后，下穿一条细线备用。以浸有温台氏液的纱布将肠推向右侧，在左侧腹后壁肾上腺的上方找出左侧内脏大神经，下穿一条细线备用。

（5）为了便于肉眼观察可用 4 把止血钳将腹壁切口夹住、悬挂，这样腹腔内的液体不会流出。然后将 37℃温热的生理盐水灌入腹腔，可观察胃肠运动。

2. 观察项目

（1）观察正常情况下胃肠运动的形式，注意胃肠的蠕动、逆蠕动和紧张性收缩，以及小肠的分节运动等。在幽门与十二指肠的接合部可观察到小肠的摆动。

（2）用连续电脉冲（波宽 0.2 ms、强度 5 V，10~20 Hz）作用于膈下迷走神经 1~3 min，观察胃肠运动的改变，如不明显，可反复刺激几次。

（3）用连续电脉冲（波宽 0.2 ms、强度 10 V，10~20 Hz）刺激内脏大神经 1~5 min，观察胃肠运动的变化。

（4）向腹腔内滴加 0.01% 乙酰胆碱 5~10 滴，观察胃肠运动的变化。出现效应后，向腹腔倒入 37℃温热的生理盐水，再用滴管或纱布吸干，这样反复冲洗几次，再进行下一项。

（5）向腹腔内滴加 0.01% 肾上腺素 5~10 滴观察胃肠运动有何变化。

（6）耳缘静脉注射 0.5% 阿托品 1 mL，再刺激膈下迷走神经 1~3 min，观察胃肠运动的变化。

【注意事项】

1. 为了避免体温下降和胃肠表面干燥，应随时用温台氏液或温生理盐水湿润胃肠。

2. 实验前 2~3 h 将兔喂饱，实验结果较好。

【实验结果】

描述所观察到的现象，并说明产生这些现象的原因。

【思考题】

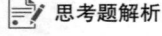
思考题解析

1. 本次实验中观察到胃有几种运动形式？小肠有几种？这些形式与胃肠道哪些机能相适应？

2. 电刺激膈下迷走神经或内脏大神经，胃肠运动有何变化，为什么？

3. 胃肠上滴加乙酰胆碱或肾上腺素，胃肠运动有何变化，为什么？

9.1.2　鱼类消化管运动的直接观察

以鱼类为实验材料，一般选用乌鳢较好。乌鳢胃肠运动较多见的是紧张性收缩及分节运动。在水温较高、饱食情况下，也可看到胃肠蠕动。

【方法与步骤】

1. 实验的准备

（1）了解乌鳢的胃肠道解剖特征　乌鳢的胃肠运动受迷走神经支配，迷走神经兴奋，胃肠紧张性收缩加强，肠分节运动明显。左、右两侧迷走神经在胃肠上的分布情况稍有不同（图 9-1）。

左侧的迷走神经进入腹腔后，明显地分为两支，背侧的一支行走于鳔的表面，

▶️ **视频**
乌鳢胃肠道运动观察

💻 **教学课件**
乌鳢胃肠道运动观察

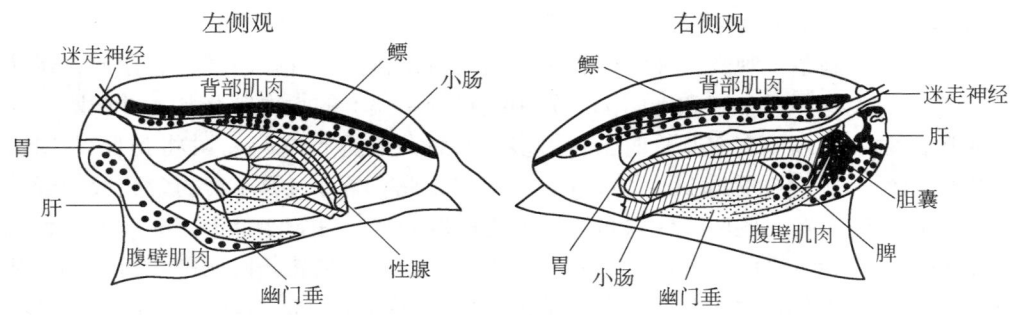

图 9-1　乌鳢内脏示意图

支配着鳔的运动。腹侧一支较为粗大，行走于胃壁表面。在行进的过程中有许多分支，愈到胃底分支愈多，而且有的分支通过肠系膜延伸到肝、幽门垂、肠及性腺。右侧的迷走神经进入腹腔后分成许多相互平行的分支。从背侧到腹部分别到达鳔、胃、性腺、幽门垂（2 个）、肠、胰及肝。左侧和右侧迷走神经对胃肠运动的作用不同，左侧迷走神经兴奋可刺激胃肠运动加强，右侧迷走神经兴奋则抑制胃肠运动，因此分别刺激两侧迷走神经引起胃肠道收缩的时相也不同。

　　（2）暴露胃肠道　用刀将活乌鳢延脑破坏；鱼右侧卧（左侧向上），从肛门插入粗剪刀向鱼的背侧剪去，至侧线下方 1/3（约 1 cm）处转向头部直至鳃腔后缘（锁骨后缘），折向下直至腹部底部。打开左侧体壁即暴露出胃，分离行走于胃壁脂肪中的迷走神经。用丝线缚一松结，以备刺激用。

　　2. 实验项目

　　（1）观察静止时胃肠的形状、位置。

　　（2）用镊子夹肠（或幽门垂）壁，或在其下穿一丝线，牵拉肠管（或幽门垂），可看到明显的分节运动。

　　（3）用弱电刺激胃左侧迷走神经 1~5 min，可见胃体、胃底兴奋，收缩逐渐加强。

　　（4）正值胃收缩之时，向胃肠系膜滴几滴肾上腺素，观察胃肠运动有何变化。然后再滴几滴乙酰胆碱，观察胃肠运动又有何变化。

　　【注意事项】

　　1. 乌鳢的迷走神经常行走于肠系膜中，与脂肪组织混杂在一起，因此经常误当脂肪或结缔组织而被剔除，所以不宜选择过于肥育的标本。在气温较高或鱼饱食时也能看到胃肠的蠕动。

　　2. 在暴露胃肠道时，有时需要剪断锁骨才能看到迷走神经主干，此时要特别注意防止将鳃剪破，引起出血。

9.1.3　离体小肠平滑肌的生理特性

　　【方法与步骤】

　　1. 实验的准备

　　（1）恒温平滑肌浴槽装置　向中央标本槽内加入台氏液至浴槽高度的 2/3 处。

外部容器为水浴锅加自来水。开启电源，恒温工作点定在 38℃。

视频
离体平滑肌实验
操作

（2）标本制备　观察整体消化管运动后，将胃掏出，并按自然位置摆放，辨认贲门部、胃大弯、胃小弯和幽门部。先用线将肠系膜上的大血管结扎，并剪断其与肠系膜的联系，以免在取肠管时出血过多。然后在幽门下约 8 cm 处将肠管双结扎，从中间剪断。然后再剪取 20~30 cm 长的十二指肠，置于 4℃左右的台氏液中轻轻漂洗，可用注射器向肠腔内注入台氏液冲洗肠腔内壁，并置于低温（4~6℃）台氏液中备用。实验时将肠管剪成 2~3 cm 的肠段，用棉线结扎肠段两端，将一端结扎线连于浴槽内的标本固定钩上，另一端连于张力换能器，适当调节换能器的高度，使其与标本之间松紧度合适。注意连线必须垂直，并且不能与浴槽壁接触，避免摩擦。用塑料管将充满气体的球胆或增氧泵与浴槽底部的通气管相连，调节塑料管上的螺旋夹，让通气管的气泡一个一个地溢出，为台氏液供氧（图 9-2）。

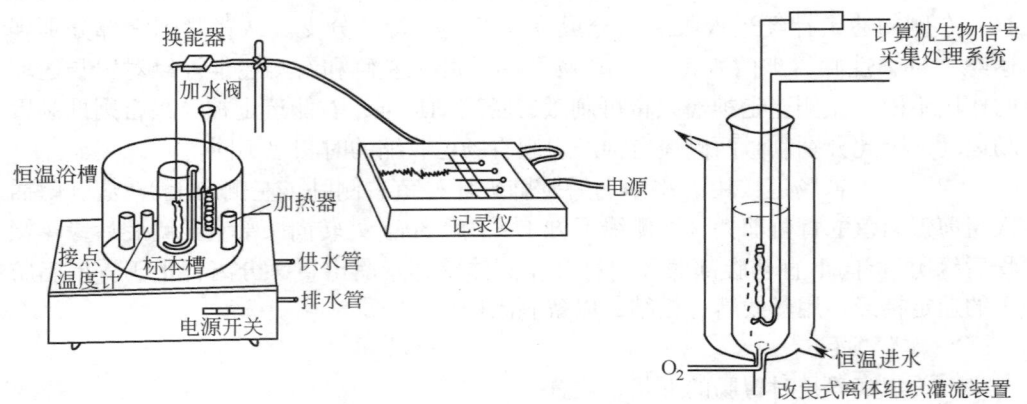

图 9-2　离体小肠平滑肌灌流装置

左图示用二道记录仪进行记录

（3）仪器连接　张力换能器输入端与系统的通道相连，进入生物信号采集处理系统，选择离体小肠平滑肌的生理特性实验项目。

2. 实验观察项目

（1）观察、记录 38℃台氏液中的肠段节律性收缩曲线。

（2）观察、记录 25℃台氏液中的肠段节律性收缩曲线。

（3）待中央标本槽内的台氏液的温度稳定在 38℃后，加 0.01% 乙酰胆碱 1~2 滴于中央标本槽中，观察肠段收缩曲线的改变。在观察到明显的作用后，用预先准备好的新鲜 38℃台氏液冲洗 3 次。

（4）待肠段活动恢复正常后，再加 0.01% 肾上腺素 1~2 滴于中央标本槽中，观察肠段收缩曲线的改变。作用出现后同上法冲洗肠段。

（5）向中央标本槽内加入 1 mol/L NaOH 溶液 1~2 滴，观察肠段收缩曲线的改变。作用出现后同上法冲洗肠段。

（6）向中央标本槽内加入 1 mol/L HCl 溶液 1~2 滴，观察肠段收缩曲线的改变。待作用出现后同上法冲洗肠段。

（7）向中央标本槽内加入 1% CaCl₂ 溶液 2~3 滴，观察肠段收缩曲线的改变。

【注意事项】

1. 实验动物先禁食 24 h，于实验前 1 h 喂食，然后处死，取出标本，肠运动效果更好。

2. 标本安装好后，应在新鲜 38℃台氏液中稳定 5~10 min，有收缩活动时即可开始实验。

3. 注意控制温度。加药前，要先准备好更换用的新鲜 38℃台氏液，每个实验项目结束后，应立即用 38℃台氏液冲洗，待肠段活动恢复正常后，再进行下一个实验项目。

4. 实验项目中所列举的药物剂量为参考剂量，若效果不明显，可以增补剂量，但要防止一次性加药过量。

【实验结果】

实验结束后汇总全班实验结果，分析讨论平滑肌收缩活动的特点，与骨骼肌、心肌收缩的异同，分析各种理化因素对平滑肌收缩的影响。

剪贴实验记录曲线（图 9-3），并做好标记、注释。分析各种因素对小肠运动的影响，并简要说明其机制。

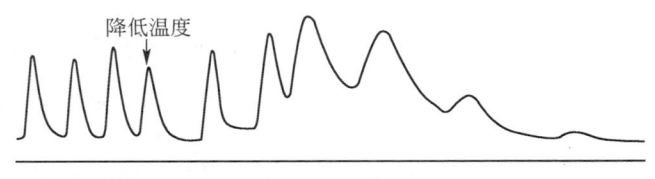

降低温度

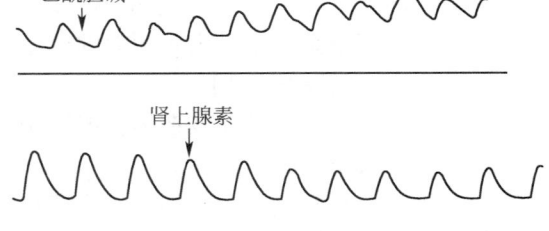

乙酰胆碱

肾上腺素

图 9-3　小肠平滑肌收缩曲线

【思考题】

思考题解析

1. 比较维持哺乳动物离体小肠平滑肌活动和维持离体蛙心活动所需的条件有何不同，为什么？

2. Ca²⁺ 在平滑肌收缩中起什么作用？

3. 为什么离体小肠具有自律性运动？

4. 试述乙酰胆碱和肾上腺素对平滑肌调节的作用机制。

（徐在言　杨秀平）

实验 9.2　在体小肠肌电活动及收缩运动的同时记录

肠平滑肌和其他可兴奋组织一样，可产生生物电活动，并可通过兴奋收缩偶联过程发生机械收缩。小肠平滑肌的电活动包括慢波和快波两种电活动，慢波是平滑肌本身所具有的自发性缓慢的电变化，是一种肌源性的电活动。慢波虽不能直接引起肌肉收缩，但可提高平滑肌的兴奋性。锋电位（快波）可引起一次肌肉收缩（图 9-4）。

在整体情况下，肠平滑肌的肌电活动和机械收缩运动受到神经和体液的调节。电刺激迷走神经或静脉注射乙酰胆碱时，肠肌电活动和机械收缩运动增强，刺激内脏大神经或静脉注射肾上腺素时，肠肌电活动和机械收缩运动减弱。在体小肠的肌

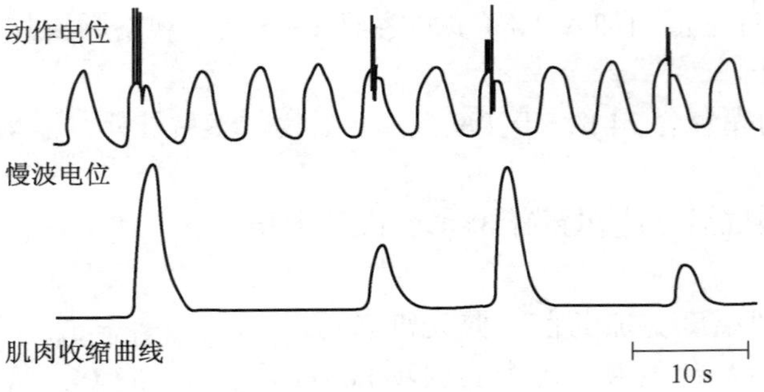

图 9-4 猫空肠电活动与收缩的关系

电活动可用肌电引导电极引导到记录仪上进行记录；机械收缩运动可以将一个与压力换能器相连的水囊置入肠内，由于肠平滑肌的收缩，导致肠内压力的变化，水囊所受的压力也将发生相应的变化，压力换能器将这种变化转换成电信号，输入相应的记录系统记录出肠运动的变化。

【实验目的】

学习哺乳动物在体情况下用肠肌电引导电极记录小肠平滑肌的肌电活动和用水囊法记录肠的运动；

观察刺激迷走神经、交感神经以及乙酰胆碱、肾上腺素等对小肠肌电活动和机械收缩活动的影响。

【实验对象】

兔。

【实验药品】

20% 氨基甲酸乙酯或 3% 戊巴比妥钠，0.01% 肾上腺素，0.01% 乙酰胆碱，阿托品等。

【仪器与器械】

兔手术台，哺乳动物手术器械一套，生物信号采集处理系统，刺激电极，保护电极，低压（力）换能器，气管插管，水银检压计，注射器（20 mL、5 mL、1 mL），三通活塞，橡皮囊（可用避孕套代替），肠平滑肌肌电引导电极，丝线（或棉线），纱布，缝合针等。

【方法与步骤】

1. 实验的准备

（1）制作肠平滑肌肌电引导电极和气囊

（2）手术 实验前让兔禁食 1 天，只饮水。

① 麻醉与固定：20% 氨基甲酸乙酯（1 g/kg）或 3% 戊巴比妥钠（20～60 mg/kg）自耳缘静脉注射麻醉，注意不要麻醉过度。麻醉后动物仰卧位固定在兔手术台上。

② 颈部剪毛，按常规进行气管插管术。

③ 在气管两侧分离沿颈总动脉并行的迷走、交感神经干，各穿一条细线备用（见 3.7.2 节）。

④ 腹部剪毛，从剑突下沿正中线切开皮肤，打开腹腔。用浸有温台氏液的纱

💻 拓展知识 ◄
小肠肌电引导电极的制作和小肠内气囊（水囊）的制备

布将肠管推向右侧，找出左侧内脏大神经，穿一条细线后备用（见 3.7.2 节）。

⑤ 在小肠内安装气囊：打开腹腔后，将大网膜拉向头侧，暴露肠管。捏住距胃幽门 8 cm 后段的空肠，在肠下穿 2 条棉线。用剪刀在肠壁上剪一小口，将装在塑料细管上的橡皮囊插进后段肠腔，插进深度约为 10 cm，然后连同肠管一起结扎好，并将线结扎在塑料管上，以防止气囊滑脱。然后向胃一侧的切口插入一个塑料管，同法结扎好，用来排出肠内容物（图 9-5）（若要记录十二指肠或回肠运动，操作方法基本相近）。

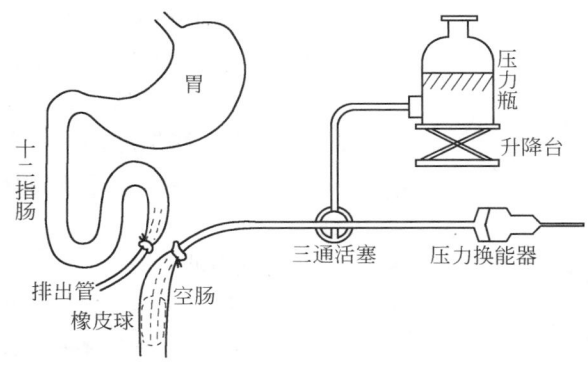

图 9-5　在体小肠橡皮球法测定小肠运动装置图

⑥ 气囊充水：使带气囊的塑料管通过三通活塞同压力瓶连通起来。预先将气囊和换能器置于同一高度，转动三通活塞，接通塑料管和压力瓶，提高压力瓶水面高度，使之较腹腔内气囊高出 8～10 cm。放开夹闭塑料管的钳子，则压力瓶中的水少量流入气囊，气囊即成为水囊。待瓶中水面稳定之后，转动三通活塞，阻断水囊同压力瓶的联系，使水囊与压力换能器相连接。压力换能器的信号输入生物信号采集处理系统的一个通道。

⑦ 肠肌电引导电极的安装：在安放水囊的肠段上，将两根引导电极与肠管相垂直刺入肠浆膜下埋入肌肉内 2～3 mm，并让其尖端露出，两电极间的距离为 4～5 mm。然后用塑料套管套在引导电极的尖端，以便与周围组织绝缘，并防止引导电极滑脱。

⑧ 将插进水囊和肌电引导电极的肠管复归原位，腹膜与腹肌一起缝合，随后缝合皮肤。将塑料管、排出管及引导电极的软线从缝合口引到腹腔外，地线接于腹部手术切口。关闭腹腔后小肠基本不动，调节压力换能器和记录平衡（0）线，等待 30 min 后开始实验。

2. 仪器、标本的连接

（1）生物信号采集处理系统　将压力换能器与 1 通道相接，肠平滑肌肌电引导电极连接到 2 通道上。打开计算机，启动生物信号采集处理系统，1 通道选择"呼吸运动的调节"实验项目菜单，2 通道选择"肌电"实验项目菜单。

（2）若使用二道生理记录仪，按图 9-5 连接实验装置图，将压力换能器与"压力放大器"的输入口相接。

3. 实验项目

（1）刺激迷走神经　用线结扎颈部一侧迷走神经，在线的中枢侧剪断。刺激离中端，刺激波宽为 1 ms，强度为 5 V，频率为 10～20 Hz，刺激持续时间约 30 s。停止刺激后继续记录 2～3 min 的小肠运动和肌电变化。

（2）刺激内脏大神经　刺激波宽为 1 ms，强度为 10 V，频率为 10～20 Hz，刺激持续时间约 30 s。停止刺激后继续记录 2～3 min 的小肠运动和肌电变化。

（3）注射乙酰胆碱　股静脉缓慢注射 0.01% 乙酰胆碱溶液（0.1 mg/kg），观察小肠运动效应和肌电变化。

（4）注射肾上腺素　股静脉缓慢注射 0.01% 肾上腺素溶液（0.002 mg/kg），观察小肠运动效应和肌电变化。

（5）注射阿托品　静脉注射阿托品（1 mg/kg），2 min 后刺激迷走神经及内脏大神经，观察小肠运动的效应和肌电变化。

（6）先静脉注射乙酰胆碱，然后注射阿托品，观察小肠运动的效应和肌电变化。

【注意事项】

1. 如果实验环境温度较低，在进行腹腔手术时，应尽量缩短手术持续时间。

2. 为避免小肠暴露时间过长，温度下降，表面干燥，应随时用温热生理盐水湿润小肠。

3. 在实验完成后，需要描记校准曲线：扭动三通活塞，使压力换能器与压力瓶相连，并使压力瓶与压力换能器同高。这时描笔的位置是 0。然后让压力瓶逐厘米地升高，画出校准曲线。如果在压力为 0 情况下，描笔出现了偏离，也不要动放大器的平衡，而是将压力瓶逐厘米地升高，直到描笔动作恢复正常为止。

【实验结果】

剪贴实验结果，并加以分析讨论。

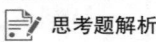
思考题解析

【思考题】

1. 迷走神经和内脏大神经各自的递质是什么，这些递质有何生理作用？

2. 先注射阿托品后刺激迷走神经和先静脉注射乙酰胆碱，然后再注射阿托品引起小肠肌电活动和平滑肌的收缩有何不同，为什么？

3. 支配胃肠的迷走神经和内脏大神经在哪里更换神经元？

4. 把分布到胃肠的植物神经全部切断，肠内容物仍能被输送到肛门，为什么？何为肠 – 肌（或肠内）反射？

（徐在言）

实验 9.3　唾液、胰液和胆汁的分泌

唾液腺的分泌活动受副交感及交感神经的双重支配：支配颌下腺和舌下腺的副交感神经为面神经的鼓索支，支配腮腺的为耳颞支；支配唾液腺的交感神经来自颈前神经节的节后纤维。副交感神经兴奋时，神经末梢释放乙酰胆碱，它与腺细胞上的 M 受体结合，引起唾液腺颌下腺分泌大量稀薄的、含酶多消化力强的唾液；交感神经兴奋时，引起颌下腺分泌少量粘稠的唾液。

胰液和胆汁的分泌受神经和体液因素的调节。刺激迷走神经可使胰液和胆汁分泌。在刺激胰液和胆汁分泌的体液因素中，以促胰液素的作用最强，在稀盐酸和蛋白质分解产物及脂肪的刺激作用下，十二指肠黏膜可以产生促胰液素和胆囊收缩素。促胰液素作用于胰腺导管的上皮细胞，引起水和碳酸盐的分泌，使胰液分泌量增加，对肝胆汁分泌的也有一定的刺激作用；而胆囊收缩素主要引起胆汁的排出和促进胰酶的分泌。此外，胆盐(或胆酸)亦可促进肝脏分泌胆汁，称为利胆剂。

【实验目的】

观察动物几个重要消化腺的分泌，了解影响唾液、胰液和胆汁的分泌的神经和体液调节因素。

【实验对象】

狗或兔。

【实验药品】

3% 戊巴比妥钠，稀醋酸，0.5% HCl 溶液，粗制促胰液素 10 mL，胆囊胆汁 1 mL 等。

拓展知识
粗制促胰液素

【仪器与器械】

计算机生物信号采集处理系统，记滴器，保护电极，狗手术台，哺乳动物手术器械一套，注射器及针头，各种粗细的塑料管（或玻璃套管），纱布，丝线，秒表等。

【方法与步骤】

1. 麻醉动物

绑缚狗的嘴部及四肢（见 3.3.3 节）。在前肢的皮静脉或后肢的隐静脉注射 3% 戊巴比妥钠（30 ~ 50 mg/kg），将狗麻醉后仰卧固定于手术台上。

2. 手术操作

（1）气管插管及分离部分神经　纵行切开颈部皮肤，按常规进行气管插管；分离出迷走、交感神经干（狗中俩神经合在一起），穿线以备实验时用（见 3.7.2 节、3.7.3 节）。

（2）唾液腺插管分离部分神经　纵行切开下颌中线皮肤，暴露二腹肌和下颌舌骨肌并作横切，将切断的肌肉向两边翻开，暴露神经，较前端有一横向走的神经，称为舌咽神经。在其外侧深部有一小分支是面神经的鼓索支。靠正中线处有一纵向走的神经，乃舌下神经。在舌咽神经下面横穿着两条略呈灰色并列行走的唾液腺导管，其中较粗大的为颌下腺导管（图 9-6），将其与周围结缔组织分离，在颌下腺导管上剪一个小口，插入一玻璃套管（或塑料管）作为唾液引流管。流出的唾液由记滴器记录。

分别在舌咽神经、鼓索神经及舌下神经下穿线备用。

（3）胆管插管　于剑突下沿正中线切开腹壁 10 cm，拉出胃；双结扎肝胃韧带从中间剪断。将肝上翻找到胆囊及胆囊管，将胆囊管结扎（图 9-7）；然后，用注射器抽取胆囊胆汁数毫升备用。胆管插管通过胆囊及胆囊管的位置找到胆总管，插入胆管插管，并同时将胆总管十二指肠端结扎。流出的胆汁由记滴器记录。

（4）胰管插管　从十二指肠末端找出胰尾，沿胰尾向上将附着于十二指肠的胰液组织用盐水纱布轻轻剥离，在尾部向上 2 ~ 3 cm 处可看到一个白色小管从胰腺穿入十二指肠，此为胰主导管（图 9-7）。待认定胰主

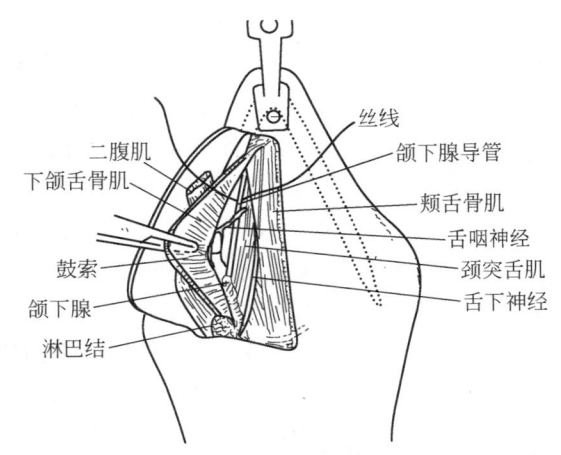

图 9-6　狗颌下腺导管等解剖位置

导管后，分离胰主导管并在下方穿线，尽量在靠近十二指肠处切开，插入胰管插管，并结扎固定，流出的胰液由记滴器记录。

如用兔进行实验，麻醉后，剖开腹腔找出十二指肠后，在距幽门 30 ~ 40 cm 处提起小肠对着光线可以找到胰导管，在胰导管和十二指肠处仔细分离胰导管 0.6 ~ 0.8 cm，于其下穿以丝线；在靠近十二指肠端剪一小孔，插入充满生理盐水的医用细塑料管，结扎丝线固定塑料导管。然后在十二指肠起始部找到总胆管，也同样插入细塑料管用丝线结扎，固定后可进行试验。

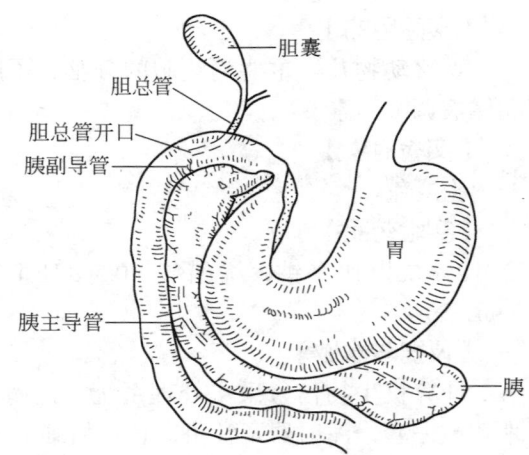

图 9-7　狗胰主导管、胆总管解剖位置示意图

（5）股静脉插管　以备输液与注射药物时之用。

3. 连接记录装置

打开计算机，启动生物信号采集处理系统，将记录唾液、胆汁、胰液的受滴换能器分别连接到系统的三个通道上，并选择"影响尿生成因素"的模块，即可开始实验。

4. 实验项目

（1）唾液反射性分泌　将少许稀醋酸滴入动物的口腔。观察颌下腺是否分泌，测其分泌的潜伏期。

（2）唾液的分泌压　将插入颌下腺导管的玻璃套管的另一端与压力换能器相连，并通过换能器连接到计算机生物信号采集处理系统，以弱电流持续刺激鼓索神经的离中端，可看到导管中的压力缓缓上升，可超过 13.3 kPa（100 mmHg）。

（3）观察胰液和胆汁的分泌

① 观察胰液和胆汁的基础分泌：未给予任何刺激情况下记录每分钟分泌的滴数。胆汁为不间断地少量分泌，而胰液分泌极少或不分泌。

② 酸化十二指肠的作用：将十二指肠上端和空肠上段的两端用粗棉线扎紧，而后向十二指肠腔内注入 37℃ 的 0.5% HCl 溶液 25 ~ 40 mL，记录潜伏期，观察胰液和胆汁分泌有何变化（观察时间为 10 ~ 20 min）。

③ 促胰液素的促分泌作用：股静脉注射粗制促胰液素 5 ~ 10 mL，记录潜伏期，观察胰液和胆汁的分泌量有何变化。

④ 胆汁的粗分泌作用：股静脉注射胆囊胆汁 1 mL（胆囊胆汁稀释 10 倍），观察胰液和胆汁的变化。

（4）刺激神经引起消化液分泌的效应

① 刺激舌咽神经：在鼓索神经与舌咽神经相汇之前（离中段）将舌咽神经双结扎剪断，用中等强度串刺激刺激舌咽神经的向中（枢）端 2 ~ 3 min，观察颌下腺是否分泌唾液。若有，记录其潜伏期。

② 刺激鼓索神经向中端：将鼓索神经结扎并剪断，电刺激舌咽神经的向中端则不起反应，因传出纤维已被切断。

③ 刺激鼓索神经：以较弱的电流刺激鼓索神经的离中端，则立即引起大量唾液的分泌，记录其潜伏期并注意观察唾液性质的变化（如浓淡及色泽等）。

④ 刺激迷走神经：首先注射少量的阿托品（1 mg），以麻痹迷走神经至心脏的神经末梢，然后电刺激迷走神经离中端，观察唾液、胰液和胆汁分泌情况如何。也可使迷走神经的运动神经纤维变性，减小对心跳和胰导管收缩的影响，以便观察。

拓展知识
迷走神经变性法

【注意事项】

1. 术前应充分熟悉手术部位的解剖结构。
2. 手术操作应细心，尽量防止出血，若遇大量出血须完全止血后再行分离手术。
3. 电刺激强度要适中，不宜过强。
4. 胆囊管要结扎紧，使胆汁的分泌量不受胆囊舒缩的影响。
5. 剥离胰液管时要小心谨慎，操作时应轻巧仔细。
6. 实验前 2~3 h 给动物少量喂食，用以提高胰液和胆汁的分泌量。
7. 每项实验后要有一定间隔时间，待前一项反应基本消失后（即接近恢复正常时）再进行下一项实验。

【实验结果】

剪贴实验记录，做好标记和注释。从对各项结果进行分析讨论中，总结唾液、胰液和胆汁分泌的神经 – 体液调节特征。

【思考题】

思考题解析

1. 简要说明动物唾液分泌的神经调节机制。
2. 向十二指肠腔内注入 37℃的 0.5% HCl 溶液，胰液和胆汁分泌有何变化？为什么？
3. 股静脉注射粗制促胰液素后，胰液和胆汁的分泌有何变化？为什么？
4. 股静脉注射胆囊胆汁，胰液和胆汁的分泌有何变化？为什么？结合本实验的提示，你能否设计一实验证明食物（高蛋白、高脂肪、混合食物以及糖类）对胆汁分泌量的影响。

（何玉琴）

实验 9.4　大鼠胃液分泌的调节

胃液中的盐酸是由胃腺的壁细胞分泌，其分泌速率通常用单位时间内排出盐酸的物质的量（mmol 或 μmol）表示。按感受食物刺激的部位可将消化期的胃液分泌分为头期、胃期和肠期。头期胃液分泌具有量大、酸高和消化酶多的特点，主要受神经调节。胃期胃液分泌的量最大（占进食后分泌量的 60%），酸多，但酶少于头期。肠期胃液分泌的量最少。胃期和肠期主要受体液调节。迷走神经、胃肠激素（促胃液素）、组胺及拟胆碱药物促进胃液的分泌，阿托品和甲氰咪胍分别能阻断迷走神经和组胺的促胃液分泌的作用而抑制胃液的分泌。

【实验目的】

学习测定胃液分泌的实验方法；

观察胃的泌酸机能及其分泌的调节。

【实验对象】

大鼠。

【实验药品】

乙醚，3% 戊巴比妥钠，生理盐水，0.01 mol/L NaOH，1% 酚酞，0.5 mg/mL 阿托品，0.01% 磷酸组胺，1 mg/mL 毛果芸香碱，甲氰咪胍（组胺拮抗剂）等。

【仪器与器械】

哺乳动物手术器械一套，刺激器，保护电极，直径 2～3 mm、长约 20 cm 细塑料管，纱布，碱式滴定管，支架，2 mL 及 5 mL 注射器，100 mL 锥形瓶，细线等。

【方法与步骤】

1. 实验准备

（1）取体重 350 g 以上的大鼠两只，预先禁食 18～24 h，自由饮水。实验时，腹腔注射 3% 戊巴比妥钠溶液（15～40 mg/kg）麻醉动物，背位固定于手术台上。

（2）颈部剪毛，作长约 2.0 cm 的皮肤切口，分离肌肉，找出气管，行气管插管术。

（3）剪去上腹部的被毛，自剑突起沿腹部正中作一个长约 3 cm 的切口，沿腹白线剖开腹腔，在左上腹内找到膈后食管、胃和十二指肠。将胃移至腹腔外蘸有生理盐水的纱布垫上。在膈下食管的左右分离迷走神经，穿线备用。

（4）在食管和贲门交界处，迷走神经的下方穿一根棉线，打一个活结套，在十二指肠和幽门交界处穿两根棉线，结扎十二指肠端棉线。在颈部食管剪一小口，向胃端插入一根游离端连有 8 号针头的塑料管，导管深入胃 1 cm 左右（用手指在胃表面可触摸到胃内的塑料管，以判断插入的深度），用线结扎固定，此插管用来向胃内注入生理盐水；在十二指肠近幽门端剪一小口，插入塑料导管，深入胃 1 cm，结扎固定，用于收集胃液（图 9-8）。

用注射器将 38℃的生理盐水从食管插管注入，用手指轻压胃体，观察幽门插管出口是否通畅，流出液有无食物残渣和血液，如出口通畅即告手术成功。为使胃灌流液流出通畅，可将大鼠体位由仰卧改为侧卧位。

用 38℃的生理盐水冲洗胃腔，直至流出液澄清无残渣为止。用蘸有温热生理盐水的纱布覆盖创面。可用白炽灯照射给动物保温。

2. 实验项目

术后 20～30 min 后开始测定胃酸分泌情况。

（1）胃酸的基础分泌 用 5 mL 生理盐水从食管插管注入胃内，连续冲洗 3 次，每次 2 min，同时用锥形瓶收集幽门插管流出的液体，共收集 3 个样品。收集的样品作为正常状态下的泌酸量，每个样品中加入 1～2 滴酚酞为指示剂，用 0.01 mol/L NaOH 溶液滴定每次所收集的胃液样品至刚好变色。

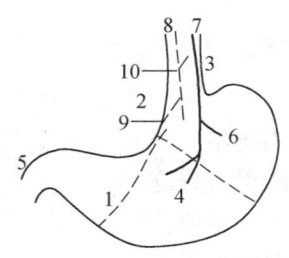

1. 胃窦；2. 贲门；3. 食管；4. 胃底；5. 幽门；6. 前胃；7. 左（前）迷走神经干；8. 右（后）迷走神经干；9. 腹支；10. 肝支。

图 9-8 大鼠胃的腹面观

将中和胃酸所用去的 NaOH 量（L）乘以 NaOH 浓度（mol/L）即为 2 min 胃酸排出量，换算成 μmol/（L·2 min）。

（2）迷走神经对胃酸分泌的影响

① 用连续电脉冲刺激迷走神经，每次持续 5 s，间隔 20 s 重复刺激多次。30 min 后收集胃洗出液，采用滴定法测定每一个样品中的胃酸含量。

② 切断迷走神经，30 min 后同法收集胃洗出液，应用滴定法测定每一个样品中的胃酸含量。

③ 另取一只大鼠，手术同前。按实验项目（2）中①的方法刺激两侧迷走神经，收集胃洗出液及测定胃酸含量，并以此胃酸含量作为对照。然后给大鼠皮下注射阿托品（1～2 mg/kg），5 min 后，再重复实验项目（2）中①的方法刺激两侧迷走神经，30 min 后收集胃洗出液，测定胃酸含量。

（3）组胺对胃酸分泌的影响

① 收集对照样品后，立即皮下注射磷酸组胺（1 mg/kg），30 min 后收集胃洗出液，连续收集 3 个样品，应用滴定法测定每一个样品中的胃酸含量。

② 肌肉注射甲氰咪胍（250 mg/kg），收集 3 个样品后，再皮下注射磷酸组胺（1 mg/kg），连续收集 3 个样品，应用滴定法测定每一个样品中的胃酸含量。

（4）五肽促胃液素的泌酸作用　收集对照样品后，立即皮下注射五肽促胃液素（0.1 mg/kg），收集胃洗出液，连续收集 3 个样品，用滴定法测定每一个样品中的胃酸含量。

（5）毛果芸香碱的泌酸作用　收集对照样品后，立即皮下注射毛果芸香碱 0.5 mL，收集胃洗出液，连续收集 3 个样品，用滴定法测定每一个样品中的胃酸含量。

皮下注射阿托品 2 mL 收集对照样品后，再皮下注射毛果芸香碱 0.5 mL，收集胃洗出液，连续收集 3 个样品，用滴定法测定每一个样品中的胃酸含量。

【注意事项】

1. 大鼠不宜麻醉过深，以免对胃液分泌量影响太大。

2. 大鼠的迷走神经很细，分离和刺激时要十分小心谨慎。

【实验结果】

上述"2. 实验项目"中（2）~（5）各项，每一小组只做 1 项。每一项样品测定完成后，需绘曲线图表示，以胃酸排出量为纵坐标，时间为横坐标，箭头表示注射药物的时间，并加以说明。各组可互相交换实验结果及所绘制的曲线。然后进行全面总结。

【思考题】

1. 影响胃酸分泌的因素有哪些？

📝 思考题解析

2. 组胺、阿托品和毛果芸香碱对胃酸分泌有何影响？试说明其作用机制。

[附] 胃内有食物的处理

用手指轻轻触摸胃，检查胃内是否有食物残渣，若胃内有固体物则要在胃大弯侧切开胃体，取出胃内食物团，并用蘸有温热生理盐水的棉签将胃内的食物残渣清除干净，然后缝合胃的切口。

（徐在言）

实验 9.5   家禽的食管切开术与假饲实验

动物消化期胃液分泌包括头期、胃期和肠期。头期胃液分泌包括条件反射性和非条件反射性分泌调节。假饲实验可用来研究头期的胃液分泌。先给动物实行食管切开术并安装食管瘘，待手术恢复后，进行实验。假饲时，动物吞下的食物由食管切开处漏出，并未进入胃内，食物直接刺激口腔，咽喉部的感受器，经一定时间后引起胃液的分泌，此为非条件反射性分泌。另外，如果只让动物看到食物性状，嗅到气味或听到喂食的声音，不让其进食，也能引起胃液分泌，此为条件反射性分泌。反射的传出神经为迷走神经，它通过末梢释放乙酰胆碱，刺激胃腺分泌和促进 G 细胞释放胃泌素，刺激胃腺分泌。这两种胃液分泌的刺激均来自头部，故称为头期。

【实验目的】

学习家禽食管切开术及假饲的实验方法；

观察动物假饲时胃液的分泌，以了解胃液的反射性分泌调节。

【实验对象】

鸭、鹅或鸡。

【实验药品】

20% 氨基甲酸乙酯，pH 试纸等。

【仪器与器械】

动物手术器械一套，鸟体固定台，鸟头固定夹，胃瘘管，假饲实验架，假饲固定衣，消毒纱布，药棉，缝针，缝线，食盘，刻度试管等。

【方法与步骤】

1. 食管切开术

选用健康鸭、鹅或鸡。术前，腹腔注射氨基甲酸乙酯（1 g/kg）麻醉。背位固定在手术台上，将头部固定，用湿纱布将颈部羽毛润湿，在颈中线分开羽毛露出一条无羽线可直接露出皮肤。在此线上用碘酒棉球消毒皮肤，再用 75% 乙醇脱碘。覆盖手术巾。沿颈中线将已消毒的皮肤切开长 3.5 ~ 4.0 cm 的切口（不同鸟类切口长度不同：鸭 3.5 ~ 4.0 cm，鹅 4.0 ~ 4.5 cm，鸡 3.5 cm）（图 9-9）。用止血钳分离皮下结缔组织和纵走的胸骨舌骨肌，即可看到气管。在气管右侧下部找出食管，并用止血钳再分离周围的结缔组织，然后用左手示指钩住食管，将其提到胸舌骨肌的外面，随后将食管下部的两条胸舌骨肌并在一起用间断缝合法缝合。缝合时，先缝合食管下部两端，并将食管后壁连同胸骨舌骨肌缝在一起（缝合线只能穿过肌层，不能穿透食管黏膜层）。这样便可以将已提出来的一段食管固定在胸骨舌骨肌层上（图 9-10）。

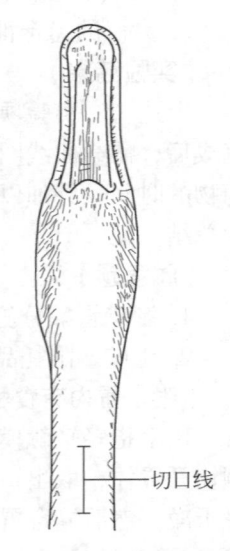

切口线

图 9-9   鸭食管瘘切口

在外露的食管腹面正中线切开 2/3 周的切口，将食管内壁的黏膜外翻，然后将切口的边缘部肌层与皮肤切口对齐，作连续缝合（图 9-11）。

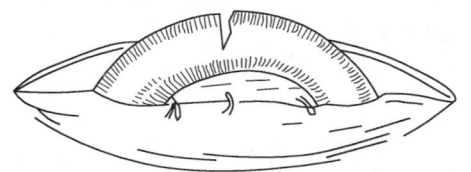

图 9-10　间断缝合胸骨舌骨肌

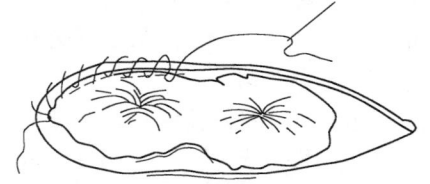

图 9-11　食管外翻与皮肤切口连续缝合

2. 腺胃瘘术

在前一天进行腺胃瘘手术，亦可同时进行。切开腹壁，从胸骨后突下缘开始向后方沿腹正中线切开皮肤，分离皮下脂肪层，然后沿腹白线切开腹肌腱膜。切口长度视动物体型大小而异，一般以 3～5 cm 为宜。腺胃在肌胃的前方，被肝左叶覆盖。轻轻掀起肝左叶，用食管钩沿肌胃贲门端小心伸向背方，钩住肌胃与腺胃交界部，再轻柔地将胃牵拉到腹腔外。用小胃钳夹住腺胃与食管交界部，使之固定不致缩回腹腔。在腺胃后部腹面两条较大血管之间作一个椭圆形荷包口缝线，其长径方向与血管方向平行，长径长度与套管底盘直径相等（图 9-12 左）。用手指托住腺胃，用眼科手术刀在荷包口缝线圈内作切口，切口方向与荷包口缝线长径平行，切口两端距缝线各 1～1.5 mm，切透肌层和黏膜下层。

用镊子夹起黏膜，用眼科剪刀剪掉相当于肌层切口长度的一小块黏膜。用消毒棉球或纱布拭净切口处的胃液等。将胃瘘管的内套管底盘轻柔地插入切口内。套管插入后，将荷包口缝线缚紧，注意勿使黏膜外翻到缚线外面。然后在缚紧的荷包口缝线外围作第二道荷包口缝线，与第一道缝线相距 2～3 mm，结扎端应位于第一道缝线结扎端的相对方向。缚紧第二道缝线时，即可将第一道缝线完全掩盖（图 9-12 右）。内套管安置后，可将周围的结缔组织套在套管基部，然后将胃送回腹腔

🖥 拓展知识 ◀
腺胃瘘套管的制作 ┤

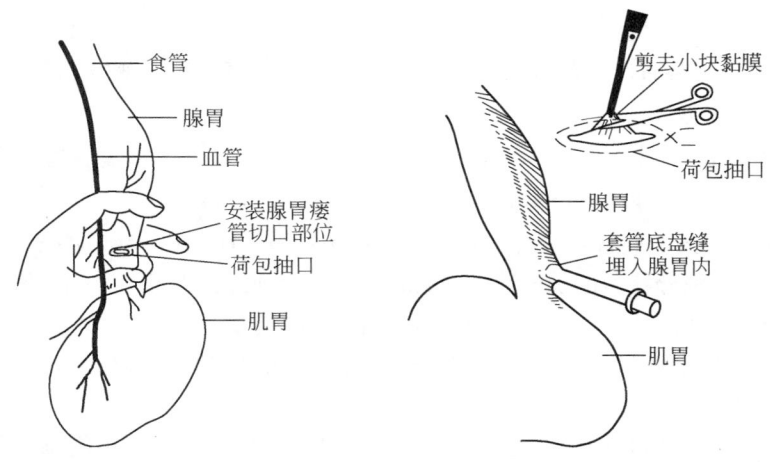

图 9-12　选择安装腺胃瘘管的位置

内复位。在腹壁中线切口前部的左侧，用眼科手术刀由腹腔内面向外作一穿透切口。切口长度以略大于套管直径为宜。将内套管由切口穿出到腹壁外，再将外套管套上使外套管底盘紧压在皮肤上。然后将内、外套管剪齐，用烧热的铜片在剪齐部加温，使内外管融合。最后按外科常规方法逐层缝合腹壁。

3. 术后护理

（1）创口要包扎保护，防止感染。

（2）术后禁食一天，第 2 天起可给流食，一周后可按正常喂饲。

（3）术后会从食管瘘口流失一定量黏液，为防止机体丧失水分，可在手术当日向血液内注入 40 mL 5% 葡萄糖溶液。术后第二天开始，每天要从食管瘘口向食管下段压送粥状或稍干的食物 2 次，并放在笼内由专人管理（图 9-13）。

4. 假饲实验前的准备

（1）实验前一天禁食。

（2）给动物穿上固定衣，并缚于假饲实验架。

（3）从固定衣上的瘘管引出孔处将胃瘘管引出，套上刻度试管以便收集胃液（图 9-14）。

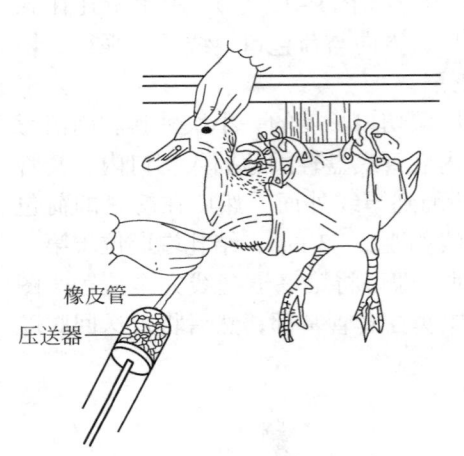

图 9-13 用压送器将食物送到胃中

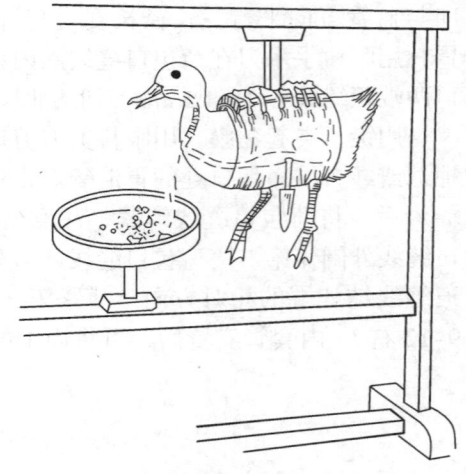

图 9-14 假饲与胃液分泌

5. 实验项目

（1）观察基础胃液的分泌量。

（2）先在食盘上放置青菜与饲料，打开胃瘘管。只让动物看到饲料，但不让其进食，观察有无胃液分泌。记录胃液分泌的时间、每分钟的分泌量，并测定胃液的 pH。

（3）休息 30 min 后，开始假饲实验。让动物吃食，食物由食管切开处漏出，观察此时胃液的分泌。记录分泌时间、每分钟分泌量及胃液的 pH。

【注意事项】

1. 术后须特别精心护理，定时定量喂饲，并注意创口周围清洁消毒，防止发炎。

2. 正式实验前应让实验动物熟悉实验环境后再进行假饲试验。

【实验结果要求】

做好实验记录，分析胃液分泌量和酸度变化，总结头期胃液分泌条件反射性和非条件反射性分泌调节特点。

【思考题】

1. 只让实验动物看到食物，并未进食，为什么能引起胃液分泌？简述其调节机制。

2. 为什么假饲能引起胃液分泌？通过哪些调节途径？

（何玉琴）

实验 9.6　瘤胃内容物在显微镜下的观察

饲料在瘤胃内微生物作用下发生了很大的变化。瘤胃微生物主要包括纤毛虫和细菌，它们将纤维素、淀粉及糖类发酵并产生挥发性脂肪酸等产物，同时分解植物性蛋白质合成自身的蛋白质。瘤胃中的纤毛虫对反刍动物的消化有重要作用，通过显微镜可观察到纤毛虫的形态及其活动。

【实验目的】

在显微镜下观察瘤胃内饲料的性质及对纤毛虫加以统计、分类。

【实验对象】

牛或羊。

【实验药品】

碘甘油溶液：福尔马林生理盐水 2 份，鲁氏（Lugol）碘液（碘片 1 g，碘化钾2 g，蒸馏水 300 mL）5 份，30% 甘油 3 份，混合而成。

【仪器与器械】

显微镜，载玻片，盖玻片，胃管或注射器，滴管，平皿等。

【方法与步骤】

1. 用食管导管（或注射器）从瘤胃抽取瘤胃内容物约 100 g，放入玻璃平皿内，观察内容物色泽、气味，测定 pH。

2. 用滴管吸取瘤胃内容物少许，滴一滴于载玻片上，盖上盖玻片，先在低倍显微镜下观察，然后改用中倍镜观察。

3. 找出淀粉颗粒及残缺纤维片，注意观察纤毛虫的运动，区分全毛纤毛虫和贫毛纤毛虫并加以统计。

4. 加一滴碘甘油溶液于载玻片上，观察经染色后的变化，注意纤毛虫体内及饲料的淀粉颗粒呈蓝紫色。

【注意事项】

纤毛虫对温度很敏感，观察纤毛虫活动应在适宜的温度或保温条件下进行。

【实验结果】

对瘤胃中的纤毛虫进行分类统计。

【思考题】

1. 瘤胃内微生物的种类有哪些，它们的主要生理机能是什么？

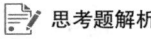

思考题解析

思考题解析

2. 将碘甘油溶液滴于载玻片上，纤毛虫及饲料的颗粒有的呈蓝紫色，为什么？

（徐在言）

实验 9.7　反刍的机制

反刍动物瘤胃的容积很大，位于腹腔左侧，几乎占据整个左侧腹腔。当瘤胃运动时，在腹壁（肷部）用手可触知其运动。也可通过安装记录装置（如压力换能器）将其运动描记出来。或将气球放入装有瘤胃瘘管的动物的瘤胃内对其运动进行描记。

反刍是由于饲料的粗糙部分机械刺激网胃、瘤胃前庭与食管沟的黏膜等处的感受器所引起的反射性调节过程。当瓣胃与皱胃充满饲料时，刺激压力感受器而抑制反刍。本实验通过瘤胃瘘管直接刺激瘤胃的感受器，同时记录瘤胃运动曲线；同时在动物颊部笼头上安置一个咀嚼描记器，借空气传导装置，观察、记录颊部运动（咀嚼与反刍），从而分析反刍的机制。

【实验目的】

了解瘤胃瘘管法记录瘤胃运动的方法和用咀嚼描记器观察动物的咀嚼与反刍活动；

理解反刍的发生与抑制的机制。

【实验对象】

羊或牛。

【仪器与器械】

计算机生物信号采集处理系统（或二道生理记录仪），哺乳动物手术器械一套，咀嚼描记器，压力换能器，连有橡皮管的气球，大号瘤胃瘘管等。

【方法与步骤】

1. 实验准备

（1）瘤胃瘘管手术　动物全身麻醉（或腰椎旁传导麻醉）后，右侧卧固定于手术台上。按常规处理术部，在左肷部与最后肋骨平行处纵向切开 5~6 cm 皮肤、皮下肌肉层及腹膜（图 9-15）。用左手提起瘤胃壁，与皮肤作 4~6 处临时缝合，并在胃壁浆膜层作两道荷包缝合线。然后在正中切口，安置装有塞子的瘤胃瘘管（图 9-16），拆去临时缝合。在瘘管周围穿过胃肌层与腹壁作四处缝合，以固定瘘管。创口分两层缝合，内层包括腹膜与内斜肌，用肠线连续缝合，外层以丝线缝合皮肤与皮下肌层。

如不安置瘤胃瘘管，而开成一大孔，则手术操作略异：分开肌肉处，用止血钳固定腹膜两边，经创口提起瘤胃壁，将两侧分别与两边腹膜缝合。然后切开瘤胃，大小为创口的一半，将瘤胃壁与创口皮肤连续缝合，再切开剩余一半胃壁，同法与皮肤缝合，创口边缘涂以碘酊与凡士林，然后安装一临时塞子。

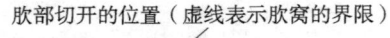
肷部切开的位置（虚线表示肷窝的界限）

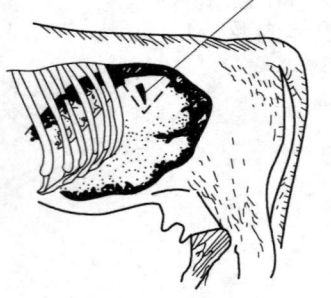

图 9-15　瘤胃手术部位

术后一周拆线，即可进行实验。

（2）咀嚼器安装　将咀嚼描记器安置在动物的颊部并固定好，换能器与生物信号采集处理系统的一个通道相连。

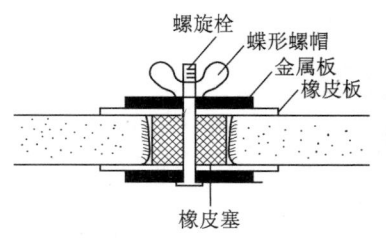

图 9-16　可拆卸的瘤胃塞

2. 仪器连接

让动物站立在固定架上，开启瘘管塞；将橡皮气球经瘘管塞入瓣胃之中，向气球内吹气，气球与压力换能器相连；安装好咀嚼描记器，以橡皮管与压力换能器相连接。

（1）生物信号采集处理系统　将压力换能器与计算机生物信号采集处理系统的 CH1、CH2 通道相接。打开系统，选择"呼吸运动的调节"实验项目，即可开始实验。

（2）若使用二道生理记录仪则将压力换能器与"血压放大器"的输入口相接。

3. 实验项目

（1）用右手经瘘孔向前下方触摸网胃黏膜，观察是否出现反刍。记录反刍情况，注意食团的咀嚼次数。羊的瘘管较小，手不能伸入，可用一根硬橡皮管，通过瘘管向网胃和瘤胃前庭方向连续刺激，用以引起反刍反应，同时记录瘤胃运动曲线。

（2）待动物相对静止后，刺激食管沟黏膜，观察动物有何反应？同时记录瘤胃运动曲线。

（3）在反刍期间，吹胀放置于瓣胃内的气球，观察能否抑制反刍？同时记录瘤胃运动曲线。

【实验结果】

剪贴实验记录曲线，并加以分析。

【思考题】

1. 在动物反刍期间，吹胀放置于瓣胃内的气球，反刍活动有何变化？
2. 用一根硬橡皮管刺激反刍动物的网胃黏膜，反刍活动有何变化？为什么？

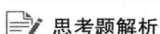思考题解析

（徐在言）

实验 9.8　小肠吸收与渗透压的关系

吸收是指食物消化后的产物、水和盐类通过肠上皮细胞进入血液和淋巴的过程。小肠是物质吸收的主要部位。小肠吸收的转运机制，可分为被动转运和主动转运两种。前者包括单纯扩散、易化扩散等，均为顺着浓度梯度转运；后者则包括原发性主动转运和继发性主动转运，均为逆着浓度梯度转运，并需要细胞提供额外的能量。渗透是被动转运的一种类型，肠内容物的渗透压是制约着肠吸收的重要因素。同种溶液在一定浓度范围内，浓度越大，吸收越慢；浓度过高（或某些二价离子不易被肠上皮吸收）时，引起肠内渗透压升高，反而会出现反渗透现象，阻碍水分与溶质的吸收。而饱和 $MgSO_4$ 溶液对肠壁不但具有反渗透作用，并且较难吸收，致使肠腔水分大量增加，因此具有轻泻作用。

视频
小肠吸收与渗透压的关系

【实验目的】

本实验拟观察不同浓度的物质对小肠吸收速率的影响，了解小肠吸收与渗透压

的关系。

【实验对象】

兔。

【实验药品】

3% 戊巴比妥钠，0.3% NaCl 溶液，0.9% NaCl 溶液，3% NaCl 溶液、饱和 $MgSO_4$ 溶液等。

【仪器与器械】

兔手术台，哺乳动物手术器械一套，注射器，棉线等。

【方法与步骤】

1. 动物的准备

按常规对实验兔进行麻醉、气管插管，暴露胃肠（参见实验 9.1.1）。

2. 选一段小肠，用线结扎，然后自结扎处轻轻将肠内容物往肛门方向挤压，使之空虚。

3. 将小肠分成总长 24 cm 的四节（6 cm/节），每节两端用线扎紧，使各节互不相通。

4. 于第一节注入 0.3% NaCl 溶液 5 mL，第二节注入 0.9% NaCl 溶液 5 mL，第三节注入 3% NaCl 溶液 5 mL，第四节注入饱和 $MgSO_4$ 5 mL。各节注射完毕，分别记录时间。

5. 将肠置入腹腔内，用止血钳将腹壁切口关闭，并盖上温热生理盐水纱布保温。

6. 30 min 后，检查各段小肠吸收情况。将各段小肠内容物用注射器抽出并记录其数量。

【注意事项】

1. 在整个实验过程中，为防止腹腔内温度下降和小肠表面干燥，必须经常用温热的生理盐水湿润。

2. 注射时要斜插，避免漏出。

3. 结扎肠段以不使肠管内液体相互流通为准。

4. 结扎肠段时应防止把血管结扎，以免影响实验效果。

5. 实验动物须在实验前 1 h 喂饱，或服用 5% Na_2SO_4 溶液 10 mL。

【实验结果】

观察、记录各肠段对内容物吸收的情况，并作比较、分析、解释。

（徐在言）

实验 9.9　离体小肠的吸收实验

小肠对葡萄糖的吸收通过跨细胞途径进行。从肠腔进入肠上皮细胞属于主动吸收，其载体需要先结合 Na^+，才能结合葡萄糖，然后靠 Na^+ 顺浓度梯度转运过程释放的势能而被转运到肠上皮细胞内；细胞内的低 Na^+ 浓度是由细胞基侧膜上的钠泵耗能活动所维持；葡萄糖从上皮细胞转运到血液是通过细胞基底膜上的转运体以易化扩散方式完成的。本实验利用外翻肠囊法研究小肠对葡萄糖的吸收及其影响因素。外翻肠囊法不仅是观察吸收的方法，而且还能用于生物膜的转运机制的研究。

【实验目的】

用外翻肠囊法进行离体实验，观察离体小肠黏膜对葡萄糖的吸收及其影响因素，理解葡萄糖主动吸收的机制。

【实验对象】

豚鼠、大鼠或蟾蜍。

【实验药品】

95% O_2 和 5% CO_2 混合气体，5% 葡萄糖溶液，Krebs–Ringer 溶液及测定血糖的试剂等。

💻 **拓展知识** ◀
Krebs–Ringer 溶液的配制方法

【仪器与器械】

哺乳动物手术器械一套，肠囊温育装置，恒温浴槽，氧气袋（含 95% O_2 和 5% CO_2 混合气体），1 mL 结核菌素注射器，长注射针头（尖端磨钝），塑料管（外径 4 mm，长 10~20 cm），培养皿，小烧杯以及测定血糖的仪器（参考生物化学实验书）等。

【方法与步骤】

1. 实验的准备

（1）取豚鼠一只，实验前禁食 24 h，腹腔注射 3% 戊巴比妥钠（30~60 mg/kg）麻醉，背位固定。自剑突起，沿腹正中线切开皮肤、腹壁，找到胃、十二指肠、空肠和回肠。取后段空肠或回肠 8~10 cm（豚鼠的肠管每长 6 cm 约可注射 1 mL 液体），将其两端结扎。剪去肠缘的肠系膜，截取肠段取出后，立即放入预先通有 95% O_2 + 5% CO_2 混合气体的 4℃ Krebs–Ringer 溶液中，洗去附着小肠上的血块，将洗干净的肠管放在干净滤纸上，吸去肠表面的液体（这样保证在小肠外翻后，肠浆膜侧所附液体很少，从而能较精确地了解吸收后浆膜侧液体的容积和成分）。

（2）外翻小肠　用一根直径 4 mm、长 10~20 cm 的硬塑料管，一端剪成斜口，另一端加热压成光滑而外翻的圆口（图 9–17）。将塑料管的斜口端从肠段的肛

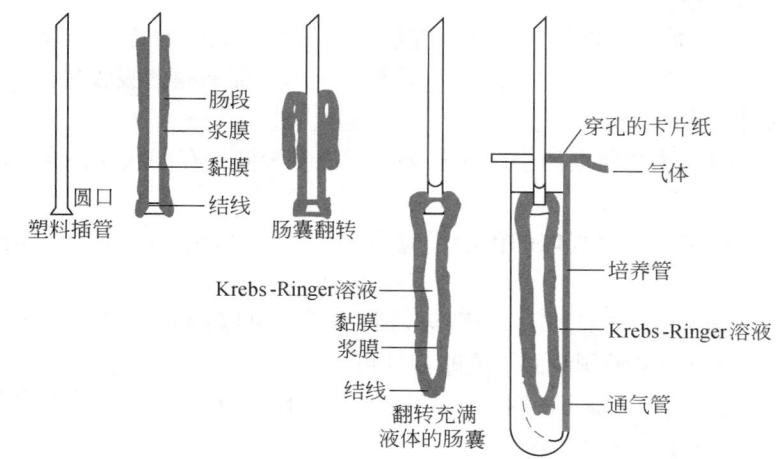

图 9–17　外翻肠囊的结构示意图

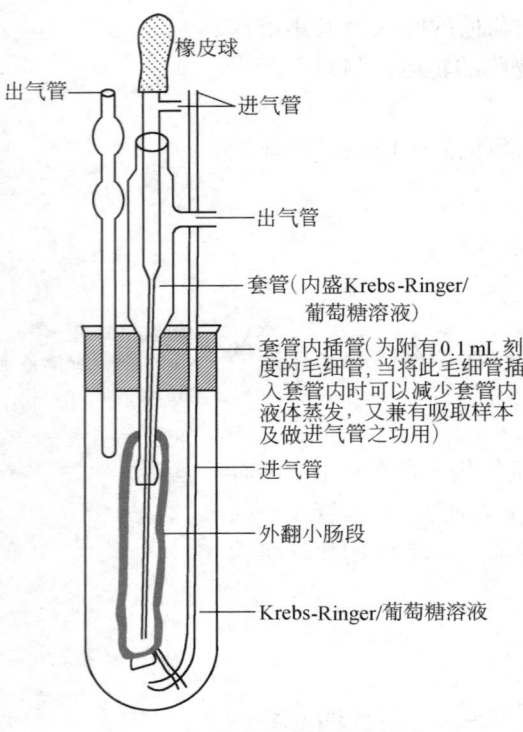

出气管
橡皮球
进气管
出气管
套管（内盛Krebs-Ringer/葡萄糖溶液）
套管内插管（为附有0.1 mL刻度的毛细管，当将此毛细管插入套管内时可以减少套管内液体蒸发，又兼有吸取样本及做进气管之功用）
进气管
外翻小肠段
Krebs-Ringer/葡萄糖溶液

图9-18 肠囊温育改进食管法

门端插入，直至肠段的肛门端刚刚盖住塑料管的圆口，用线扎紧（最好做双结扎）。用镊子夹住肠段的口端断缘，将肠段翻转，轻轻向下拉动，将整个肠段外翻后，扎紧肠段游离端。用通气的4℃ Krebs-Ringer溶液洗去肠黏膜上的附着物，必要时应多更换数次Krebs-Ringer溶液。然后用1 mL结核菌素注射器抽取1 mL Krebs-Ringer溶液通过预先磨钝的注射针头（或细塑料管）插入小肠底部徐徐注入，注射完毕后，将肠囊连同塑料管固定。于肠囊温育装置中（温育液为Krebs-Ringer溶液）立即通气。并将整个温育装置放入恒温水浴槽内，水浴温度保持在25℃左右（图9-18）。

（3）将水浴温度逐渐调至36~37℃。待肠段在水浴中稳定一段时间后，进行实验。

2. 实验项目

（1）将5%葡萄糖溶液0.5 mL加入小肠囊黏膜侧的温育液中，温育0.5~1 h后用100 μL微量进样器隔一定时间吸取100 μL肠囊内溶液样品，做葡萄糖的定量测定（参见生物化学实验指导或有关书籍）。再补充同量的Krebs-Ringer溶液，以作肠囊吸收的动态研究。计算结果时，每次吸去的糖量的值应加入以后的糖量中，以计算吸收量。

黏膜面的温育液中的葡萄糖含量可配成不同的浓度，以研究吸收量-浓度梯度的关系。小肠的吸收率以μg/（cm·h）为单位表示。

（2）钠离子对糖吸收的影响 将Krebs-Ringer溶液中的NaCl以5%葡萄糖溶液代替，其余成分中的钠盐以钾盐代替（如NaH_2PO_4用KH_2PO_4代替），肠囊温育1 h后，检测肠囊内葡萄糖的吸收量。可配不同Na^+浓度的溶液温育肠囊，以研究Na^+浓度与吸收量的关系。

（3）缺氧对葡萄糖吸收的影响 在不充混合气体的溶液中制备小肠囊，温育时也不充混合气体，其余条件与（1）同，然后测定小肠囊葡萄糖的吸收量。

【注意事项】

1. 实验过程中，注意勿损伤小肠囊黏膜，如温育溶液中有絮状物存在，可能是脱落的黏膜。

2. 在实验过程中，混合气体的供给量应充足，1 min供给2~4 mL气体即可满足实验要求。

3. 小肠囊内静水压不能过高，否则会妨碍物质从黏膜侧向浆膜侧转运，一般认为，小肠囊内液面与黏膜侧液面平或略高即可。

4. 测定浆膜侧液体内葡萄糖时，可能液体中含有蛋白质，从而干扰葡萄糖的测定，故应使液体脱蛋白（如煮沸）。

5. 实验开始和结束时，应测定溶液的pH。

【实验结果】

记录实验结果，并加以解释。

【思考题】

思考题解析

1. Na^+ 对葡萄糖的吸收有什么影响？
2. 葡萄糖吸收的机制是什么？
3. 缺氧时，对小肠囊单糖的吸收有何影响？

（徐在言）

能量代谢与体温调节生理

实验 10.1　哺乳动物耗能量的测定

动物的生长、体温的维持、运动和做功等所需的能量都是由体内贮存的蛋白质、糖、脂肪氧化分解而产生的。该过程需要吸收 O_2，放出 CO_2、H_2O 和能量（热量）。物质在体内氧化分解和在体外氧化分解（燃烧）的规律是一致的，即物质在分解氧化时消耗 1 L 氧所释放的热量是一致的，称为该物质的氧热价。根据氧热价，如果知道单位时间内用于氧化分解某种物质所消耗的氧量，就可以计算出某物质释放的能量。而某物质的氧热价因其性质和它的组成的比例而异，因此若能测出动物在某段时间内的耗氧量和排出的 CO_2 的量，计算该动物的呼吸商，并按呼吸商算出氧热价，就可推算出该动物在该段时间内的能量消耗，以了解该动物当时体内营养物质分解代谢的情况。

【实验目的】

掌握动物气体代谢的测定方法；

根据气体代谢间接地推算能量代谢的原理。

【实验对象】

狗、猪、羊等。

【实验药品】

75% 乙醇棉球。

【仪器与器械】

呼吸口罩，心肺机能测定仪，秒表等。

【方法与步骤】

1. 动物的准备

被测动物必须事先经过训练，使其习惯于戴呼吸口罩，并注意器具消毒。

2. 测定动物安静状态下的耗能量

（1）给动物戴上呼吸口罩，并与心肺机能测定仪相连。连续收集 5 min 的呼出气量（V）。然后求出安静时每分钟的肺通气量。

$$每分通气量（L/min）= \frac{V（L）}{测定时间（min）}$$

（2）对收集的呼出气进行气体分析，得到呼出气中 O_2、CO_2 及 N_2 的体积分数。根据每分通气量和呼出气的分析结果，求出每分钟呼出气中 O_2、CO_2 及 N_2 的含量。

拓展知识
简易微量气体分析器

$$O_2 \text{ 的含量 = 每分通气量 × 呼出气中 } O_2 \text{ 的体积分数}$$
$$CO_2 \text{ 的含量 = 每分通气量 × 呼出气中 } CO_2 \text{ 的体积分数}$$
$$N_2 \text{ 的含量 = 每分通气量 × 呼出气中 } N_2 \text{ 的体积分数}$$

（3）因为 N_2 不参加呼吸过程，故可根据呼出气中 N_2 的含量计算每分钟吸入气的量。

$$每分钟吸入气量（L）= 每分钟呼出气量（L）× \frac{呼出气中 N_2 体积分数}{吸入气中 N_2 体积分数}$$

动物的吸入气样品可直接采自实验当时动物所处环境中的大气，已知大气中 O_2 的体积分数是 20.93%，CO_2 的体积分数是 0.03%，N_2 的体积分数是 78.04%，可计算吸入气中的 O_2 和 CO_2 含量。

（4）根据吸入气和呼出气中 O_2 和 CO_2 的含量差，求出动物每分钟的耗 O_2 量和 CO_2 的排出量。

每分钟消耗的 O_2 量＝每分钟吸入气中的 O_2 量－每分钟呼出气中的 O_2 量

每分钟排出的 CO_2 量＝每分钟呼出气中的 CO_2 量－每分钟吸入气中的 CO_2 量

（5）计算呼吸商

$$呼吸商 = \frac{每分钟排出的 CO_2 量}{每分钟消耗的 O_2 量}$$

（6）利用呼吸商从表 10-1 中查出消耗 1 L O_2 所产生的热量（氧热价）

表 10-1　消耗 1 L O_2 所产生的热量（氧热价）

呼吸商	热量 /kcal	呼吸商	热量 /kcal	呼吸商	热量 /kcal
0.70	4.678	0.81	4.813	0.92	4.948
0.71	4.690	0.82	4.825	0.93	4.960
0.72	4.702	0.83	4.838	0.94	4.973
0.73	4.714	0.84	4.850	0.95	4.985
0.74	4.727	0.85	4.863	0.96	4.997
0.75	4.737	0.86	4.875	0.97	5.010
0.76	4.752	0.87	4.887	0.98	5.022
0.77	4.764	0.88	4.900	0.99	5.034
0.78	7.776	0.89	4.912	1.00	5.047
0.79	4.789	0.90	4.924		
0.80	4.801	0.91	4.936		

注：1 kcal = 4.18 kJ。

（7）求出安静时的能耗

能量消耗（cal/min）＝氧热价（cal）× 耗氧量 /min

3. 驱赶动物剧烈运动 5～10 min，用上述方法求得运动期间的耗氧量、CO_2 排出量、呼吸商和运动时的总能耗。

4. 计算运动时的净能耗

5～10 min 运动时的净能耗＝运动时总能耗－相同时间安静状态下的能耗

【注意事项】

有时因科学研究的需要，便于在动物、不同状态下个体间的比较，在计算前需将呼出气体的体积换算成标准状况（0℃，1.013×10⁵ Pa）下的体积，然后再做其他运算。换算公式是：

$$V_0 = V_t \times \frac{p_t - B}{760\,(1 + 0.003\,67\,t)}$$

式中：V_0——换算成标准状态下呼出气体的体积（L）

V_t——实验时动物呼出气体的体积（L）

p_t——实验时气压计的压力（Pa）

B——实验时的气温条件下的水蒸气饱和压（Pa）

t——实验时的气温（℃）

（李大鹏）

实验 10.2　温度对鱼类耗氧量的影响

　　鱼类是变温动物，其代谢活动产生的热量随血液循环运送到鳃部后就迅速消失在水中。除体型大而且运动剧烈的一些鱼类（如金枪鱼）能保持体温高于环境外，大多数鱼类的体温都要受到周围环境温度的影响。周围环境的温度（水温）就成为影响鱼类能量代谢的主要因素。前文已述及机体的耗氧量是与能量代谢率成正相关的，因此了解鱼类的耗氧量，也就了解了鱼类的能量代谢状况。

　　鱼类的耗氧量通常可通过两种实验途径进行测量：①测定鱼类在一个封闭式的、含一定体积的水体中，一段时间内因呼吸消耗水体中的溶解氧量（即耗氧量）；②测定鱼类在一个流水系统（呼吸室）中时，当不同温度的水以一定的速度流过时，鱼类因呼吸消耗水体中的溶解氧量（即耗氧量）。该耗氧量可通过测定该系统的进水口和出水口的溶氧量以及流水量计算出来。本实验采用温克勒（Winkler）滴定法测定水中的溶氧量。其原理是：把 $MnSO_4$ 和碱性碘化钾溶液加到水样中，形成 $Mn(OH)_2$，后者能与水样中的溶解氧结合，经酸化后释放出与溶解氧等量的游离碘，再以硫代硫酸钠滴定而定量。有条件的也可用溶氧测定仪测定水中的溶解氧。

【实验目的】

了解外界水温对鱼类耗氧量的影响；

掌握溶氧量测定的基本方法。

【实验对象】

鲫、金鱼、罗非鱼或其他鱼均可。

【实验药品】

（1）$MnSO_4$ 溶液：称取 480 g $MnSO_4 \cdot 4H_2O$ 或 364 g $MnSO_4 \cdot H_2O$ 溶于水，用水稀释至 1 000 mL。

（2）碱性碘化钾溶液：称取 500 g 分析纯 NaOH 溶解于 300～400 mL 水中，另取 150 g KI 溶于 200 mL 水中，待 NaOH 溶液冷却后，将两溶液混合，用水稀释至 1 000 mL。此溶液不能有碳酸盐存在，如果有沉淀需先过滤。贮于棕色瓶中。

（3）浓硫酸（密度 1.83～1.84 g/cm³）。

（4）$Na_2S_2O_3$ 溶液：称取 6.2 g $Na_2S_2O_3 \cdot 5H_2O$ 溶于煮沸放冷的水中，加入 0.2 g Na_2CO_3，用水稀释至 1 000 mL 贮于棕色瓶中，使用前用 0.025 mol/L $K_2Cr_2O_7$ 标准溶液标定。

📖 拓展知识 ◄

$Na_2S_2O_3$ 溶液的标定

（5）1% 淀粉溶液：取 2 g 淀粉，先加少量水调成糊状，再加入沸水至 200 mL。

冷却后加入 0.1 g 水杨酸或 0.4 g 氯化锌防腐。

【仪器与器械】

酸式滴定管，滴定架，250 mL 广口瓶，250 mL 锥形瓶，移液管，水槽或水族箱，鱼类呼吸室（可是塑料盒或广口瓶或带胶塞的直径较大的塑料管制成）等。

【方法与步骤】

1. 仪器的连接

测定鱼类耗氧量的实验装置可分为流水式装置和静水式装置。图 10-1 所示即是一种静水式装置。在一个恒温的水槽（或水族箱）中，放一个鱼类呼吸室。事先测定各样品瓶盛满水并塞紧瓶塞时的实际水容积，做好记录。

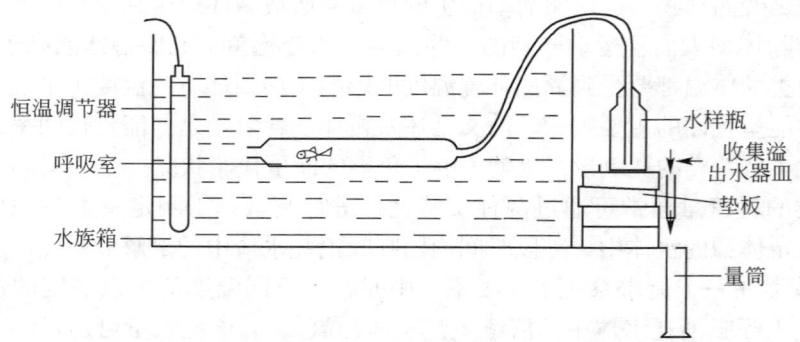

图 10-1　静水式鱼类耗氧量测定装置

调整各实验组水槽温度，使其分别恒温在 20、25、30℃。将鱼称重后放入呼吸室，用垫板升、降样品瓶的位置以调节出水的流速。水的流速通过收集一定时间内溢出样品瓶的水量来测定（用量筒测定），流速按每克体重 1 mL/min 估算。该实验装置简便，一般实验室均可达到。但该实验装置测定鱼类的耗氧量一般要求在 1 h 内能完成所有样品的采集。因为当水槽中的水位下降到一定水平时水的流速会变慢，需要重新调整流速。作为学生上课，在短时间内熟悉整个实验过程还是可行的。若进行科学研究则一般采用流水式装置系统（图 10-2）。

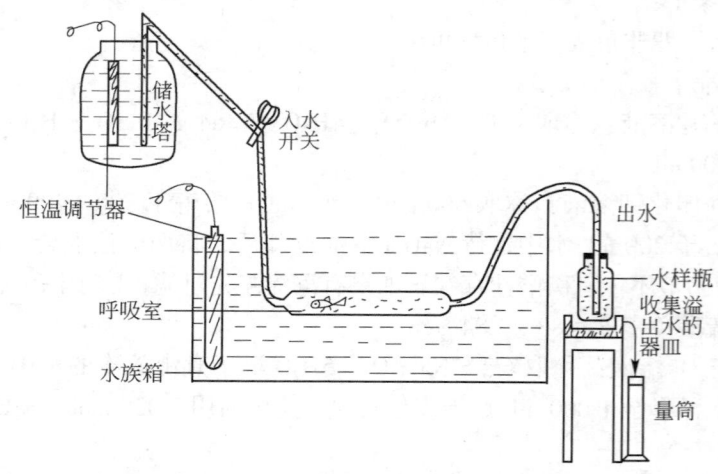

图 10-2　流水式鱼类耗氧量测定装置

2. 实验项目

（1）取水样　经过约 1 h，待呼吸室和样品瓶中的氧达到平衡后，开始从呼吸室出口处取水，作为出水口的水样。取水样时，应将连通呼吸室的导管插入瓶底，并令水外溢 2~3 瓶的体积；提出导管时应边注入水，边往上提，立即盖紧瓶塞。

（2）同时取水槽（或水族箱）中的水样作为进水口的水样。

（3）溶解氧的固定　将移液管插入水样瓶液面下方约 0.5 cm，向水样中加入 1 mL $MnSO_4$ 溶液、2 mL 碱性 KI 溶液（各移液管应专用），立即盖好瓶塞，颠倒混合，静置 3~4 min。

（4）酸化，析出碘　待瓶中沉淀下沉到瓶的 1/2 高度时，小心打开瓶塞，立即再用移液管插入液面约 0.5 cm，加入 2 mL H_2SO_4。小心盖好瓶塞，来回剧烈摇动水样瓶，使其充分混合，直至沉淀全部溶解，并有碘析出。放在暗处 5 min。

（5）滴定　用移液管取 50 mL 上述处理过的水样于 250 mL 锥形瓶中，立即用 $Na_2S_2O_3$ 溶液滴定，至水样呈淡黄色时，加入 1 mL 1% 淀粉溶液，继续滴定至蓝色刚好消失，记录 $Na_2S_2O_3$ 溶液的用量。每一实验组做 3 个平行样品，取平均值。

【注意事项】

1. 水样采集和处理整个过程不能有气体进入，如水样瓶中有气泡，则样品作废。

2. $Na_2S_2O_3$ 溶液需要标定。

【实验结果】

1. 计算

（1）溶氧量

$$O_2 (mg/L) = c \times V \times 8 \times 1\,000/50$$

式中：c——$Na_2S_2O_3$ 溶液浓度（mol/L）

　　　V——滴定时消耗 $Na_2S_2O_3$ 溶液体积（mL）

（2）鱼的耗氧量（按每克体重计）

$$O_2 [mg/(g \cdot h)] = \frac{(\rho_1 - \rho_2) \times V}{m}$$

式中：ρ_1——进水口溶氧量（mg/L）

　　　ρ_2——出水口溶氧量（mg/L）

　　　V——流速（L/h）

　　　m——鱼体重（g）

2. 统计全班结果，以平均值和标准差表示，以温度为横坐标，耗氧量（平均值）为纵坐标，作鱼类耗氧量 – 温度曲线，并加以分析讨论。

（李大鹏）

实验 10.3　毁损下丘脑对兔体温的影响

体温是保证新陈代谢正常进行的重要条件。哺乳动物是恒温动物，体温能在一个狭小的范围内变化。哺乳动物的恒温是通过不断协调产热活动和散热活动而达到。动物的产热过程包括机械性产热和代谢性产热。机械性产热由肌肉的收缩、骨骼肌的战栗完成；代谢性产热在蛋白质、糖和脂肪的分解氧化过程中产生，其中以脂肪代谢产热最多。动物的散热活动过程除了传导、辐射作用外，主要通过体表液体的蒸发、汗腺的分泌作用、肾排尿和呼吸作用完成。因此为了散热，往往要扩大散热面积，扩张皮肤的血管，增加皮肤内的血流速度和血流量等。下丘脑位于间脑的下端，是第三脑室两侧和底部的结构，是内脏和神经内分泌活动的高级整合中枢，对实现内环境温度（体温）的稳定十分重要。通过毁损法实验可以证实，若仅切断大脑皮质与下丘脑的联系，动物还可以维持体温的恒定，但切除下丘脑则可导致恒温动物变成变温动物。如果进一步精确地损伤下丘脑不同部位，可得知下丘脑前区是散热中枢；如果损伤前联合与视交叉之间的下丘脑前区，可导致动物产热，体温随环境温度升高而升高；下丘脑后区是产热中枢，刺激下丘脑乳头体的背外侧区，可诱发动物产热反应。

【实验目的】

观测刺激和损伤下丘脑对体温的影响；

了解下丘脑在体温调节中的作用。

【实验对象】

成年兔。

【实验药品】

1% 氯醛糖，10% 脲酯，0.9% 生理盐水（39℃），骨蜡等。

【仪器与器械】

哺乳动物手术器械一套（其中要有颅骨钻、咬骨钳、剥离器各一把），兔立体定位仪，刺激电极，明胶海绵等。

【方法与步骤】

1. 标本的制备

（1）麻醉　1% 氯醛糖与 10% 脲酯按 1∶1 混合，以 0.275 g/kg 的用量从耳缘静脉注射。

拓展知识 ◄
脑立体定位仪

（2）固定兔头　当需要对脑做精确定位时，动物的头部应用立体定位仪来固定。固定兔头时左右要对称、平稳，头部要稍高于躯体，使之不易发生脑水肿。

（3）记录直肠温度　本实验用直肠温度代表体核温度。温度计要插入直肠内 30 mm。

（4）暴露皮层　剪去颅顶毛，正中切开头皮，钝性分离，充分暴露颅骨，在钻孔处用钝刀片刮净骨膜，利用直径 3 mm 的骨钻在垂直下丘脑的上方，矢状缝旁 1 mm 和冠状缝前 1 mm 处打孔（图 10-3）。打孔时勿用力过大，严禁将硬脑膜和皮质创伤。打孔后，用虹膜分离器将硬脑膜和颅骨分离，然后用咬骨钳一小块一小块地咬去上述范围的颅骨断面，开一个 5 mm 的骨窗。如果颅骨出血可用骨蜡止血。用针将硬脑膜掀起，用眼科剪子将脑硬膜剪开，小心地掀起四周，操作时切忌伤及脑实质和脑表面血管。如果脑组织出血，要用明胶海绵止血。掀起后，立即滴入 39 ～ 40℃的液体石蜡，以保温、防干燥，待实验。

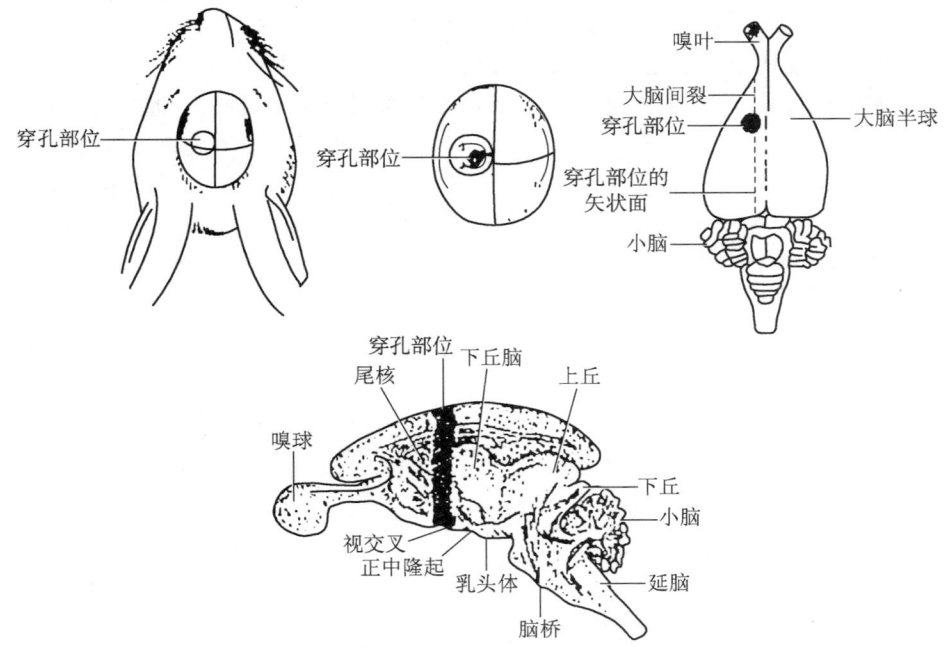

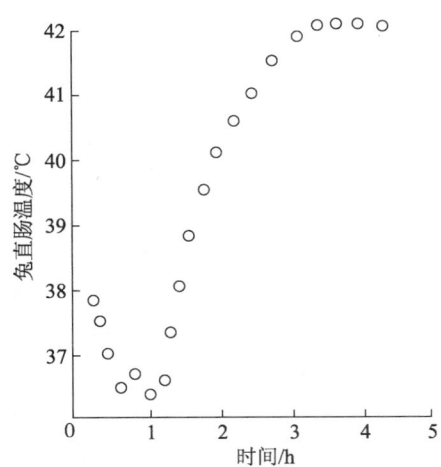

图 10-3 损毁兔下丘脑的示意图

2. 实验项目

待兔清醒后，将一直径 3 mm 的不锈钢针自骨窗垂直插下，观察损伤下丘脑对直肠温度的影响（图 10-4）。

图 10-4 毁损兔下丘脑后对体温的影响

正常兔直肠温度为 38.5℃，不锈钢针自骨窗垂直插下后，直肠温度开始下降，

1 h 后开始上升，3 h 后直肠温度达 42℃，术后 1 ~ 2 天可维持在 41 ~ 42℃

【思考题】

1. 为什么损伤下丘脑的初期体温没有提高而是稍有下降？

 思考题解析

2. 为什么损伤下丘脑的最后导致体温升高?

3. 如果在损伤下丘脑之前刺激该部位，体温将如何变化?

4. 如果在损伤下丘脑之前，将去甲肾上腺素或 5- 羟色胺分别加入此点，体温将如何变化?

（李大鹏）

泌尿与渗透压调节生理

e 数字资源

　　视频

　　常见问题

　　思考题解析

实验 11.1   尿生成的调节

　　动物的尿是血液流过肾单位时经肾小球的滤过作用、肾小管的重吸收作用及肾小管和集合管的分泌与排泄作用而形成的，凡影响上述过程的因素都可影响尿的生成。

　　肾小球的滤过作用一方面通过肾小球的结构屏障和电学屏障保障对血液的成分的过滤，这种结构的损伤或破坏会影响尿中成分的稳定；另一方面通过有效滤过压促进滤过液（原尿）的形成，影响滤过压的因素如肾小球毛细血管血压增加，血浆胶体渗透压下降和肾小囊内压减小的改变都会造成原尿生成增加，反之，原尿生成减少。

　　肾小管重吸收作用的大小与肾小管上皮细胞的通透性和管内液体溶质浓度有关，一些因素（如血糖升高）造成管内溶质浓度升高而妨碍了对水的重吸收，造成尿量增加，称为渗透性利尿；体内一些激素会改变肾小管上皮对某些成分吸收的通透性，妨碍或促进对水的重吸收，造成尿量生成的改变。

　　在病理条件下，尿中成分和尿量的变化可以反映肾结构和机能的改变，在临床上作为尿液检验的依据。

【实验目的】

　　学习膀胱导管或输尿管插管的方法，观察不同生理因素对动物尿量生成的影响；

　　加深对尿生成调节的理解。

【实验对象】

　　兔。

【实验药品】

　　20% 氨基甲酸乙酯、100 U/mL 肝素生理盐水、生理盐水，20% 葡萄糖溶液，班氏试剂，0.01% 去甲肾上腺素，垂体后叶激素，呋塞米（速尿）等。

【仪器与器械】

　　计算机生物信号采集处理系统，压力换能器，保护电极，计滴器，恒温浴槽，哺乳动物手术器械一套，兔手术台，气管插管，膀胱导管（或输尿管导管），动脉插管，注射器（1 mL、20 mL）及针头，烧杯，试管架及试管，酒精灯等。

【方法与步骤】

　　1. 标本的制备

　　（1）实验兔在实验前应给予足够的菜和饮水。

　　（2）称重动物，耳缘静脉注射 20% 的氨基甲酸乙酯溶液（1 g/kg）进行麻醉，待动物麻醉后仰卧固定于手术台上。

　　（3）颈部手术　暴露气管，进行气管插管；分离左侧颈总动脉，按常规将动脉插管插入其内，通过血压换能器连至生物信号采集处理系统，描记血压；分离右侧的迷走神经，穿线备用，用温生理盐水纱布覆盖创面。

　　（4）尿液的收集　可选用膀胱导管法或输尿管插管法。

▶ 视频
尿生成调节实验
操作

① 膀胱导管法：自耻骨联合上缘向上沿正中线作 4 cm 长皮肤切口，再沿腹白线剪开腹壁及腹膜（勿伤腹腔脏器），找到膀胱，将膀胱向尾侧翻至体外（勿使肠管外露，以免血压下降）。再于膀胱底部找出两侧输尿管，认清两侧输尿管在膀胱开口的部位。小心地从两侧输尿管下方穿一丝线，将膀胱上翻，结扎膀胱颈部。然后，在膀胱顶部血管较少处作一荷包缝合，再在其中央剪一小口，插入膀胱导管，收紧缝线，结扎固定。膀胱导管的喇叭口应对着输尿管开口处并紧贴膀胱壁。膀胱导管的另一

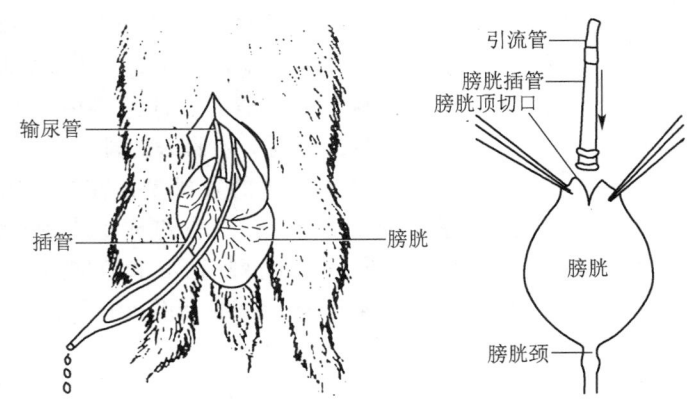

图 11-1 兔输尿管及膀胱导管法

端通过橡皮导管和直管连接至记滴器，并在它们中间充满生理盐水。

② 输尿管插管法：沿膀胱找到并分离两侧输尿管，在靠近膀胱处穿线将它结扎；再在此结扎前约 2 cm 的近肾端穿一根线，在管壁剪一斜向肾侧的小切口，插入充满生理盐水的细塑料导尿管并用线扎住固定，此时可看到有尿滴滴出。再插入另一侧输尿管。将两插管并在一起连至记滴器。手术完毕后，用温生理盐水纱布覆盖腹部切口（图 11-1）。

2. 仪器连接

将压力换能器接在生物信号采集处理系统通道上，尿滴记录线接在记滴器上，通过记滴器与生物信号采集处理系统的记滴插孔连接，描记尿的滴数。刺激电极与生物信号采集处理系统的刺激输出相连。手术和实验装置连接完成后，放开动脉夹，开动记滴器，记录血压及尿量，进行下列观察。

3. 实验观察项目

（1）记录正常情况下每分钟尿分泌的滴数。

（2）耳缘静脉注射 38℃的 0.9% NaCl 溶液 15~20 mL，观察血压和尿量的变化。

（3）取尿液 2 滴至装有 1 mL 班氏试剂的试管中，在酒精灯上加热作尿糖定性试验。然后耳缘静脉注射 38℃的 20% 葡萄糖溶液 10 mL，观察尿量的变化。待尿量明显增多时，再取尿液 2 滴作尿糖定性试验。

（4）耳缘静脉注射 0.01% 去甲肾上腺素 0.5 mL，观察血压和尿量的变化。

（5）结扎并切断右侧迷走神经，连续刺激迷走神经的外周端 20~30 s，使血压降至 6.67 kPa（50 mmHg）左右，观察血压和尿量的变化。

（6）耳缘静脉注射呋塞米（5 mg/kg），观察血压和尿量的变化。

（7）耳缘静脉注射垂体后叶激素 0.2 mL（1~2 U），观察血压和尿量的变化。

【注意事项】

1. 选择兔体重在 2.5~3.0 kg，实验前给兔多喂菜叶，或用橡皮导尿管向兔胃内灌入 40~50 mL 清水，以增加基础尿量。

2. 手术动作要轻揉，腹部切口不宜过大，以免造成损伤性闭尿。剪开腹壁时避免伤及内脏。

3. 因实验中要多次进行耳缘静脉注射，因此要注意保护好兔的耳缘静脉。应从耳缘静脉的远端开始注射，逐渐向耳根部推进。

4. 输尿管插管时，注意避免插入管壁和周围的结缔组织中；插管要妥善固定，不能扭曲，否则会阻碍尿的排出。

5. 实验顺序的安排是：在尿量增加的基础上进行减少尿生成的实验项目，在尿量少的基础上进行促进尿生成的实验项目。一项实验需在上一项实验作用消失，血压、尿量基本恢复正常水平时再开始。

6. 刺激迷走神经强度不宜过强，时间不宜过长，以免血压过低，心跳停止。

【实验结果】

剪贴实验结果，记录各项实验所见的血压（包括收缩压、舒张压、平均压）和尿量变化。并对全班实验结果进行统计，用平均值 ± 标准差表示。分析这些变化产生的原因。

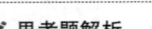

【思考题】

1. 静脉快速注射生理盐水对尿量和血压有何影响，为什么？
2. 静脉注射去甲肾上腺素对尿量和血压有何影响，为什么？
3. 静脉注射葡萄糖对尿量和血压有何影响，为什么？
4. 电刺激迷走神经外周端对尿量和血压有何影响，为什么？

（郭慧君　王春阳）

实验 11.2　肾小球血流的观察

肾的血流特点适合尿液的形成，除血流量大、血管平滑肌受交感神经支配外，在肾皮质和髓质两次形成毛细血管网：第一次主要由入球小动脉和出球小动脉形成肾小球，肾小球血管管壁薄，血流速度快，与肾小囊间的结构为血液的滤过形成原尿提供条件；第二次在肾小管和集合管周围由出球小动脉再次分支形成肾小管周围毛细血管网，其血管流动速度慢，迂回曲折主要为肾小管和集合管对原尿重吸收作用提供条件，因而了解肾血流特点是认识和理解肾作用、尿液形成的重要前提。

蛙或蟾蜍的肾的边缘有一大血管通过，到肾的前端时开始分叉，所以在肾前端能很好地观察到肾小球血流的情况。

【实验目的】

了解肾小球的形态、结构及肾小球的血液循环情况。

【实验对象】

蛙或蟾蜍。

【实验药品】

任氏液等。

【仪器与器械】

显微镜（有较强光源），有孔蛙板，蛙手术器械，棉球，眼科镊，剪刀，大头针等。

【方法与步骤】

1. 标本的制备

（1）调好显微镜光源及焦距。

（2）用蛙针破坏蛙的脑和脊髓，使蛙处于完全瘫痪状态，然后将其仰置于有孔蛙板上。

（3）从左侧（或右侧）偏离腹中线 1 cm 剖开腹腔并作一纵向切口（前面达腋下，后面到腿部），然后再沿脊柱剪去一块长方形腹壁的皮肤和肌肉，以一棉球把内脏推向对侧。将蛙置于循环板的圆孔上，蛙体遮住孔的 1/3 ~ 1/2，用眼科镊在腹壁细心地镊起与肾相连的薄膜（如果是雌蛙可将输卵管拉出，其内侧与肾相连）。

（4）用大头针将薄膜固定在圆孔上，大头针以 45° 插在圆孔边缘（以便放入接物镜）；同时将蛙四肢也用大头针固定在有孔蛙板上，以防止移动；用药棉将蛙板底部揩净，再用镊子将肾底面的薄膜（壁层）去掉，然后将蛙板放于显微镜载物台上进行观察。

2. 观察项目

（1）用低倍镜观察肾小球的形态，肾小球是圆形的毛细血管团，外面包有肾球囊。

（2）观察肾小球血流情况，血液经入球小动脉流入肾小球，最后经出球小动脉流出的循环情况。

【注意事项】

1. 与蛙或蟾蜍的肾相连的膜有两层，与肾相连的称脏层，其延续部折向腹壁称为壁层，应去除。（如果是雌蛙，壁膜则与输卵管相连，而后折向肾下面，所以应小心将其去掉，但应注意不能将脏层的膜弄破。）

2. 本实验以选择小蛙（或蟾蜍）及雄性的效果较好。

3. 如果冬天天气较冷，在实验前可将蛙或蟾蜍置于温水中浸泡半小时，促进其血液循环后再进行实验。

（郭慧君　王春阳）

实验 11.3　鱼类渗透压调节

鱼类能通过调节自身的渗透压而适应周围的水环境。淡水鱼的体液相对周围的淡水属于高渗性的，必须进行渗透压调节以防止过多水分进入体内；海水鱼的体液相对于周围的海水是低渗性的，也必须进行渗透压调节以防止体内的水分过多地丢失。广盐性鱼类则能通过更多的途径，更广泛地调节自身的渗透压，因而能更广泛地适应于不同盐度的水环境。通过测定不同环境中鱼的血液或尿中的渗透压变化，便可了解鱼类如何进行渗透压调节。

鱼类的血液或尿液的渗透压可用渗透压计直接测得，但更普遍的是用间接方法测定，冰点测定法是其中之一。当某种物质溶于其他溶剂时，溶液的特征发生了变化。其渗透压升高，汽化压降低，因此沸点升高而冰点（Δ）下降。1 mol 的电解质能使 1 kg 的水冰点下降 1.86℃，所以摩尔渗透浓度 $C = \Delta/1.86$。对于理想溶液，渗

透压 $\pi = CRT$，其中：T 为热力学温度；R 为气体常数，在这种情况下为 0.082。

【实验目的】

掌握用冰点测定法测定鱼类血液或尿液的渗透压的原理和方法；

了解在不同环境下鱼类渗透压的变化。

【实验对象】

驯养于不同水环境中的罗非鱼：淡水、25% 海水、50% 海水、75% 海水、100% 海水，驯养 24 h。

【实验药品】

MS-222 等。

【仪器与器械】

注射器，冰点测定器：如图 11-2 所示，在一个盛有碎冰和岩盐混合物（体积比约为 2∶1）的聚乙烯冷却器中插入套在一起的两个试管，内管可装待测样品，冰点温度计插在其中。另外还有两个搅拌器，样品中的搅拌器由不锈钢制成，冰盐混合物中的搅拌器是电镀的金属条或金属杆。温度计为 −5 ~ 1℃ 范围的，也可用 ±5℃ 范围内的。

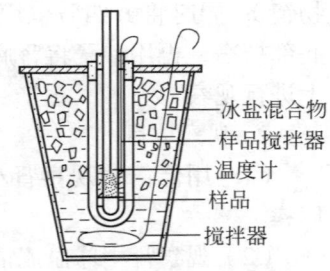

冰盐混合物
样品搅拌器
温度计
样品
搅拌器

图 11-2　冰点测定装置

【方法与步骤】

1. 采血

用 1∶10 000 ~ 1∶45 000 稀释的 MS-222 浸泡鱼体使之麻醉，从尾部静脉或心脏取出 4 ~ 5 mL 血液（见 3.6.1 节）。

2. 收集尿液

用一支细的塑料管从泄殖孔插到膀胱内，把尿液抽到细管中。

3. 校正温度计

约 5 mL 的蒸馏水放入内试管中（刚没过温度计的水银球即可），缓慢地摇动使温度低于所期望的冰点（如 −1.5℃）；然后，插入先在干冰中冷却的搅拌器诱导结冰，用力搅拌 20 min 后，记录稳定时的温度（如果没有干冰，则需用力搅拌或放入冰块诱导结冰）；再使样品融化，重复上述过程，直到两次结果相近，这个温度便是正确的零点。

4. 测定样品的冰点

按上述方法测定不同鱼的血液、尿液以及它们的水环境样品的冰点（为了节省时间，样品可事先放在冰中冷却）。

5. 计算

$$\pi = CRT = \frac{\Delta}{1.86} \times 0.082 \times T$$

其中 T 为实验时样品的热力学温度（K）。

【实验结果】

列表表示所得的实验数据，并讨论鱼类是如何进行渗透压调节的。

（李大鹏　张曦）

实验 11.4　循环、呼吸、泌尿综合实验

动物机体总是以整体的形式存在，不仅以整体的形式与外环境保持密切的联系，而且可通过神经 – 体液调节机制不断改变和协调各器官系统（如循环、呼吸和泌尿等系统）的活动，以适应内环境的变化，维持新陈代谢正常进行。

【实验目的】

通过观察动物在整体情况下，各种理化刺激引起循环、呼吸、泌尿等机能的适应性改变，加深对机体在整体状态下的整合机制的认识。

【实验对象】

健康成年兔。

【实验药品】

20% 氨基甲酸乙酯，0.5% 肝素生理盐水，38℃生理盐水，0.01% 去甲肾上腺素，0.01% 乙酰胆碱，呋塞米（速尿），垂体后叶激素，20% 葡萄糖溶液，生理盐水，3% 乳酸，5% $NaHCO_3$，CO_2 气体，钠石灰等。

【仪器与器械】

哺乳动物手术器械一套，兔手术台，动脉夹，注射器（1 mL、5 mL、50 mL），计算机生物信号采集处理系统（或二道生理记录仪 2 台，刺激器，记滴器），刺激电极，压力换能器，张力换能器，气管插管，橡皮管，球囊，动脉插管，输尿管导管（或膀胱套管），刻度试管，金属钩，铁支架，丝线等。

【方法与步骤】

1. 实验的准备

（1）麻醉固定　动物称重后，自耳缘静脉缓慢注入 20% 氨基甲酸乙酯溶液（1 g/kg），麻醉后仰卧固定于兔手术台。

（2）颈部手术　行常规气管插管术；行右侧颈总动脉插管术，并连接压力换能器，记录血压。

（3）上腹部手术（见实验 8.3）　用线将胸廓的呼吸运动与机械换能器相连，换能器的输出连到生物信号采集处理系统的 1 通道上。

（4）下腹部手术　下腹部剪毛，沿耻骨上缘正中线切开皮肤约 4 cm，剪开腹壁（不要伤及腹腔内器官），在腹腔底部找出两侧输尿管，实施输尿管插管术（也可作膀胱插管，暴露膀胱行膀胱漏斗结扎术，见实验 11.1）。

2. 连接实验装置

分别将压力换能器、张力换能器和记滴器与计算机生物信号采集处理系统（或二道生理记录仪）相连，选定各信号输入的通道，调整好波宽、增益、刺激强度、时间常数等实验参数，调整动脉血压波形、呼吸波形和尿滴，以便获得良好的观察效果。

3. 实验项目

（1）记录一段正常的动脉血压曲线、呼吸曲线和尿量。

（2）吸入 CO_2 气体　将装有 CO_2 的气囊（可用呼出气体）的管口对准气管插

管，观察血压、呼吸及尿量的变化。

（3）缺氧　将气管插管的一侧管与装有钠石灰的广口瓶相连，广口瓶的另一开口与盛有一定量空气的气囊相连，此时动物呼出的 CO_2 可被钠石灰吸收，随着呼吸的进行，气囊里的 O_2 逐渐减少，可造成缺氧。观察血压、呼吸及尿量的变化。

（4）改变血液的酸碱度　①由耳缘静脉较快地注入 3% 乳酸 2 mL，观察 H^+ 增多时对血压、呼吸及尿量的影响。②由耳缘静脉较快地注入 5% $NaHCO_3$ 6 mL，观察血压、呼吸及尿量的变化。

（5）夹闭颈总动脉　待血压稳定后，用动脉夹夹住左侧颈总动脉，观察血压、呼吸及尿量的变化。出现明显变化后去除夹闭。

（6）电刺激迷走神经或减压神经　将保护电极与刺激输出线（通道）连接，待血压恢复后，分别将右侧迷走神经、减压神经轻轻搭在保护电极上，选择刺激强度 6 V，刺激频率 40～50 次 /s，刺激 15～20 s，观察血压、呼吸及尿量的变化。

（7）静脉注射生理盐水　由耳缘静脉快速注射 38℃ 生理盐水 30 mL，观察血压、呼吸及尿量的变化。

（8）静脉注射利尿剂　待血压恢复后，由耳缘静脉注射呋塞米（速尿）0.5 mL，观察血压、呼吸及尿量的变化。

（9）静脉注射垂体后叶激素　在利尿剂的背景上，由耳缘静脉缓慢注射垂体后叶激素（2 U），观察血压、呼吸及尿量的变化。

（10）静脉注射去甲肾上腺素　待血压恢复后，由耳缘静脉注射 0.01% 去甲肾上腺素（0.015 mg/kg），观察血压、呼吸及尿量的变化。

（11）静脉注射乙酰胆碱　待血压恢复后，由耳缘静脉注射 0.01% 乙酰胆碱（0.015 mg/kg），观察血压、呼吸及尿量的变化。

（12）静脉注射葡萄糖　待血压恢复后，由耳缘静脉注射 20% 葡萄糖 5 mL，观察血压、呼吸及尿量的变化。

（13）动脉放血　待血压恢复后，调节三通使动脉插管与 50 mL 注射器（内有肝素）相通，放血 50 mL（放血后立即用肝素生理盐水将插管内血液冲回兔体内，以防凝血），观察血压、呼吸及尿量的变化。

（14）回输血液　于放血后 5 min，经动脉插管将放出的血液全部回输入兔体内，观察血压、呼吸及尿量的变化。

【注意事项】

1. 在麻醉时，缓慢将药物推入，防止动物麻醉过量致死。

2. 作输尿管插管术时，要防止插入管壁肌层之间。

3. 术后要用湿纱布覆盖手术切口，以防水分流失。

4. 在前一项实验的作用基本消失后，再做下一步实验。

【实验结果】

记录各项实验前后动物血压、呼吸及尿量的变化：

实验因素	血压 /mmHg			呼吸频率 /（次·min⁻¹）、幅度			尿量 /（滴·min⁻¹）		
	前	后	升降	前	后	增减	前	后	增减
1 实验前									
2 吸入 CO_2									
3 缺氧									
4 血液 H^+ 浓度增加									
血液 HCO_3^- 浓度增加									
5 夹闭颈总动脉									
6 刺激迷走神经									
刺激减压神经									
7 静脉注射生理盐水									
8 静脉注射利尿剂									
9 静脉注射垂体后叶激素									
10 静脉注射去甲肾上腺素									
11 静脉注射乙酰胆碱									
12 静脉注射葡萄糖									
13 动脉放血									
14 回输血液									

【思考题】

试从动物机体整体状态下的整合机制分析讨论上述各项实验观察结果，并分析其作用机制。

思考题解析

（肖向红　柴龙会）

第 *12* 章

神经与感觉生理

实验 12.1　脊髓反射的基本特征和反射弧的分析

神经反射是动物机体神经 – 体液调节中的重要形式。神经反射是指在中枢神经系统的参与下，机体对刺激所产生的适应性反应的过程。较复杂的反射需要由中枢神经系统较高级的部位整合才能完成，较简单的反射只需通过中枢神经系统较低级的部位就能完成。将动物的高位中枢切除，仅保留脊髓的动物称为脊动物，此时动物产生的各种反射活动为单纯的脊髓反射。由于脊髓已失去了高级中枢的正常调控，所以反射活动比较简单，便于观察和分析反射过程的某些特征。

反射活动的结构基础是反射弧。典型的反射弧由感受器、传入神经、神经中枢、传出神经和效应器 5 个部分组成。引起反射的首要条件是反射弧必须保持完整性。反射弧任何一个环节的解剖结构或生理完整性一旦受到破坏，反射活动就无法实现。

从感受器接受刺激到效应器发生反应所经历的时间称为反射时。反射时包括感受器兴奋的潜伏期，冲动在传入神经传导的时间，中枢延搁时间，冲动在传出神经传导的时间，神经肌肉接点的延搁及肌肉兴奋和收缩的潜伏期。反射时的长短除与刺激强度有关外，还与反射弧在中枢交换神经元的多少及有无中枢抑制存在有关。由于中间神经元连结的方式不同，反射活动的范围和持续时间，反射形成难易程度都不一样。

动画
反射与反射弧

【实验目的】

通过对脊蛙的屈肌反射的分析，探讨反射弧的完整性与反射活动的关系；

以蛙的屈肌反射为指标，观察脊髓反射中枢活动的某些基本特征，并分析它们产生可能的神经机制；

学习掌握反射时的测定方法，了解刺激强度和反射时的关系。

【实验对象】

蟾蜍或蛙。

【实验药品】

硫酸溶液（0.1%、0.3%、0.5%、1%），1% 可卡因或普鲁卡因等。

【仪器与器械】

蛙类手术器械，铁支架，玻璃平皿，烧杯（500 mL），小滤纸（约 1 cm×1 cm），纱布，秒表，双输出刺激器（一台），普通电极（两个）等。

【方法与步骤】

1. 标本制备

取一只蟾蜍，用剪刀由两侧口裂剪去上方头颅，制成脊蟾蜍。将脊蟾蜍俯卧位固定在蛙板上，于右侧大腿背部纵行剪开皮肤，在股二头肌和半膜肌之间的缝隙间找到坐骨神经干，在神经干下穿一条细线备用。随后将脊蟾蜍悬挂在铁支柱上（图 12–1）。

视频
脊髓反射的基本特征

2. 实验项目

（1）脊髓反射的基本特征

① 搔扒反射：将浸有 1% 硫酸溶液的小滤纸片贴在蟾蜍的下腹部，可见四肢

🖥 教学课件 ◀
脊髓反射的基本特征

向此处搔扒；之后将蟾蜍浸入盛有清水的大烧杯中，洗掉硫酸滤纸片。

② 反射时的测定：在平皿内盛适量的 0.1% 硫酸溶液，将蟾蜍一侧后肢的一个脚趾浸入硫酸溶液中，同时按动秒表开始记录时间，当屈肌反射一出现立刻停止记时，并立即将该足趾浸入盛有清水的大烧杯中洗数次，然后用纱布揩干。此时秒表所示时间为从刺激开始到反射出现所经历的时间，称为反射时。用上述方法重复 3 次，注意每次浸入趾尖的深度要一致，相邻两次实验间隔至少要 2～3 s，3 次所测时间的平均值即为此反射的反射时。

③ 按步骤②所述方法依次测定 0.3%、0.5%、1% 硫酸刺激所引起的屈肌反射的反射时。比较 4 种浓度的硫酸所测得的反射时是否相同。

④ 反射阈刺激的测定：用单个电脉冲刺激一侧后足背皮肤，由大到小调节刺激强度，测定引起屈肌反射的阈刺激。

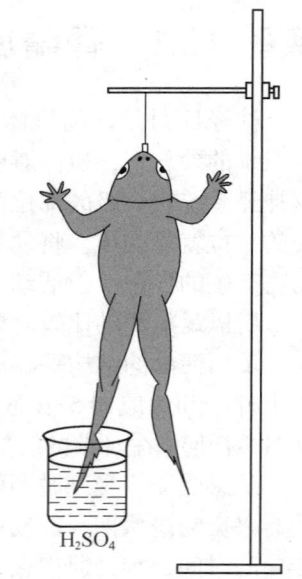

图 12-1　脊髓反射实验装置

⑤ 反射的扩散和持续时间（后放）：将一个电极放在蟾蜍的足面皮肤上，先给予弱的连续阈上刺激观察发生的反应，然后依次增加刺激强度，观察每次增加刺激强度所引起的反应范围是否扩大，同时观察反应持续时间有何变化。并以秒表计算自刺激停止起，到反射动作结束时持续的时间。比较弱刺激和强刺激的结果有何不同。

⑥ 时间总和的测定：用单个略低于阈强度的阈下刺激，重复刺激足背皮肤，由大到小调节刺激的时间间隔（即依次增加刺激频率），直至出现屈肌反射。

⑦ 空间总和的测定：用两个略低于阈强度的阈下刺激，同时刺激后足背相邻两处皮肤（距离不超过 0.5 cm），观察是否出现屈肌反射。

▶▶ 视频 ◀
反射弧分析

🖥 教学课件 ◀
反射弧分析

（2）反射弧的分析

① 分别将左右后肢趾尖浸入盛有 1% 硫酸的平皿内（深入的范围一致），观察双后肢是否均有反应。实验完后，将动物浸于盛有清水的烧杯内洗掉硫酸，用纱布揩干皮肤。

② 在左后肢趾关节上作一个环形皮肤切口，将切口以下的皮肤全部剥除（趾尖皮肤一定要剥除干净），再用 1% 硫酸溶液浸泡该趾尖，观察该侧后肢的反应。实验完后，将动物浸于盛有清水的烧杯内洗掉硫酸，用纱布揩干皮肤。

③ 将浸有 1% 硫酸溶液的小滤纸片贴在蛙的左后肢的皮肤上，观察后肢有何反应。待出现反应后，将动物浸于盛有清水的烧杯内洗掉滤纸片和硫酸，用纱布揩干皮肤。

④ 提起穿在右侧坐骨神经下的细线，剪断坐骨神经，用连续阈上刺激，刺激右后肢趾，观察有无反应。

⑤ 分别以连续刺激，刺激右侧坐骨神经的中枢端和外周端，观察该后肢的反应。

⑥ 以探针捣毁蟾蜍的脊髓后再重复上述步骤，观察有何反应。

【注意事项】

1. 制备脊蛙时，颅脑离断的部位要适当，太高因保留部分脑组织而可能出现自主活动，太低又可能影响反射的产生。

2. 用硫酸溶液或浸有硫酸的纸片处理蛙的皮肤后，应迅速用自来水清洗，清除皮肤上残存的硫酸，并用纱布揩干，以保护皮肤并防止冲淡硫酸溶液。

3. 浸入硫酸溶液的部位应限于一个趾尖，每次浸泡范围也应一致，切勿浸入太多。

【实验结果】

1. 描述各项实验结果，探讨形成的机制。

2. 说出有反射活动时的反射弧的组成。

【思考题】

1. 何谓时间总和与空间总和？

2. 分析产生后放现象的可能的神经回路。

3. 简述反射时与刺激强度之间的关系。

4. 右侧坐骨神经被剪断后，动物的反射活动发生了什么变化？这是损伤了反射弧的哪一部分？

5. 剥去趾关节以下皮肤后，不再出现原有的反射活动，为什么？

（王丙云　陈胜锋）

实验 12.2　大脑皮质运动机能定位和去大脑僵直

大脑皮质运动区是躯体运动的高级中枢，对躯体肌肉运动的支配呈前后倒置、左右交叉的有序的排列状态，且具有点对点的特性，越是精细的运动，在该区的代表区的范围越大。高等哺乳动物的皮质中央前回（4 区）为主要运动区，其下部支配双侧头面部运动，中部支配对侧上肢和躯干部肌肉运动，前部支配对侧下肢肌肉运动。鼠和兔的大脑皮质运动区机能定位已具有一定的雏形，电刺激其大脑皮质运动区的不同部位，能引起特定的肌肉或肌群的收缩运动。

中枢神经系统对肌肉的牵张反射具有易化和抑制作用。机体通过二者的相互作用保持骨骼肌适当的紧张度，以维持机体的正常姿势。如果在动物的中脑前（上）、后（下）丘之间切断脑干，由于切断了大脑皮质运动区和纹状体以及小脑前叶蚓部等部位与延脑网状结构抑制区的机能联系，造成脑干抑制区活动减弱，结果使中脑、脑桥网状结构和前庭核等易化区的活动相对地加强，对牵张反射的易化作用突显出来，打破了机体原来存在的抑制和易化作用的平衡，引起牵张反射的亢进。动物出现四肢伸直，头尾昂起，脊背挺直等伸肌紧张亢进的特殊姿势，称为去大脑僵直。

【实验目的】

通过电刺激兔大脑皮质不同区域，观察相关肌肉收缩的活动，掌握运动区机能定位的研究方法，基本了解皮质运动区的刺激效果；

观察去大脑僵直现象，学习减弱或增强僵直现象的实验方法。

【实验对象】

兔。

【实验药品】

20% 氨基甲酸乙酯，生理盐水，液体石蜡等。

【仪器与器械】

电子刺激器，刺激电极，哺乳动物手术器械，颅骨钻，咬骨钳，骨蜡（或明胶海绵），纱布，棉球等。

【方法与步骤】

1. 实验准备

（1）将兔耳廓外缘静脉注射 20% 氨基甲酸乙酯（1 g/kg）（麻醉不宜过深）。待动物达到浅麻醉状态后，背位固定于兔手术台上。

（2）按常规进行气管插管，暴露颈总动脉，穿线备用。

（3）翻转动物，改为腹位固定，用手捏住兔两腮，剪去从眉间至枕部的毛，在头正中线纵行切开头皮和骨膜，用止血钳把切开的皮肤拉向两侧。用刀柄或湿纱布剥离肌肉和骨膜，认清鼻骨、额骨和顶骨、矢状缝、冠状缝和人字缝（图 12-2）。

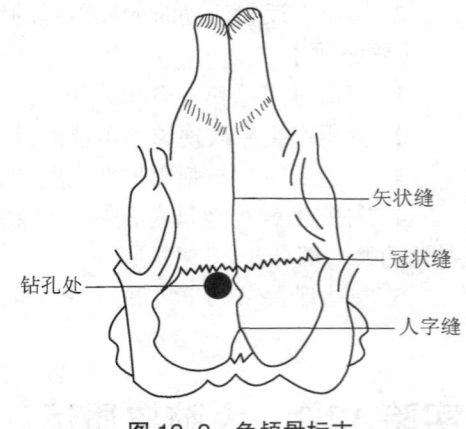

图 12-2　兔颅骨标志

用颅骨钻在冠状缝后、矢状缝外的骨板上钻孔。然后用咬骨钳扩大创口，暴露一侧大脑皮质，用注射针头或三角缝针挑起硬脑膜，小心剪去创口部位的硬脑膜，将 37℃ 的液体石蜡滴在脑组织表面，以防皮质干燥。术中要随时注意止血，防止伤及大脑皮质和矢状窦。若遇到颅骨出血，可用骨蜡或明胶海绵填塞止血。

2. 实验项目

（1）皮质运动区的刺激效应观察

① 术毕，绘出大脑背面观轮廓图，以便观察到刺激效应后，在图纸上相应位置做标记（图 12-3）。解开动物固定绳，准备观察以下实验内容。

② 打开刺激器，选择适宜的刺激参数（波宽 0.1 ~ 0.2 ms，频率 20 ~ 50 Hz，刺激强度 10 ~ 20 V，每次刺激时间 5 ~ 10 s，每次刺激间隔约 1 min）。用双芯电极接触皮质表面（或双电极，参考电极放在兔的背部，剪去此处的被毛，用少许的生理盐水湿润，以便接触良好），逐点依次刺激大脑皮质运动区

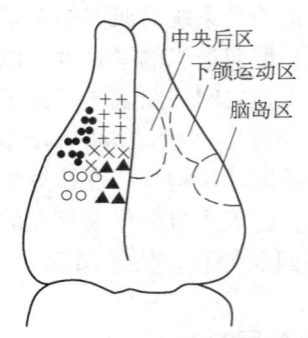

○头、下颌；▲前肢；＋颜面肌和
下颌；× 前肢和后肢；●下颌

图 12-3　兔皮质机能定位图

的不同部位，观察躯体运动反应。并将观察到的反应标记在图上（图 12-3）。

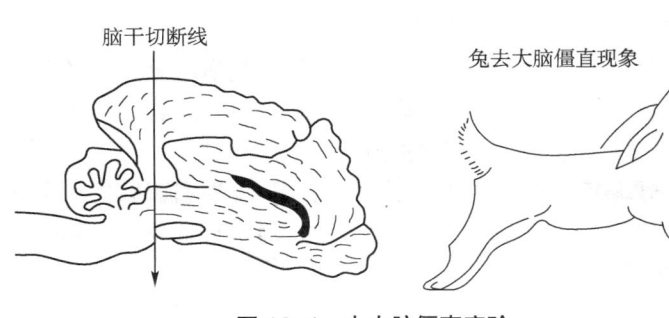

图 12-4　去大脑僵直实验

（2）去大脑僵直

① 结扎两侧的颈总动脉。用小咬骨钳将所开的颅骨创口向外扩展至枕骨结节，暴露出双侧大脑半球后缘。切脑前助手要按住动物的身体和四肢，以免动物的挣扎。

② 左手将动物头托起，右手用刀柄从大脑半球后缘轻轻翻开枕叶，即可见到中脑前（上）、后（下）丘部分（前丘粗大，后丘小），在前、后丘之间沿与身体成 45° 向前切向颅底（图 12-4 左），向左右摆动切刀，彻底切断脑干。若切断的位置准确，一入刀动物会强烈挣扎，此时手术者和助手都不能松手，应坚持切到底（图 12-4 左）。

③ 1 ~ 2 min 后松开四肢，动物表现去大脑僵直现象，即兔的四肢伸直，头昂举，尾上翘，呈角弓反张状态（图 12-4 右）。

④ 刺激去大脑僵直兔的小脑蚓部，观察僵直程度有无减轻。刺激参数：波宽 0.5 ms，强度 2 ~ 5 V，频率 5 ~ 10 Hz。

⑤ 切除去大脑僵直兔的小脑，观察僵直程度有无加强。

⑥ 延脑活命中枢作用：观察去大脑兔的呼吸和心跳现象后，再用切脑刀在延脑部位切断脑干，动物的呼吸和心跳很快停止。

3. 一种"非开颅法"进行去大脑僵直的实验方法

兔麻醉、皮肤切开同开颅法。暴露人字缝、矢状缝和冠状缝，在人字缝与冠状缝连线（即矢状缝）的前 2/3 和后 1/3 交界处向左或向右旁开 5 mm（图 12-5）为穿刺点。用探针 Z 在穿刺点上钻一小孔，在颅顶呈现水平状态时，用 7 号注射针头自小孔垂直插入颅底并左右划动，完全横断脑干（图 12-6），数分钟后，可见动物四肢慢慢伸直，头后仰，尾上翘，呈角弓反张状态。如效果不明显，可将针略向前倾斜，再次重复横断脑干动作，即可出现去大脑僵直现象。

【注意事项】

1. 麻醉不宜过深。

2. 开颅术中应随时止血，注意勿伤及大脑皮质。

3. 使用双极电极时，为防止电极对皮质的机械损伤，刺激电极尖端应烧成球形。

4. 刺激大脑皮质时，刺激不宜过强，刺激的强度应从小到大进行调节，否则影响实验结果，每次刺激应持续 5 ~ 10 s。

5. 切断部位要准确，过低会伤及延髓呼吸中枢，导致呼吸停止。

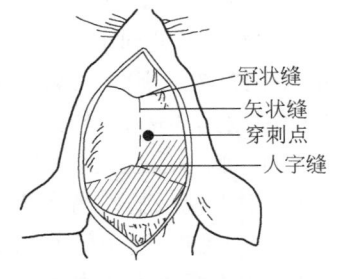

图 12-5　颅顶手术区

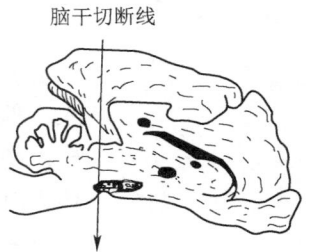

图 12-6　非开颅法去大脑

【实验结果】

1. 描述逐点依次刺激大脑皮质的各个部位时，躯体产生的反应。

2. 描述去大脑僵直实验各步骤出现的现象，并加以分析。

【思考题】

思考题解析

1. 电极刺激大脑皮质引起肢体运动往往是左右交叉反应，为什么？

2. 为什么去大脑僵直现象要在切断脑干几分钟后才产生？

（王丙云　陈胜锋）

实验 12.3　去小脑动物的观察

小脑是调节机体姿势和躯体运动的重要中枢，它接受来自运动器官、平衡器官和大脑皮质运动区的信息。小脑将大脑发出的运动指令与肌肉运动状态加以综合比较后，再将信息传给大脑皮质，从而使大脑的运动指令既准确又适度。小脑损伤后会发生躯体运动障碍，主要表现为躯体平衡失调、肌张力增强或减退及共济失调。

【实验目的】

通过损伤动物的一侧小脑，观察其伸肌紧张过度及运动平衡失调现象，了解小脑对躯体运动及身体平衡的重要调节作用。

【实验对象】

小鼠，蛙或蟾蜍，鲤鱼。

【实验药品】

乙醚等。

【仪器与器械】

哺乳动物及蛙用手术器械各一套，鼠手术台，注射针头，棉球，烧杯等。

【方法与步骤】

1. 实验准备

（1）麻醉　麻醉之前先观察小鼠的姿势、肌张力以及运动的表现。然后将小鼠罩于烧杯内，放入一块浸有乙醚的棉球使其麻醉，待动物呼吸变为深慢且不再有随意活动时，将其取出，俯卧位缚于鼠手术台上。

（2）手术

① 破坏小鼠的一侧小脑：剪除头顶部的毛，用左手将头部固定，沿正中线切开皮肤直达耳后部。用刀背向两侧剥离颈部肌肉及骨膜，暴露颅骨，透过颅骨可见到小脑，在正中线旁开 1~2 mm（图 12-7），用大头针垂直刺入一侧小脑，进针深度约 3 mm，然后左右前后搅动，以破坏该侧小脑。取出大头针，用棉球压迫止血。动物立刻出现小脑损伤症状。

② 破坏蛙的一侧小脑：用湿纱布包裹蛙的身体，露出头部。以左手抓住蛙的身体，从

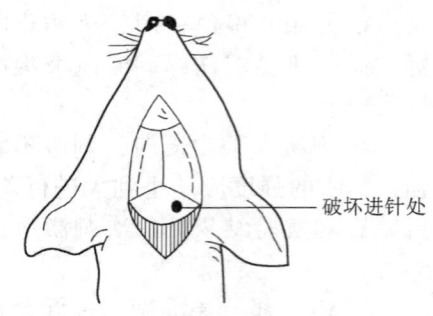

破坏进针处

图 12-7　破坏小鼠小脑位置示意图

鼻孔上部至枕骨大孔前缘（即鼓膜的后缘）沿眼球内缘用剪刀将额顶皮肤划出两条平行裂口，用镊子掀起该条皮肤，剪去，暴露颅骨，细心剪去额顶骨，使脑组织暴露出来，直至延髓为止。辨认蛙脑各部分（图 12-8）。蛙的小脑不发达，位于延脑前，呈一条横的皱褶，紧贴在视叶的后方。用玻璃分针将一侧的小脑捣毁，用小棉球轻轻堵塞止血，待 5～10 min 后即可开始实验。

③ 破坏鲤鱼的一侧小脑：用湿抹布包裹鱼身，露出头。于顶骨后 1/3 处，用骨钻钻开顶骨，用止血钳逐渐扩大创面，鲤鱼的小脑十分发达，小脑体近似椭圆形，不分左右两叶（图 12-9）。用小镊子夹取一侧小脑。

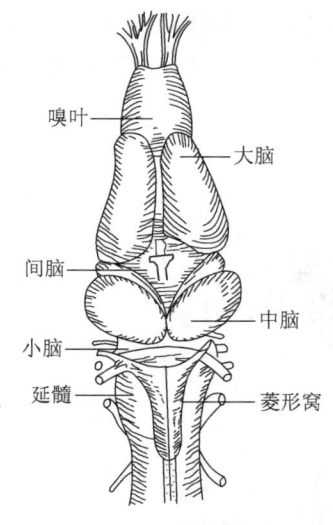

图 12-8　蛙脑背面观

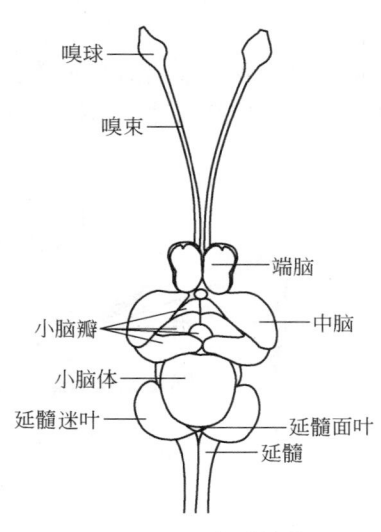

图 12-9　鲤鱼脑结构

2. 实验项目

（1）将小鼠放在实验台上，待其清醒后观察其姿势、肢体肌肉紧张度的变化、行走时是否有不平衡现象以及动物是否向一侧旋转或翻滚。

（2）观察蛙静止体位和姿势的改变，蛙在跳跃或游泳时有何异常。

（3）观察鱼游泳的姿势有何变化。

【注意事项】

1. 麻醉时间不宜过长，并要密切注意动物的呼吸变化，避免麻醉过深导致动物死亡。

2. 手术过程中如动物苏醒或挣扎，可随时用乙醚棉球追加麻醉。

3. 捣毁小脑时不可刺入过深，以免伤及中脑、延髓或对侧小脑。

【实验结果】

描述一侧小脑损伤后，动物的姿势和躯体运动有何异常。根据实验结果，总结小脑对躯体运动的调节机能。

（王丙云　陈胜锋）

实验 12.4　肌梭传入冲动的观察

肌梭是骨骼肌的本体感受器，分布于肌肉内的肌梭囊内，称为梭内肌纤维。梭内肌纤维的两端具有收缩活动，中央是牵张感受器部分，感受肌肉被牵拉的程度。当肌肉受到牵拉或梭内肌纤维收缩时感受器部分都可产生冲动，并通过肌梭的传入神经Ⅰ类和Ⅱ类纤维传到脊髓的 α 运动神经元，通过 α 运动神经元的（轴突）传出神经传出支配同名肌肉的梭外肌收缩。此乃牵张反射或本体反射。当梭内肌被牵拉时，肌梭的中央感受部分受到刺激而产生兴奋，肌梭传入冲动的频率随牵张速率的增加而显著增加；而当维持一定牵张刺激强度但牵张速率不变时，肌梭传入冲动的频率虽比刺激强度增加前有所增加，但不够显著，呈平稳增加状态；当牵张强度和速率减小时肌梭传入冲动的频率随之下降（图 12-10）。

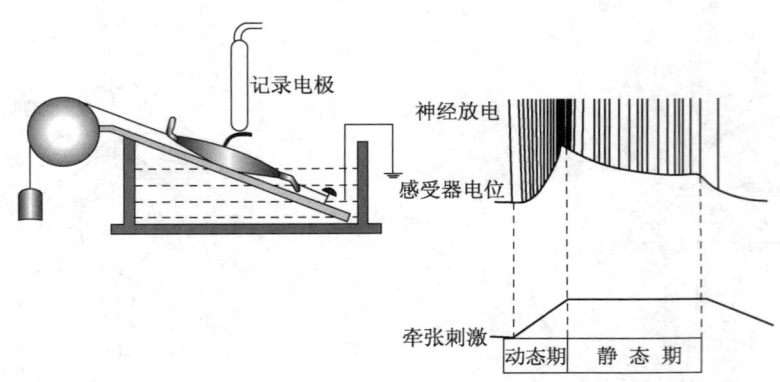

📖 **拓展知识** ◄
不同类型肌梭对刺激的不同反应型式

图 12-10　肌梭对牵张刺激的反应

【实验目的】

观察肌肉被动牵拉张力的变化（肌肉的负荷量变化）与肌梭感受器的传入冲动之间的关系。

【实验对象】

蟾蜍。

【实验药品】

任氏液。

【仪器与器械】

计算机生物信号采集处理系统，引导电极，神经肌肉浴槽（缝匠肌浴槽），蛙类手术器械，砝码，万能支架等。

【方法与步骤】

1. 制备坐骨神经 – 缝匠肌标本

（1）按常规损毁蟾蜍脑和脊髓，剪去蟾蜍的前半身、内脏，剥去皮肤，分离两后肢。

（2）取一侧后肢，背位固定于蛙板上，找到起自耻骨外侧、止于胫骨上端内侧的缝匠肌。

（3）用玻璃分针沿缝匠肌内侧缘小心划开肌内、外侧肌膜（切勿过深）。在该肌近耻骨端剪下一小片耻骨，用镊子轻轻提起骨片，从前至后分离缝匠肌。当分离到肌肉下 1/3 处时，（轻轻提起肌肉的游离端，面对灯光）可见一支细神经从肌肉的内侧缘进入肌肉，然后分为两个小分支。

（4）沿此细小神经向中枢端追踪，分离坐骨神经至脊髓，连带一小块椎骨剪下。然后结扎缝匠肌胫骨端肌腱并剪断，将神经与缝匠肌标本一起游离出来（图 12-11），置于任氏液中备用。

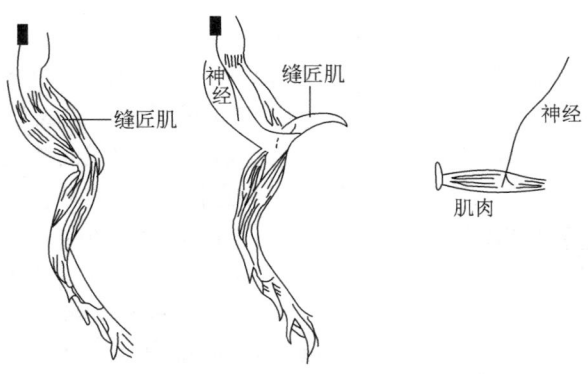

图 12-11　带神经的缝匠肌标本制作

2. 仪器连接

（1）按图 12-10 将缝匠肌耻骨端的结扎线固定在标本浴槽内有机玻璃斜板下端的小桩上，使缝匠肌的内侧面（有神经的一面）朝上，将胫骨端结扎线通过一滑轮与砝码相连。浴槽内使任氏液将部分标本浸泡，溶液接地（也可将整个标本进行屏蔽）。神经置于引导电极上。

（2）使用计算机生物信号采集处理系统　将引导电极导线连到系统的 CH1 通道，CH2 通道做 CH1 通道的积分。其参数可设为：增益——200；高频滤波——10 kHz；时间常数——0.01 ~ 0.05 s。

3. 实验项目

（1）观察肌梭的自发放电　观察并记录缝匠肌不加负荷时，自发的基础放电情况（即传入神经冲动）。

（2）观察不同负荷时的传入冲动　在滑轮上悬挂不同质量的砝码（通常用 1 ~ 10 g）时，观察缝匠肌放电的变化。每次负重间隔 2 min，统计每次负重后 10 s 的传入冲动数。

（3）负重牵拉的速度对传入冲动的影响　分别把 5 g 的负重以快（即时）、中（约 3 s）、慢（约 6 s）3 种速度加于肌肉上，观察缝匠肌放电的变化。

（4）持续负重时的传入冲动　在砝码盘中加 5 g 砝码持续牵拉肌肉。从开始负重时起，每 10 s 统计一次传入冲动数，直至 1 min。

【注意事项】

1. 制备标本时要细心，分离神经和缝匠肌时不要夹捏或过度牵拉神经和肌腱，以免损伤神经或肌肉。

2. 整个实验过程中，置于任氏液外的肌肉也要用任氏液浸润，以防止标本干燥。

3. 标本要屏蔽好。

4. 结果观察后，要及时取下砝码，以防过度牵拉而致标本损伤，两个相邻实验项目之间应间隔 2 min。

【实验结果】

1. 以负荷质量为横坐标，增加负荷后 10 s 的每秒脉冲数为纵坐标，作放电频率与负荷的关系曲线。

2. 以负荷质量的对数为横坐标，增加负荷后 10 s 的每秒脉冲数为纵坐标，作放电频率与负荷的关系曲线。

3. 比较这两条曲线的线性关系。

【思考题】

1. 用不同质量牵拉肌腱时，传入冲动数有何改变，为什么？

2. 负重牵拉的速度对传入冲动有何影响？

3. 持续负重时传入冲动有何变化？

4. 肌肉收缩时传入冲动有何影响？

（王丙云　陈胜锋）

实验 12.5　破坏动物一侧迷路的效应

内耳迷路中的前庭器官是感受头部空间位置和运动的感受器装置，其机能在于反射性地调节肌紧张，维持机体的姿势与平衡。如果损坏动物的一侧前庭器官，机体肌紧张的协调就会发生障碍，动物在静止或运动时将失去维持正常姿势与平衡的能力。

【实验目的】

通过破坏迷路的实验方法，观察迷路在调节肌张力与维持机体姿势中的作用。

【实验对象】

蟾蜍，蛙，豚鼠或鸽。

【实验药品】

氯仿，乙醚等。

【仪器与器械】

常规手术器械，探针，棉球，滴管，水盆，蛙板，纱布等。

【方法与步骤】

1. 破坏豚鼠的一侧迷路

取正常豚鼠一只，侧卧保定，使动物头部侧位不动，抓住耳廓轻轻上提暴露外耳道，用滴管向外耳道深处滴注 2～3 滴氯仿。氯仿通过渗透作用于半规管，破坏该侧迷路的机能。7～10 min 后放开动物，观察动物头部位置、颈部和躯干及四肢的肌紧张度。

可见到动物头部偏向迷路机能破坏了的一侧，并出现眼球震颤症状。任其自由活动时，可见豚鼠向迷路机能破坏了的一侧作旋转运动或滚动。

2. 破坏蛙的一侧迷路

选择游泳姿势正常的蛙一只，乙醚麻醉，将蛙的腹面朝上。用镊子夹住蛙的下颌并向下翻转，使其口张开。用手术刀或剪刀沿颅底骨切开或剪除颅底黏膜，可看到"十"字形的副蝶骨。副蝶骨左右两侧的横突即迷路所在部位，将一侧横突骨质剥去一部分，可看到粟粒大小的小白丘，是迷路位置的所在部位（图 12-12）。用探针刺入小白丘深约 2 mm 破坏迷路。7～10 min 后，观察蛙静止和爬行的姿势及游泳的姿势。可观察到动物头部偏向迷路破坏一侧，游泳时亦偏向迷路破坏一侧。

3. 破坏鸽子的一侧迷路

（1）首先观察鸽子的运动姿势，然后用乙醚轻度麻醉鸽子，切开头颅一侧的颞部皮肤，用手术刀削去颞部颅骨，用尖头镊子清除骨片，可看到 3 个半规管。

（2）用镊子将半规管全部折断，然后缝合皮肤。

（3）待鸽子清醒后（约 20 min）观察它的姿势有无变化。

（4）将鸽子放在高处令其飞下，观察其飞行姿势有无异常。

（5）将鸽子放在铁丝笼子内，旋转笼子，观察鸽子头部及全身的姿势反应，与正常鸽子相比较，有何不同?

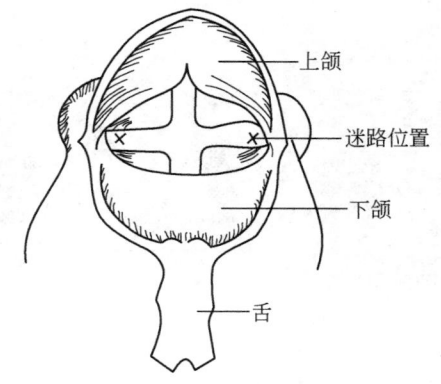

图 12-12　蛙迷路的破坏

【注意事项】

1. 氯仿是一种高脂溶性的全身麻醉剂，其用量要适度，以防动物麻醉死亡。

2. 蛙的颅骨板很薄，损伤迷路时要准确了解解剖部位，用力适度，避免损伤脑组织。

【思考题】

破坏动物的一侧迷路后，头及躯干状态有哪些改变，如何解释?

📝 思考题解析

（王丙云　陈胜锋）

第 *13* 章

生殖内分泌生理

ⓔ 数字资源
拓展知识
思考题解析

实验 13.1　甲状腺激素对蝌蚪变态发育的作用

甲状腺通过分泌甲状腺激素可参与动物机体的生长发育过程，促进组织的分化和成熟，蝌蚪的变态发育即是典型一例（图 13-1）。甲状腺激素缺乏，蝌蚪就不能变态成蛙；而增加甲状腺激素，则加速蝌蚪变态成蛙（图 13-2）。

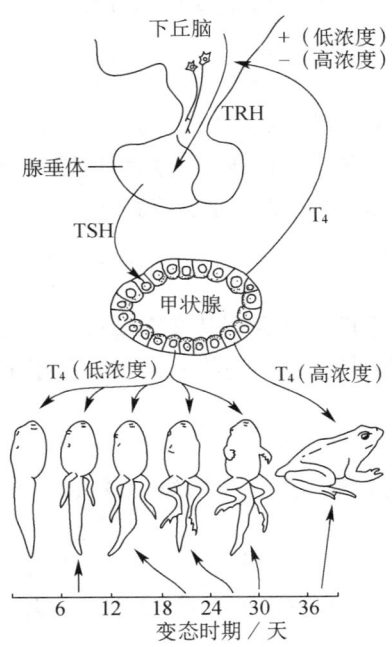

图 13-1　甲状腺激素在控制蛙变态中的作用（仿 Spratt，1971）

蝌蚪发育成蛙可分 3 个阶段：第一阶段约 20 天，垂体的正中隆起尚未分化，TRH 和 TSH 的分泌较低，甲状腺尚未成熟，只结合碘合成甲状腺激素；第二阶段约 20 天，正中隆起分化，甲状腺成熟，摄碘量和分泌甲状腺激素量增加，产生缓慢的形态变化；最后阶段完成变态，成体形成

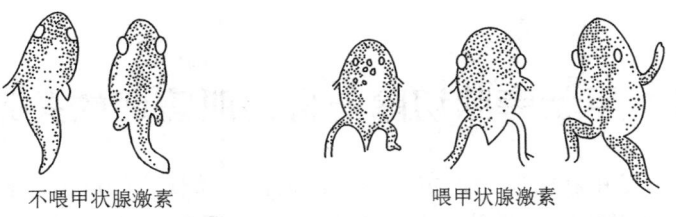

不喂甲状腺激素　　　　　喂甲状腺激素

图 13-2　甲状腺激素对蝌蚪变态的影响

甲状腺激素的分泌调节受下丘脑 – 脑垂体 – 甲状腺轴的调节。碘是合成甲状腺激素的主要原料之一，补充适量碘可以提高甲状腺激素的合成量，但血碘水平过高时，反而会阻断甲状腺的聚碘能力，即产生碘阻断效应。

【实验目的】

通过观察甲状腺激素对蝌蚪变态发育的影响，了解甲状腺在动物机体发育中的作用。

【实验对象】

蝌蚪。

【实验药品】

甲状腺激素片（或新鲜动物甲状腺），10% 碘化钾等。

【仪器与器械】

玻皿，尺子，漏勺，方格纸（1 mm×1 mm）等。

【方法与步骤】

1. 实验分组和处理

取长度相等（约 10 mm）的蝌蚪 18 只，分成 3 组，分别置于盛有 300 mL 池塘水并放少许水草的玻皿内。各玻皿的水及所加物质隔日更换一次。对照组池塘水中不加任何物质，第二组滴加 10% 碘化钾溶液数滴，第三组加 3～12 μg 甲状腺激素或 0.5 g 新鲜甲状腺组织匀浆。

2. 实验项目

每次换水时测定蝌蚪体长，并观察其变态情况（一般 2～3 周开始变态），做好记录。蝌蚪体长的测量方法是：用小勺将其舀出，放于下衬方格纸的小玻皿内，计算长度。

【注意事项】

甲状腺激素的加入量不能过多，按照每 100 mL 水中加入 1～4 μg 为宜，否则蝌蚪会很快死亡。

【实验结果】

统计各组蝌蚪体长，计算平均值，绘制并比较各组生长曲线图，分析差异原因。

【思考题】

思考题解析

1. 甲状腺激素的生理作用主要有哪些？

2. 加入碘化钾的实验拟研究的内容主要是哪方面的问题？是否还可以延伸？请你写出实验方案。

（秦健）

实验 13.2　甲状旁腺切除与骨骼肌痉挛的关系

甲状旁腺分泌甲状旁腺素，主要参与体内钙、磷代谢的调节，具有升血钙和降血磷作用。它和甲状腺 C 细胞分泌的降钙素共同调节血钙浓度，以维持神经、肌肉的正常机能。如切除甲状旁腺，可引起血钙下降，Na^+ 内流增加，导致神经和肌肉的兴奋性升高，使动物产生阵发性的肌肉痉挛现象，最终可因喉头肌和膈肌痉挛而窒息死亡。肉食动物较草食动物易于发病，所以可选狗作为实验对象，幼狗又比成年狗易于发病，因此若将幼狗的甲状旁腺摘除后 1～2 天即可出现血 Ca^{2+} 浓度明显下降，肌肉轻度僵直，行动不稳，继而出现痉挛性收缩，呼吸加快症状，继续发展，可致窒息死亡。

　　甲状旁腺小而分散，有的还埋于甲状腺内，完全单独切除甲状旁腺比较困难，但由于甲状旁腺素缺乏症较甲状腺素缺乏症出现要早（一般在术后 2～4 天即可出现肌肉痉挛现象），因此实验中一般同时切除甲状腺和甲状旁腺。

【实验目的】

　　了解甲状旁腺摘除术及甲状旁腺对血钙水平及相关神经和肌肉机能的调节。

【实验对象】

　　幼狗。

【实验药品】

　　碘酊，75% 乙醇，3% 戊巴比妥钠，10% $CaCl_2$ 溶液（或 10% 葡萄糖酸钙溶液），血钙测定试剂盒等。

【仪器与器械】

　　注射器，哺乳动物手术器械一套，消毒后的手术创布，衣帽，手术台，磅秤，离心机，分光光度计或酶标仪，移液器等。

【方法与步骤】

　　1. 实验的准备

　　选一健康幼狗，禁食 24 h，手术前从狗隐静脉取血约 2 mL，测定血清中钙含量（选做）。用戊巴比妥钠（30～50 mg/kg）麻醉后仰卧固定于手术台上，剪去颈部被毛，用碘酒消毒后盖上创布，在咽喉下方沿颈部正中线切开皮肤 6～9 cm（切口略高于甲状软骨下缘），钝性分离左右侧胸骨舌骨肌，在甲状软骨下方的气管两侧分离出甲状腺及甲状旁腺。狗的甲状旁腺有上下两对，其中上面一对分布于甲状腺上部，如小米粒大小，位于甲状腺囊内和腺体表面，下面一对常埋于甲状腺下部组织内（图 13-3）。将分布到甲状腺上的血管分离结扎，摘除所有甲状腺与散布于其上的甲状旁腺。然后缝合、碘酒消毒、包扎伤口。

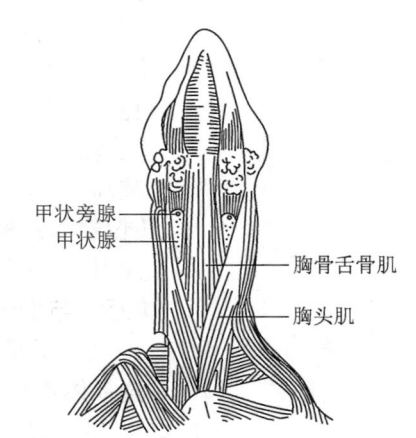

图 13-3　狗甲状腺和甲状旁腺的位置

　　2. 实验项目

　　（1）术后饲喂无钙饲料，禁喂肉类，随时观察幼狗反应，详细记录开始出现骨骼肌痉挛的时间。

　　（2）当狗出现肌肉抽搐时，立即取血以分析血清中钙含量（选做）。然后静脉注射 10% $CaCl_2$ 溶液或 10% 葡萄糖酸钙溶液（1 g/kg），观察反应，并记录。

　　（3）继续观察，直到动物死亡，记录其间动物反应情况。

【注意事项】

　　1. 一般在手术 36 h 以后出现痉挛现象。

　　2. 静注氯化钙溶液时剂量不能过大，速度不能太快。

　　3. 血钙的测定按照血钙测定试剂盒说明操作。

【实验结果】

　　分析实验现象、结果，并讨论原因，写出实验结论。

【思考题】

　　1. 调节钙代谢的激素主要有哪些？分别如何发挥作用？

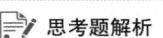 思考题解析

2. 钙离子在维持神经和肌肉兴奋性及肌肉正常收缩中的作用是什么?

（秦健　杜荣）

实验 13.3　胰岛素、肾上腺素对血糖的影响

　　动物机体血糖恒定的维持依赖胰岛素、胰高血糖素、肾上腺素、糖皮质激素等多种激素的共同调控作用。胰岛素由胰岛 β 细胞分泌，通过促进组织（特别是骨骼肌和脂肪）对葡萄糖的摄取、贮存和利用，抑制糖异生而使血糖下降。肾上腺素由肾上腺髓质分泌，通过促进肝糖原和肌糖原分解而使血糖升高。在正常生理条件下，血糖浓度降低会通过负反馈调节刺激升血糖激素的分泌以调节并维持血糖的恒定，但超过生理限度时，便导致相关调节失衡。对实验动物注射一定量的胰岛素后，可导致血糖浓度降低，观察到不安、呼吸急促、痉挛甚至休克等低血糖症状的出现，而补注适量肾上腺素则可见低血糖症状消失。

【实验目的】

　　了解胰岛素、肾上腺素在调节血糖中的作用。

【实验对象】

　　兔或小鼠。

【实验药品】

　　胰岛素，0.1% 肾上腺素，20% 葡萄糖溶液，生理盐水，葡萄糖测定试剂盒等。

【仪器与器械】

　　注射器，针头，恒温水浴锅，离心机，分光光度计，试管，移液器等。

【方法与步骤】

　　1. 实验的准备

　　选择体重相近的成年兔（或体重约 20 g 的小鼠）4 ~ 16 只，禁食 24 ~ 36 h（小鼠禁食 18 ~ 24 h），称重，并分组编号。

　　2. 实验项目

　　按照表 13–1 执行。

表 13–1　实验处理和项目

1组（对照）	2组	3组	4组
注射与实验组等量的生理盐水	兔耳静脉注射胰岛素 10 ~ 40 U/kg（鼠皮下注射 1 ~ 2 U/ 只）		
1 ~ 2 h 后，观察动物有无不安、呼吸局促、痉挛，甚至休克等低血糖反应。 待低血糖症状出现时，如下操作			
兔：耳静脉注射温热生理盐水 20 mL	兔：耳静脉注射温热的 20% 葡萄糖溶液 20 mL	兔：耳静脉注射 0.1% 肾上腺素（0.4 mg/kg）	兔：耳静脉注射温热生理盐水 20 mL
鼠：腹腔或尾静脉注射温热生理盐水 1 mL	鼠：腹腔或尾静脉注射 20% 葡萄糖溶液 1 mL	鼠：皮下或尾静脉注射 0.1% 肾上腺素 0.1 mL	鼠：腹腔或尾静脉注射温热生理盐水 1 mL
观察并记录，最后眼球采血，利用试剂盒测定血糖浓度			

【注意事项】

1. 因为本实验出现的现象比较明显，每组 1 只动物也能达到实验目的，但由于每组至少 3 只动物才可以进行统计学分析，如果条件有限，可以考虑多人进行合作实验。

2. 不同实验动物不同注射方式，其注射的最大体积不同，注意不要超过最大限度。

3. 出现低血糖的时间与胰岛素注射量有关。即使是同样剂量，不同胰岛素制剂注射后出现低血糖的时间也不同，如有些速效胰岛素注射后可能半小时即可出现低血糖症状。

【实验结果】

分析比较各种处理的现象和结果，并讨论原因。

【思考题】

调节血糖的激素主要有哪些？是如何调节的？

📝 思考题解析

（杜荣　秦健）

实验 13.4　肾上腺摘除动物的观察

应激反应是机体在遭受伤害性刺激时所发生的全身性适应性反应和抵抗性变化的总称，主要通过下丘脑 – 腺垂体 – 肾上腺皮质轴发挥作用。去掉肾上腺皮质的动物，应激反应减弱，对有害刺激的抵抗力大大降低，若处理不当，一两周内即可死亡，如及时补给糖皮质激素，则可生存较长时间。

在紧急情况下（尚未达到危及生命），通过交感 – 肾上腺髓质系统发生的适应性反应称为应急反应，表现为中枢神经系统兴奋性提高，心血管和呼吸系统的贮备潜能调动，以应付紧急情况。在机体受到有害刺激时，往往应急和应激反应同时引起，而且伴随多种激素和细胞因子分泌增强，以共同维持机体的适应能力。因肾上腺髓质分泌的激素有类似于交感神经作用的特征，肾上腺髓质的功能可以被交感神经部分代偿，故肾上腺摘除后动物主要表现出肾上腺皮质功能失调的现象。

【实验目的】

学习肾上腺摘除术，通过外科手术摘除肾上腺，观察实验动物在不同实验条件下的反应，并由此来分析肾上腺皮质的某些生理机能。

【实验对象】

大鼠或小鼠。

【实验药品】

碘酊，乙醇棉球，乙醚或戊巴比妥钠，生理盐水，可的松等。

【仪器与器械】

哺乳动物手术器械一套，灭菌敷料，小动物手术台，天平，滴管，秒表，烧杯，点温仪，大玻璃缸或水盆等。

【方法与步骤】

1. 实验的准备和分组处理

　　选取品种、性别相同，年龄体重相近的小（大）鼠 16～20 只，随机分为 4 组，第 1 组为对照组（假手术组），第 2、3、4 组为实验组（肾上腺摘除组）。将 2、3、4 组鼠用乙醚或戊巴比妥钠麻醉后，俯卧固定于手术台上，于最后肋骨至骨盆区之间剪去背部被毛，碘酊消毒后，从最后胸椎处向后沿背部正中线切开皮肤约 1.0 cm，在一侧最后肋骨后缘和背最长肌外缘分离肌肉，剪开腹腔，扩创，暴露脂肪囊，找到肾，在肾的前方即可找到由脂肪组织包埋的粉色小米粒大小（大鼠的有绿豆大小）的肾上腺，用小镊子轻轻摘除肾上腺（图 13-4 和图 13-5）。用同样的方法摘除另一侧肾上腺。最后缝合肌层和皮肤，消毒。对照组也做同样的手术，但不摘除肾上腺。手术完毕后，按表 13-2 处理。

表 13-2 　手术后处理

1 组（假手术对照）	2 组（肾上腺摘除）	3 组（肾上腺摘除）	4 组（肾上腺摘除）
饮清水	饮清水	饮生理盐水	饮清水外每日灌服可的松两次（小鼠每次 30 μg，大鼠每次 50 μg）

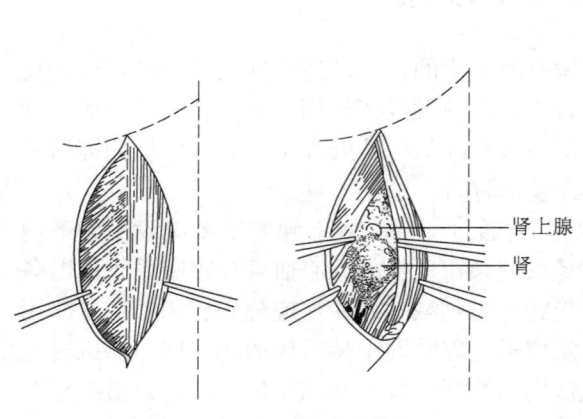

图 13-4 　大鼠肾上腺摘除　　　　图 13-5 　小鼠肾上腺摘除

　　2. 实验项目

　　（1）连续 4 天，观察比较各组鼠体重、体温、进食情况、肌肉紧张度等变化。

　　（2）第 5 天开始，4 组均饮清水、禁食两天。观察如上各种变化。

　　（3）应激反应实验：将各组鼠投入 4℃的玻璃缸或水盆中游泳，开始计时，观察记录溺水下沉的时间。将下沉鼠立即捞出，用干布擦干动物身上的水，记录其恢复时间。

　　【注意事项】

　　1. 实验动物的麻醉勿过深，正确掌握肾上腺的摘除手术。

　　2. 摘除肾上腺的动物抵抗力下降，应注意饲养管理和保温。

　　3. 灌服实验动物时要注意不宜超过最大体积限度，因此要把握好合适的可的松浓度。

【实验结果】

统计各组鼠的溺水下沉时间和恢复时间，分析比较各组鼠肾上腺摘除后的各种变化及游泳能力和耐受力的差异，并说明理由。通过实验结果，综合分析肾上腺对动物生命活动及应激（急）反应的生理机制。

【思考题】

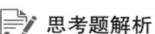

1. 肾上腺分泌哪些激素？其作用是什么？
2. 比较应激反应和应急反应的异同点。
3. 肾上腺摘除后，肾上腺髓质激素和性激素缺乏的影响为何表现不出来？

（秦健）

实验 13.5　性激素生理机能的观察

性腺分泌的性激素能促进并维持生殖器官和生殖细胞的生长、发育和成熟；刺激和维持副性生殖器官的生长发育，刺激副性征的形成并维持在成熟状态，刺激骨骼生长和蛋白质的合成。下丘脑分泌促性腺激素释放激素（GnRH），通过促进腺垂体分泌促性腺激素（FSH 和 LH）调节和控制性腺的生殖机能和内分泌机能，而性激素对下丘脑和腺垂体又具有反馈性调节作用。

雄激素主要由睾丸间质细胞合成和分泌，可以调节和影响动物第二性征的出现。通过对正常雄性雏鸡注射雄激素观察鸡冠发育情况，可了解雄激素对动物第二性征的影响。

卵巢分泌的雌激素有促使雌性动物发情，促进子宫内膜增生、子宫腺分泌和阴道上皮增生角化等作用。啮齿类动物在发情周期的不同阶段，阴道黏膜出现比较典型的周期性变化，注射雌激素或摘除卵巢可促进或抑制上述周期性变化过程。孕马血清促性腺激素（PMSG）和小鼠垂体分泌的促性腺激素（FSH 和 LH）具有相似作用，注射后也可引起阴道黏膜上皮增生并角质化。

通过对不同处理小鼠阴道黏液涂片的组织学观察，可以了解雌激素对小鼠生殖机能的影响。

13.5.1　雌激素和促性腺激素对雌性小鼠生殖机能的影响

【实验目的】

掌握小鼠卵巢摘除术。通过对不同处理小鼠阴道黏液涂片的组织学观察，了解雌激素及促性腺激素对雌性小鼠生殖机能（如发情周期和生殖器官）的作用。

【实验对象】

未性成熟的雌性小鼠。

【实验药品】

己烯雌酚，植物油，PMSG，注射用水，蒸馏水，生理盐水，瑞氏染液（或吉姆萨染液），乙醚或戊巴比妥钠，75% 乙醇，碘酒，医用凡士林等。

【仪器与器械】

肾形盘，载玻片，吸管，显微镜，消毒纱布，棉签（或牙签和棉花），试管，

思考题解析

拓展知识
瑞氏染色液的配制和染色方法

注射器，针头，常规手术器械 1 套，天平，鼠笼，染色架等。

【方法与步骤】

1. 实验的分组和处理

选择 1 月龄（体重 10 g 左右）的未性成熟的雌性小鼠 18~30 只，随机分成 6 组，每组 3~5 只，分别饲养在相同条件下。按表 13-3 处理。

卵巢摘除术方法是，用乙醚或戊巴比妥钠麻醉小鼠，俯卧固定于手术台上，剪去背部正中的毛，碘酒或 75% 乙醇消毒后，沿背部正中距最后肋骨 1 cm 处切开皮肤长约 1 cm。从切口向左右两侧做钝性分离，距脊柱约 1 cm 处，用手指将腹部内脏上托，剥离脂肪，略加翻转，可看到两侧呈红点状、如半个米粒大小的卵巢。卵巢与子宫角以盘曲的输卵管相连。用消毒丝线在卵巢和输卵管之间结扎，并将卵巢连同部分脂肪摘除。缝合肌肉和皮肤，用碘酒和 75% 乙醇消毒后涂上医用凡士林。

2. 实验处理

表 13-3 实 验 处 理

1 组（正常对照组）	2 组（注射己烯雌酚组）	3 组（注射 PMSG 组）	4 组（假手术组）	5 组（卵巢摘除组）	6 组（卵巢摘除 + 己烯雌酚组）
皮下注射生理盐水或植物油 0.1 mL	皮下注射己烯雌酚 20 μg/只，连续两天	皮下注射 PMSG 20 U/只，连续两天	手术但不摘除卵巢	摘除卵巢	摘除卵巢并注射己烯雌酚 20 μg/只，连续两天

注：以上实验组可以根据实际情况选做。己烯雌酚用植物油溶解。

3. 实验项目

（1）每天注意观察比较并记录各组鼠阴门开张情况，待阴门开张、外阴部出现发情征状后，每天早中晚做 3 次阴道黏液涂片，直至完成一个发情周期（一般小鼠的发情周期为 6 天）。注意观察记录各组鼠发情周期的时间和各阶段分布规律。

（2）阴道黏液涂片检查　将棉签用生理盐水湿润后插入阴道中，蘸取阴道内容物均匀地涂布于载玻片上，自然干燥后，用瑞氏染色法染色，在显微镜下观察阴道涂片的组织学变化，根据上皮细胞状况确定该鼠处于发情期的哪一期（图 13-6）。具体判定方法为：

发情前期：可见大量脱落的有核上皮细胞（多数呈卵圆形）。

发情期：可见大量大而扁平、边缘不整齐的无核角化鳞状细胞，无白细胞及上皮细胞。

发情后期：角化上皮细胞减少，并出现有核上皮细胞和白细胞。

发情间期（间情期）：有白细胞和黏液及少量有核上皮细胞。

（3）解剖并观察卵巢、子宫和输卵管及生殖道各部位发育状况。仔细剥离两侧子宫，去净周围组织，取出后称重，计算子宫重占体重的百分比。

【注意事项】

1. 卵巢摘除要完全。术后小鼠注意加强护理，注意保温。

2. 子宫称重前要除净周围组织。

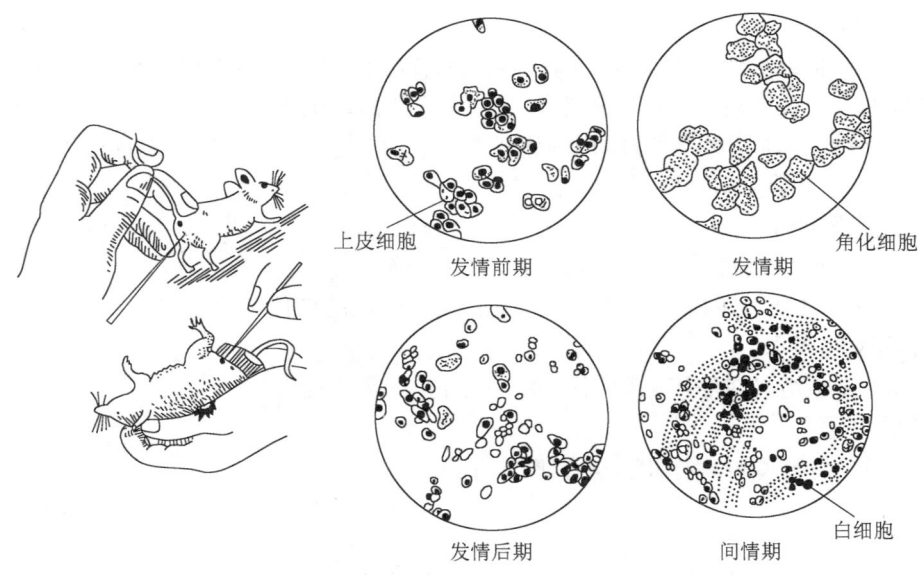

上皮细胞　　发情前期　　　　　　发情期　　　角化细胞

发情后期　　　　　　间情期　　　白细胞

图 13-6　小鼠阴道涂片的制作（左）和显微镜观察（右）

3. 己烯雌酚和 PMSG 也可以考虑设置不同的浓度梯度（如己烯雌酚 20、40、60、80、100 μg 等，PMSG 10、20、30、40 U 等），由全班不同实验小组使用不同的浓度，以比较量效关系。

【实验结果】

观察比较各组小鼠的实验现象和结果，分析并讨论雌激素及促性腺激素对雌性小鼠生殖机能的影响。

【思考题】

雌性动物的生殖发育和发情周期主要受哪些因素的影响？

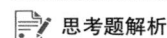
思考题解析

13.5.2　雄激素对鸡冠发育的作用

【实验目的】

通过观察比较雄激素处理后雏鸡鸡冠发育的变化，了解性激素对动物副性征的作用。

【实验对象】

雏鸡。

【实验药品】

丙酸睾丸酮，生理盐水，消毒药品等。

【仪器与器械】

消毒器材，卡尺，1 mL 注射器，雏鸡笼等。

【方法与步骤】

1. 实验准备

选择 6 只 20～30 日龄，同等大小，品种相同的雄性雏鸡分为对照组和实验组，测量鸡冠的长、高、厚度，观察鸡冠色泽，并做好记录。相同条件下分别饲喂。

2. 实验项目

（1）实验组每两天皮下或肌肉注射丙酸睾丸酮一次，每次 2.5～5 mg。7～10 天后测量鸡冠的长、高、厚度，观察鸡冠色泽，并做好记录。

（2）对照组同步注射等体积的生理盐水，并与实验组同步测量鸡冠的长、高、厚度，记录鸡冠色泽。

【注意事项】

1. 测量时卡尺松紧要适度，最好同一人操作。

2. 因鸡冠是不规则形，测定长、宽、高时所取的部位一定要有统一标准。

【实验结果】

对比实验组与对照组的数据记录，总结分析实验结果。

【思考题】

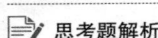
思考题解析

雄激素有哪些生理作用？分泌调节机制如何？

（杜荣　秦健）

实验 13.6　精子氧耗强度和活力的测定

精子的代谢情况和活力是反映精子品质的重要指标。精子在呼吸耗氧的过程中，其脱氢酶脱去糖原上的氢原子；在无氧条件下，氢原子与蓝色的美蓝（亚甲蓝）结合变成无色的甲烯白，即使美蓝还原褪色。因此，美蓝的褪色时间可以反映精子的呼吸强度，二者呈反比。精子呼吸时的耗氧率按 10^9 个精子在 37℃时 1 h 内的耗氧量计算。

哺乳动物的精子生成后本身并不具有运动能力，需要靠曲细精管外周肌样细胞的收缩和管腔液的移动运送到附睾，在附睾内进一步发育成熟，并获得运动能力。但是由于附睾液内含有数种抑制精子运动的蛋白，所以只有在射精之后，精子接触到雌性动物的卵巢液后才真正具有运动能力。

精子的运动包括直线前进运动、旋转运动和振摆运动。精子的活力主要是指精子的运动情况，评定精子活力的指标是直线运动的精子占精子总数的百分数。

鱼类的精子生成后在精液中已具有运动能力，但也不能运动，只有当精子与水接触时才能被激活，产生运动，称为精子的活化。在鱼类中，可将精子的活力划分为 5 级：

① 激烈运动：精子呈现"漩涡"状运动，无法看清具体运动路线。

② 快速运动：基本可以看清运动路线，但速度很快。

③ 慢速运动：70% 以上精子的运动速度明显变慢，可以很清晰地看清精子形态和运动路线。

④ 摇摆运动：70% 以上精子在原位旋转或颤抖。

⑤ 死亡：90% 以上精子停止运动。

我们也可以根据激烈和快速运动时间（统称剧烈运动时间）的长短、总运动时间（精子寿命）和激活率（遇水活化的精子占总数的比例）等指标来评价鱼类的精子活力。

【实验目的】

掌握精子氧耗强度和活力测定的方法，并以此判定精子的代谢情况和质量。

【实验对象】

各种家畜或鱼类的新鲜精液。

【实验药品】

美蓝（取美蓝 100 mg，溶解在 100 mL 1% NaCl 溶液中，置于容量瓶内保存 3 天后，再用 1% NaCl 溶液稀释 10 倍），0.9% 和 0.75% NaCl 溶液等。

【仪器与器械】

毛细玻璃管，载玻片，盖玻片，水浴锅，烧杯，刻度试管，吸管，计时器，试管架，平皿，显微镜，保温箱，玻璃棒，尖头针等。

【方法与步骤】

1. 精子氧耗强度的测定

取美蓝溶液与精液各一滴于载玻片上。混匀后，同时吸入三段毛细玻璃管中（不能有气泡进入），1.5～2.0 cm，下衬白纸放入平皿，置于 18～25℃ 室温或 37～40℃ 水浴条件下，记录美蓝褪色所需时间。

2. 哺乳动物精子活力测定

（1）用玻璃棒蘸取新鲜精液或用 0.9% NaCl 稀释的精液，滴在载玻片上，加上盖玻片，中间不要有气泡，用暗视野进行观察，统计精子三种运动的情况。

（2）计算精子直线前进运动与精子总数的比值。

3. 鱼类精子活力测定

（1）用胶头吸管在载玻片上滴 0.1 mL 左右的 0.75% NaCl 溶液。

（2）用尖头针蘸精液涂在载玻片的液滴中，立即在 100 倍的显微镜下观察精子的运动情况。

（3）观察记录精子剧烈运动时间（指从精液与激活液混合开始，到约 70% 剧烈运动精子转入缓慢运动为止的时间）、总运动时间（指从精液与激活液混合开始，到视野中约 90% 的精子停止活动为止的时间）和激活率（以显微镜下同一视野中的活动精子百分比表示）。

（4）每份精子样品重复实验 3 次。

【注意事项】

1. 精子采集后必须在 22～26℃ 的实验室内进行实验，哺乳动物的精子最好是在 37℃ 的保温箱内进行。盖玻片与载玻片之间不能有气泡，显微镜的载物台不能倾斜。

2. 鱼类精子采集后到实验前，要避免与水接触。

3. 镜检时，在暗视野中进行。加入到载玻片上的精子不能太多，否则因为密度太大，反而会影响精子的运动。

【实验结果】

统计美蓝褪色时间，计算哺乳动物直线前进运动的精子数占精子总数的百分率。分析讨论结果。

统计鱼类精子激活率、剧烈运动和运动总时间，评价精子的质量。

思考题解析

【思考题】

1. 评价精子活力的指标有哪些？

2. 为什么测定鱼类精子活力时，要避免实验前精子与水接触？

3. 为什么对于哺乳动物的精子活力的测定只用直线运动的精子评价？

（秦健 李大鹏）

实验 13.7 鱼类的应激反应与皮质醇的测定

皮质醇是肾上腺皮质释放的主要激素，在应激反应中起重要作用。动物如果没有皮质醇，就会失去应激反应的能力，以至死亡。血液中皮质醇的水平可作为一项反映应激状态下内分泌活动的重要指标。

若将放射性同位素标记的皮质醇（标记抗原*Ag）和未标记的皮质醇（未标记抗原 Ag）放在一起，与一定量的皮质醇抗体（Ab）发生竞争性结合，结果产生的*Ag–Ab 的量与 Ag 的量之间存在着一定的函数关系。未标记抗原（Ag）的量愈大，标记抗原（*Ag）与抗体结合生成的结合物（*Ag–Ab）的量就愈少。使用免疫分离剂分离游离的标记抗原*Ag，离心将*Ag–Ab 结合物沉淀，测定沉淀物的放射强度（CMP），可计算被检样品中的抗原 – 抗体结合率（k，见下文）。以结合率为纵坐标，标准皮质醇量为横坐标绘制标准曲线，根据样品结合率从标准曲线上查出相应的皮质醇含量（测定原理详见实验 14.5.2）。

【实验目的】

通过用放射免疫法测定受刺激金鱼血浆中皮质醇含量，观察血浆皮质醇含量变化与应激反应的关系；

学习了解激素放射免疫测定法（RIA）的基本原理和方法。

【实验对象】

个体较大的金鱼、鲫或其他鲤科鱼类，实验鱼至少要在水族箱中驯化 10 天以上。

【实验药品】

1. 皮质醇免疫测定试剂盒

皮质醇标准品，^{125}I 标记的皮质醇示踪液、缓冲液，皮质醇抗体，免疫分离剂。

（1）用重蒸水将皮质醇标准品配制成质量浓度为 0、10、25、50、100、200、500 μg/L 的溶液，并贮存于冰箱中。

（2）^{125}I 标记的皮质醇倒入 500 mL 的容量瓶，用缓冲液把小瓶中残留的示踪液洗净，也倒入容量瓶中，定容到 500 mL，混匀，贮存在冰箱中。

2. MS–222。

3. 肝素钠。

【仪器与器械】

注射器，采血管，微量移液器，7 mL 放免试管，抽滤装置，振荡器，离心机，γ计数器等。

【方法与步骤】

1. 实验分组

设计一个正常组和一个应激组。正常组的鱼类驯养于水族箱中，不受惊扰；应激组的鱼类在实验时进行惊扰，使其处于应激状态。每组放养 15 尾鱼。

2. 取正常金鱼血样

从正常组中取出 5 尾鱼，直接放入 0.1% MS–222 溶液中。此过程要快，尽量不惊动水族箱中剩下的鱼。当鱼鳃盖停止运动时，即可采血。采血前，用 1 mL 一次性无菌注射器吸取 1% 肝素钠抗凝剂少量使针头和管壁润湿，同时给每个准备待用的 1.5 mL 离心管中加入 10 μL 相同浓度的肝素钠抗凝剂并做好标记。用准备好的注射器按尾部血管采血法（见 3.6.1 节）抽取血液，每尾鱼抽血 1 mL。抽血后，拔下针头，将血液注入准备好的离心管中。缓缓晃动离心管以防血液凝固，以 3 500 r/min 离心 10 min，澄清透明的上清液即血浆，之后用移液器将血浆转入离心管，血浆保存于 4℃ 备用。

3. 使鱼类处于应激状态，并采集血样

实验时，用捞网驱赶水族箱中的鱼类，使其逃逸运动 10 min；或用网捞起，又放回去，重复多次。在刺激后 5、30、60 min 后分别取 5 尾鱼的血样，按上述相同的方法麻醉、取血、离心收集血浆，贮存于 4℃ 备用。

4. 放射免疫测定

测定前所有试剂、标准品、测定管和血浆样都需回升到室温。

按下列顺序进行操作，每一个样品都有两个平行管。

（1）顺序在对应的管号中加入 50 μL 标准样品或血浆样品。

（2）在每一测定管中依次准确加入 100 μL ^{125}I– 皮质醇和 100 μL 抗体，振荡混匀。

（3）室温下孵育 45 min。

（4）依次加入免疫分离剂 500 μL，充分混匀，室温放置 15 min。

（5）任取两管测定总放射性强度（CPM）；然后 3 500 r/min 离心 15 min，立即吸净上清液。

（6）在 γ 计数器中测定零标准品（B_0）、标准品和血浆样品（B）的放射性强度（CPM），每管测 1 min。

5. 计算皮质醇浓度

（1）计算平行管 CPM 的平均值。

（2）结合率

$$k = \frac{标准品或样品\,CPM}{零标准品\,CPM} \times 100\%$$

（3）以结合率为纵坐标，标准皮质醇含量为横坐标绘标准曲线，然后根据样品的 k 值从标准曲线上查出皮质醇含量。

6. 统计分析

实验数据通过统计软件进行处理分析，利用方差分析（One-Way ANOVA）进行显著性检验，确定实验组和正常组之间的差异性。

【注意事项】

1. 注意放免试剂药盒内具有放射性药品，在使用时应该注意防护。

2. 测定的准确性很大程度上取决于加样是否准确，所以实验前必须熟练掌握加样器的操作方法。

3. 放射性强度测定前，一定要完全吸干净各个放免管中的上清液，否则读数会出现很大的误差，影响实验结果。

4. 正常组鱼类的采血时间应该控制在 20 ~ 30 s 内，以防止操作带来应激反应。

【实验结果】

比较分析不同应激状态下，金鱼皮质醇分泌量有何差异，探讨皮质醇与应激反应的关系。

（李大鹏）

实验 13.8 蛙的排卵、受精和受精卵的发育

垂体分泌的促性腺激素有促进雌性动物排卵和雄性动物排精的作用。对于胎生动物，胎盘分泌的促性腺激素如人绒毛膜促性腺激素（hCG）也具有促进排卵和排精的作用。青蛙作为卵生和体外受精动物，其排卵和受精卵发育过程方便观察。青蛙的生殖季节为 4 ~ 6 月份，如果选择在非生殖季节对雌蛙或雄蛙注射垂体悬浮液或者促性腺激素，可以促进其排卵或排精。在一定条件下，将雄蛙精子与雌蛙卵子放在一起孵育，可以使精卵受精，并卵裂而发育成胚胎。

【实验目的】

掌握蛙垂体的摘除术。了解垂体或胎盘分泌的促性腺激素促进排卵的作用。掌握蛙的受精方法并观察受精卵的发育过程。

【实验对象】

成年雌蛙和雄蛙。

【实验药品】

任氏液，hCG。

【仪器与器械】

常规手术器械 1 套，蜡盘或手术盘，玻璃棒，试管，烧杯（100、500、1 000 mL），注射器，吸管，滤纸，纱布，表面皿，解剖镜，恒温水浴箱。

【方法与步骤】

1. 雌蛙的促排卵实验

（1）蛙垂体摘除和垂体悬浮液制备：将剪刀伸入蛙口角，在枕骨大孔处剪断头部；将蛙头腹面向上放置于蜡盘或手术盘，将剪刀由枕骨大孔两侧伸入颅腔，剪开头骨，用镊子揭起蝶骨片，在视交叉后方漏斗窝内可见半粒芝麻大小的淡红色脑垂体（图 13-7）；用眼科镊将脑垂体取出，放入盛有少量任氏液的玻璃试管内，用玻璃棒磨碎，混匀。

（2）给雌蛙腹腔注射垂体悬浮液或者 hCG（20 ~ 30 U）或者等体积任氏液，放入 1 000 mL 大烧杯中，加入少量水，将杯口用纱布扎紧，置于温暖的地方。经

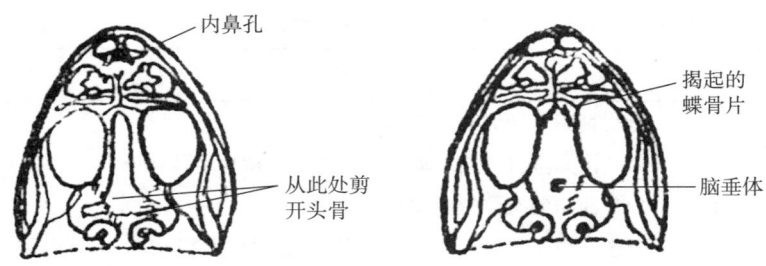

图 13-7　蛙脑垂体摘除（引自乔惠理等，1994）

24～48 h 后，雌蛙开始排卵，成块状，且越排越多，可达 3 000～5 000 个蛙卵。

2. 受精实验

（1）精子悬浮液的制备：取雄蛙，腹腔注射垂体悬浮液或者 hCG（注射剂量为雌蛙的一半）以促进其排精。一段时间后，剪开其腹部，漏出黄色或褐色的精巢，将精巢剪下置于 100 mL 烧杯中，剪成小碎块，加入适量任氏液，用玻璃棒搅拌均匀。

（2）卵的收集：按上述方法促进雌蛙排卵。从前向后轻轻挤压即将排卵的雌蛙腹部，用 500 mL 烧杯收集从泄殖孔排出的卵，观察蛙卵的形态，蛙卵根据色素分布不同分为深褐色的动物半球和乳白色的植物半球。

（3）受精：在收集卵的烧杯中加入制备好的精子悬浮液，用玻璃棒轻搅、摇匀，使精、卵充分接触，每间隔 15 min 换净水，洗去多余精子，共三次。放置在 20℃恒温水浴箱内。

3. 受精卵卵裂的观察

（1）取以上经受精后的卵，放在滤纸上轻轻滚动以去除卵外胶膜，然后放入盛有清水的表面皿清洗。

（2）用吸管吸取待观察卵，移入干净表面皿内，在解剖镜下观察受精卵的形态。卵子受精后形成受精膜和卵间隙。可见受精卵在卵膜内转动，一般动物半球在上方，植物半球在下方（图 13.8-2）。

（3）每隔半小时，观察不同阶段受精卵卵裂的形态学变化（图 13-8，表 13-4）。

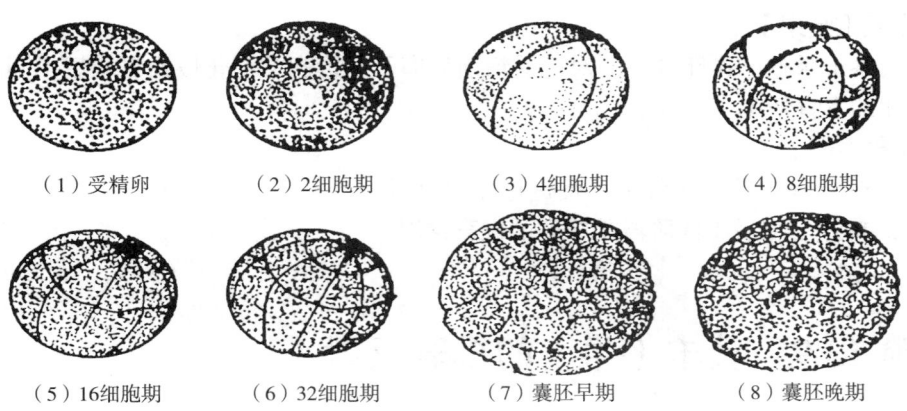

（1）受精卵　（2）2 细胞期　（3）4 细胞期　（4）8 细胞期

（5）16 细胞期　（6）32 细胞期　（7）囊胚早期　（8）囊胚晚期

图 13-8　蛙受精卵的发育过程（引自张才乔等，2004）

表 13-4　不同发育时期蛙受精卵的形态特征

发育阶段	所需时间 /h	卵裂方式	形态特征	图示号
受精卵	0		有受精膜、卵周隙	（1）
2 细胞期	2 ~ 2.5	经裂	卵裂沟为垂直方向。动物半球在上，植物半球在下	（2）
4 细胞期	2.5 ~ 3	经裂	分裂面与前次分裂面垂直	（3）
8 细胞期	3 ~ 4	纬裂	分裂面位于赤道面上方，与前两次分裂面垂直。分上下两层8 个分裂球，上层较小，下层较大	（4）
16 细胞期	4 ~ 4.5	经裂	由两个分裂面将 8 个分裂球分为 16 个分裂球	（5）
32 细胞期	4.5 ~ 5.4	纬裂	由两个分裂面将上下两层 8 个分裂球分为 4 层，每层 8 个分裂球，共 32 个分裂球	（6）
囊胚期	5.4 ~ 16		早期：动物半球细胞小、颜色深，植物半球细胞大、颜色浅	（7）
			晚期：分裂球变小，数量增加，纵切面可见偏动物半球处有囊胚腔	（8）

【注意事项】

1. 因 6 ~ 8 月份雌蛙刚过排卵期，不易做该实验。

2. 本实验也可以用蟾蜍，但蟾蜍排出的是卵带，而且卵子的色素分布较匀，不易区分动物半球和植物半球。

3. 促进排卵时，每只雌蛙需注射垂体的个数因季节而不同，具体参考表 13-5。

表 13-5　每只雌蛙注射垂体的个数

季节	雌蛙垂体数 / 个	雄蛙垂体数 / 个
9 ~ 次年1 月份	5	10
1 ~ 2 月份	4	8
3 月份	3	6
4 月份	2	4

【实验结果】

观察记录蛙的排卵情况。对比受精前后卵子的形态学变化以及受精后不同阶段受精卵的发育情况。

【思考题】

📝 思考题解析

1. 分析垂体悬浮液和 hCG 促进排卵的原因。

2. 描述受精后不同阶段受精卵的发育情况。

（杜荣　秦健）

实验 13.9　乳羊（牛）的排乳反射

腺泡、导管和乳池构成乳的容纳系统。乳汁从腺泡和导管系统迅速流向乳池的过程称为排乳。当挤乳或吸乳时，最先排出体外的乳是乳池乳，随后排出的乳是依靠排乳反射引起的反射乳。反射乳排出后，乳房中尚剩余的乳汁称为残留乳，在催产素增加的情况下，残留乳也可以进一步排出。

排乳是通过神经、内分泌两条途径实现的，有条件反射和非条件反射两个过程。其中垂体后叶激素（催产素）是参与排乳过程的重要激素。而挤乳、吸乳及母羊（牛）的羊羔（犊牛）出现均是引起排乳的有效刺激。

【实验目的】

了解家畜的排乳反射过程。

【实验对象】

泌乳的羊（或牛）。

【实验药品】

催产素（或垂体素）等。

【仪器与器械】

计算机生物信号采集处理系统，导乳管，计滴器和计时器（或生理多用仪），量筒，注射器等。

【方法与步骤】

1. 让处于泌乳期的羊（牛）站于固定支架中，将导乳管插入右侧乳头，即有乳汁徐徐流出，用量筒盛取并测其体积，即为乳池乳。

2. 在导乳管下安置计滴器，并将计滴器连接到计算机生物信号采集处理系统（或二道记录仪）的一个通道，然后进行下列实验：

（1）让该羊（牛）的羊羔（犊牛）出现，但不予以哺乳，观察并记录排乳有无改变。

（2）用手挤［或让羊羔（犊牛）吮吸］左侧乳头，观察并记录经过多长时间右侧乳头开始排乳，排出情况如何。测定流出乳汁的体积，即为反射乳。

（3）反射乳排出后，耳静脉注射催产素（或垂体素；羊 3～5 IU，牛 20 IU），观察排乳有何变化。这时排出的乳为残留乳。

【注意事项】

1. 耳静脉注射催产素时，注意对动物（特别是牛）头部要适当保定。

2. 用乳牛做实验时，最好由原来挤乳的工人挤乳。

3. 有条件的，可以考虑设计排乳抑制的实验项目（如受到惊吓、推迟挤乳等）。

【实验结果】

总结并分析以上结果，讨论排乳的神经体液调节机制。

【思考题】

1. 举例分析非条件反射对排乳的调节过程。

2. 引起排乳抑制的因素有哪些？其原因是什么？

📝 思考题解析

（杜荣）

实验 13.10　促黄体素的放射受体分析法

　　放射受体分析法（RRA）是竞争性放射分析法之一。放射性标记激素和未标记激素与同一受体结合时存在竞争关系。当放射性标记激素和受体的含量恒定，且受体含量少于标记激素和未标记激素所能结合的受体之和时，未标记激素越多，放射性标记激素与受体的结合率就越小。与甲状腺激素放免测定类似，可通过计算不同浓度的标准人绒毛膜促性腺激素（hCG）与促黄体素（LH）受体的结合百分率，绘出标准曲线。根据被测样品激素－受体结合百分率，在标准曲线上即可查到被测样品中该激素的含量。

　　hCG 和 LH 均能与大鼠卵巢黄体细胞上的 LH 受体结合。

　　当以不同浓度的放射标记配体（*hCG）和定量的 LH 受体制品孵育达到平衡时，分离并测定*hCG–LH 受体结合放射量，即为相应浓度下的总结合量（T）；当大剂量的非放射 hCG 与 LH 受体一起孵育时，占据 LH 受体的识别位点，不让*hCG 与 LH 受体结合，此时测得的*hCG–LH 受体结合放射量即为非特异性结合量（N）；总结合量与非特异性结合量之差即相应浓度下的特异结合量。通过计算不同样品中 hCG 与 LH 受体结合的百分率，从而计算出样品中 LH 的浓度。

　　【实验目的】

　　以测定动物血浆 LH 含量为例，学习和掌握放射受体分析法的基本原理及方法。

　　【实验对象】

　　雌性大鼠。

　　【实验药品】

　　被检动物的血清（或血浆），^{125}I–hCG，牛血清白蛋白（BSA），hCG，孕马血清促性腺激素（PMSG），生理盐水，Tris–HCl 缓冲液，磷酸缓冲液（PBS），乙醚等。

　　试剂配制：

　　（1）Tris–HCl 缓冲液（0.04 mol/L，pH 7.4）

　　① 取 Tris 2.438 g，加重蒸水至 100 mL。

　　② 待以上溶液完全溶解后，混匀，从其中取 25 mL，加入 0.1 mol/L HCl 42 mL。

　　③ 用 5 倍重蒸水稀释上步溶液，并调整 pH 到 7.4，再加 BSA 使含 1%。

　　（2）PBS（0.05 mol/L，pH 7.4）　$NaH_2PO_4 \cdot H_2O$ 34.5 g，Na_2HPO_4 35.5 g，NaCl 4.5 g，BSA 2.5 g，NaN_3 0.05 g，加重蒸水至 1 000 mL。

　　【仪器与器械】

　　酸度计，量筒，天平，注射器（2 mL），搅拌器，外科剪，外科镊，玻璃匀浆器（10 mL），尼龙网，可调微量加样器及吸头（50、100、1 000 μL），离心机，恒温水浴，试管振荡器，水泵，γ 计数器等。

　　【方法与步骤】

　　1. 受体的准备工作

　　（1）25 ～ 30 日龄雌性大鼠 5 只，皮下注射 PMSG 50 IU/ 只，48 h 后再注射 hCG

25 IU/ 只，6～10 天后（卵巢受体含量最高）乙醚麻醉处死，摘取黄体化的卵巢（卵巢明显增大，上有陈旧的排卵点）。

（2）受体匀浆液的制备　将黄体化的卵巢置于 4℃ Tris-HCl 缓冲液中，剥离脂肪、去掉被膜和血管后称重；每 100 mg 卵巢（湿重）加 10 mL 缓冲液，在玻璃匀浆器中匀浆，然后用双层尼龙网过滤，以除去残余结缔组织；滤液以 800 r/min 离心 10 min，弃去沉淀物，上清液再用 2 000 r/min 离心 20 min，弃去上清液；将沉淀按每毫升缓冲液含 100 mg 卵巢组织的浓度制成悬浊液，分装后于 –20℃ 保存备用。

（3）受体稀释曲线（以选择最适受体浓度）　分别取 0.2、0.5、1.0、2.0、3.0、4.0、6.0、8.0 mg 卵巢组织匀浆，加 ^{125}I-hCG 100 μL，加磷酸缓冲液使最终反应容积为 500 μL，测定结合率，选择获得较大结合率的最小受体量作为测定中的受体用量。

2. RRA 操作过程

（1）将测定管编号，均设双管平行。设标准管质量浓度为 0.15、0.32、0.63、1.25、2.50、5.00 μg/L（用 PBS 稀释）。

（2）按操作程序表（表 13-6）加入各项试剂，并进行相应处理。

（3）按以上程序处理完后，任取 3 管置于 γ 计数器，测定总放射强度（CPM），求平均值即代表每管的总放射强度（T）。

（4）吸去各管上清液（包括已测定的 3 管），将沉淀物置于 γ 计数器测定每管沉淀物的放射性强度（CPM，B 或 S）。

表 13-6　LH 放射受体分析操作程序　　　　　　　　加样单位：μL

| 测定管
编号 | 标准管质量浓度 /（μg/L） | | | | | | | 非特异性
结合管 | 被测样
品管 |
	0（B_0）	0.15	0.32	0.63	1.25	2.50	5.00		
hCG 标准品		50	50	50	50	50	50	50（200 IU 原液）	
被测样品（如血清）									50
Tris-HCl 缓冲液	150	100	100	100	100	100	100	100	100
受体匀浆液	200	200	200	200	200	200	200	200	200
振荡混匀，置 37℃ 水浴中保温 30 min，然后冰浴 5 min 终止反应									
^{125}I-hCG	100	100	100	100	100	100	100	100	100
振荡混匀，置 37℃ 水浴中保温 2.5 h，进行竞争性结合反应									
PBS	200	200	200	200	200	200	200	200	200
冰浴 10 min 终止反应，3 000 r/min 离心 20 min									

【注意事项】

1. 取大鼠卵巢制备受体过程均在 4℃ 条件下进行，以免影响结合率。

2. 制备的组织悬浊液（含受体）应分装保存在 –20℃ 或 –30℃，切勿多次解冻。

3. 被测样品的加入量是根据血中 LH 水平和测定经验选定的，如果样品中含量较低或较高，在做标准曲线时，可先用不同量的样品预测，从而选择适当的加入量。

4. 高度纯化的激素标准品是建立 RRA 法的先决条件，这一点与 RIA 类似。但 RRA 法中的激素标准品，可用质量单位，也可用生物活性单位。

【实验结果】

1. 与 RIA 方法相似（见实验 13.7），将各管测得的放射性强度减去非特异结合管的放射性强度（N）即各管实际的特异性结合的放射性强度（B）。

2. 以标准品 hCG 的浓度为横坐标，相应的 hCG-LH 受体结合率（B/B_0）为纵坐标，绘制竞争结合标准曲线。

3. 以样品的相应结合百分率（S/B_0）从标准曲线中查出 LH 含量。

注：结合百分率亦可用 $B(S)/T \times 100\%$ 表示 [T 通过上述步骤 2（3）测得]。

【思考题】

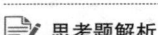 思考题解析

试比较 RRA 与 RIA 的异同。

（杜荣　秦健）

实验 13.11　乳中孕酮的酶联免疫吸附测定

酶联免疫吸附分析法（ELISA）与 RIA 法相似，利用被测抗原（或抗体）和酶标记抗原（或抗体）与特异性抗体（或抗原）竞争结合的关系，通过测定酶催化底物所产生的有色产物量来推算被测抗原（或抗体）的量。当特异性抗体量一定，且小于被测抗原和酶标抗原之和时，被测抗原浓度越高，酶标抗原和抗体的结合就越少，颜色反应显色越浅。以标准抗原的不同浓度为横坐标，以吸光度（A）或相应的结合率（A/A_0）为纵坐标，绘制标准曲线，根据被检样品的结合率即可查到相应的含量。用酶标记抗原（或抗体）时，通常采用化学方法使酶与抗原（或抗体）结合，或通过免疫学方法使酶与抗酶抗体结合。由于孕酮属小分子类固醇激素，所以通常先将其与大分子蛋白质（如牛血清蛋白）结合变成完全抗原，然后再利用免疫学方法获得抗体。

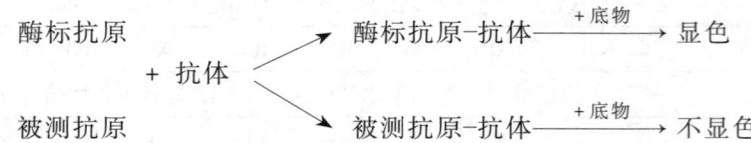

【实验目的】

以测定乳中孕酮含量为例，了解酶联免疫吸附分析法的基本原理与检测技术。

【实验对象】

发情牛和怀孕牛的鲜奶。

【实验药品】

（1）孕酮抗血清　用 11α- 孕酮 – 牛血清白蛋白（11α-P_4-BSA）免疫兔子获

得，效价在 $1:10^4$ 以上。

（2）标准孕酮（P）用脱激素奶将标准孕酮稀释为 0.125、0.25、0.5、1.0、2.0、4.0、8.0、16 μg/L 系列浓度。

（3）酶标孕酮（P-HRP）由 11α- 孕酮 – 半琥珀酸（11α-P-HS）和辣根过氧化物酶（HRP）通过共价键联结而成，稀释度在 $1:10^6$ 以上。

（4）包被缓冲液（pH 9.6，0.05 mol/L）　Na_2CO_3 1.59 g，$NaHCO_3$ 2.93 g，NaN_3 0.2 g，溶于 1 000 mL 蒸馏水中，用于稀释抗血清。

（5）测定缓冲液（pH 7.0，0.1 mol/L）　$Na_2HPO_4 \cdot 12H_2O$ 21.85 g，NaCl 8.70 g，$NaH_2PO_4 \cdot 2H_2O$ 6.08 g，BSA 1.00 g，溶于 1 000 mL 蒸馏水中，用于酶标抗原及样品的稀释。

（6）底物缓冲液（pH 5.4）　柠檬酸（$C_6H_8O_7 \cdot H_2O$）0.47 g，$Na_2HPO_4 \cdot 12H_2O$ 2.00 g，溶于 100 mL 蒸馏水中，用于底物液的配制。

（7）底物液　取 10 g/L 四甲基联苯胺硫酸盐（TMBS）或二甲亚砜液（DMSO）0.2 mL，加入底物缓冲液至 5 mL，使用前加 50 μL 0.6% 的 H_2O_2，用于显色。

（8）H_2SO_4 终止液（2 mol/L）　浓 H_2SO_4 1 份，蒸馏水 9 份，用于终止显色反应。

（9）冲洗缓冲液（pH 7.4）　$Na_2HPO_4 \cdot 12H_2O$ 2.9 g，KH_2PO_4 0.2 g，NaCl 8.0 g，KCl 0.2 g，吐温（Tween-20）0.5 mL，溶于 1 000 mL 蒸馏水中，用于冲洗酶标板。

（10）脱激素（孕酮）奶　以 5.0 g 活性炭和 0.5 g 葡聚糖（G25）溶于 250 mL 不含 BSA 的测定缓冲液，磁力搅拌器搅拌 30 min，即为用葡聚糖包被的活性炭（DCC）。取 DCC 一份，加等量奶样，3 000 r/min 离心 10 min，取上清液即为脱激素奶。用于标准孕酮的稀释。

【仪器与器械】

酶标测定仪，聚苯乙烯酶标板，磁力搅拌器，恒温水浴锅，水箱，微量加样器及吸头（50、200、1 000 μL），试剂瓶等。

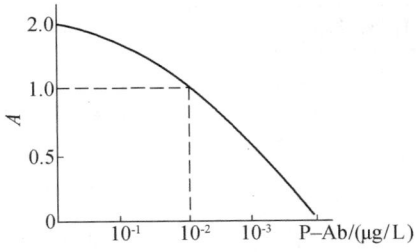

图 13-9　抗血清稀释曲线

【方法与步骤】

1. 酶标板的预处理

新制的酶标板含有机成分，使用前先用无水乙醇浸泡 2 h 以上，再用蒸馏水冲洗干净，37℃烘干或阴干。

2. 制作孕酮抗血清稀释曲线并选择最适工作浓度

将孕酮抗血清稀释成不同浓度，包被同一酶标板的不同孔眼后，测其吸光度（A）。一般初选 A 值为 1.0 左右时的孕酮抗血清浓度为最适工作浓度（图 13-9）。

3. 制作酶标孕酮稀释曲线并选择最适工作浓度

以初选的抗血清稀释浓度包被酶标板，将酶标孕酮稀释成不同浓度，加入酶标板后测其吸光度，绘制酶标孕酮稀释曲线（图 13-10）。选择斜率最大并有一定吸光度值的酶标孕酮稀释浓度为最适工作浓度。

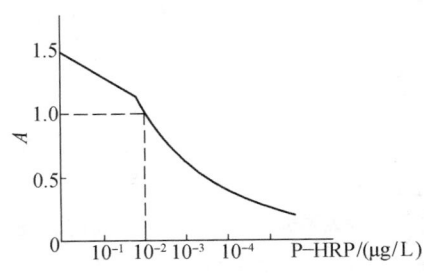

图 13-10　酶标孕酮稀释曲线

4. 酶联免疫分析的操作步骤

（1）将测定孔编号，至少设两个重复。酶标板第一列为空白孔，第二列为样品孔，其余依次为不同浓度的标准孔。设标准孔质量浓度为 0（A_0）、0.125、0.25、0.5、1.0、2.0、4.0、8.0、16.0 μg/L，分别对应不同浓度的标准孕酮。

（2）按操作程序表（表 13-7）加入各项试剂，并进行相应处理。最后以 H_2SO_4 终止液终止显色反应。

（3）用酶标测定仪检测波长 450 nm 处的吸光度值（A_{450}）。

表 13-7　乳中孕酮酶联免疫测定程序　　　　　　　　　加样单位：μL

试剂	标准孔质量浓度 /（μg/L）									空白孔	样品孔
	0	0.125	0.25	0.5	1.0	2.0	4.0	8.0	16.0		
包被液（4℃）										200	
最适稀释浓度的孕酮抗血清工作液	200	200	200	200	200	200	200	200	200		200
4℃冰箱 28 h，吸去孔内液体，用冲洗缓冲液冲洗 3 次，以去除未吸附的游离抗体，然后吸干											
去激素（孕酮）奶	100									100	
标准孕酮		100	100	100	100	100	100	100	100		
5 倍稀释脱脂乳样											100
最适浓度酶标孕酮	100	100	100	100	100	100	100	100	100	100	100
37℃孵育 3 h，吸去孔内液体，用冲洗缓冲液冲洗 3 次，以去除未结合的孕酮，然后吸干											
新鲜底物液（显色）	200	200	200	200	200	200	200	200	200	200	200
室温放置 45~60 min 或 37℃ 30 min，以充分显色											
H_2SO_4 终止液	50	50	50	50	50	50	50	50	50	50	50

【注意事项】

1. 用于包被的抗血清浓度必须合适，过高则不存在结合的竞争性。

2. 标准品用脱激素奶样稀释，以避免奶样中测定干扰物的影响。

3. 免疫反应温度也可在 38℃温育 2.5 h，但不能超过 40℃。

【实验结果】

1. 与 RIA 方法相似（见实验 13.7），将各孔测得的吸光度值减去空白孔的吸光度值（N）即各孔实际的特异性结合的吸光度值。

2. 以标准孕酮的不同浓度为横坐标，相应的抗体结合吸光度值或结合率（A/A_0）为纵坐标，绘制标准曲线。

3. 以样品的吸光度值或结合百分率（S/A_0），从标准曲线中查找相应孕酮含量。

【思考题】

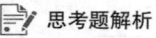
思考题解析

1. 试比较 ELISA 与 RIA 方法的异同点。

2. 比较怀孕牛和发情牛乳中孕酮含量的差异并分析原因。

（秦健　杜荣）

第三部分　综合设计性实验

第14章

综合性实验

e 数字资源

视频

拓展知识

思考题解析

综合性实验主要是指：①一些涉及多个组织、器官、系统的实验，其内容有的在理论课上已经讲过，有的可能没讲过，拟通过实验观察、综合比较，进一步理解各研究对象的生命活动有何特征和相互制约的机能关系。②利用不同学科的实验方法来研究生理学上的一个问题，达到相互佐证，得出较为全面、正确的结论。③多个学科中方法相似、理论相关的实验有机地结合，从正、反不同角度解释机体的机能性活动。拟在培养和提高学生观察、分析、综合、独立思考和解决问题的科学逻辑思维方法和能力。

实验 14.1　不同强度和频率的刺激对蛙骨骼肌和心肌收缩的影响

动物机体中不同组织兴奋性的高低不同，同一组织的不同单位的兴奋性也不同。一块骨骼肌由若干个兴奋性不同的运动单位组成，阈下刺激不能引起肌肉的收缩；阈上刺激，则随着刺激强度的增加肌肉收缩的幅度和收缩张力也增加；当刺激强度达到一定值，所有运动单位都兴奋时，肌肉收缩幅度和张力达到最大。和骨骼肌不同，心肌细胞具有分支，且细胞间有闰盘结构，兴奋容易传导至整个心室，是一个功能合胞体。因此心肌的收缩具有"全或无"的特性，阈下刺激不能引起心肌的收缩，阈上刺激则引起心肌的最大收缩。骨骼肌细胞的动作电位过程中绝对不应期短，短于肌肉收缩的潜伏期，因此当有效刺激频率高到一定程度时，可引起肌肉收缩的总和，甚至出现不完全强直收缩和完全强直收缩；与之不同的是心肌细胞动作电位的复极化过程中有一个平台期，导致其兴奋性的有效不应期特别长，占据了心肌收缩期和舒张早期，在有效不应期内给与刺激心室肌没有反应，因此心肌不能产生强直收缩。

【实验目的】

通过对比实验，了解骨骼肌和心肌收缩的特点，观察不同强度和频率的刺激对其收缩的影响。

【实验对象】

蛙或蟾蜍。

【实验药品】

任氏液等。

【仪器与器械】

小动物手术器械一套（见 3.1.1 节），培养皿，滴管，废物缸，生物信号采集处理系统，50 ~ 100 g 的张力换能器，细线，支架等。

【方法与步骤】

1. 标本的制备

（1）制备坐骨神经 – 腓肠肌标本　见实验 5.1。

（2）暴露心脏　另取一只蛙，参照实验 7.1 暴露心脏。

2. 仪器及标本的连接

（1）将坐骨神经 – 腓肠肌标本的股骨固定在蛙肌槽的固定小孔内，腓肠肌跟腱上的连线连于张力换能器的应变片上，张力换能器的输出导线连到生物信号采集系统的通道输入孔中（如 CH1）。将坐骨神经放置在肌槽的电极上，并与刺激连接线相连。

（2）用蛙心夹夹住心室尖端约 1 mm，蛙心夹的连线连到生物信号采集系统的另一个通道输入孔中（如 CH2），再将另一对电极轻轻搭在心室肌上，注意不要压迫心室而影响心室的收缩。

3. 实验项目

（1）刺激强度对腓肠肌和心肌收缩的影响　打开计算机，启动生物信号采集处理系统，进入"刺激强度对骨骼肌收缩的影响"模拟实验菜单（参见实验 5.1）。

（2）刺激频率对腓肠肌和心肌收缩的影响　打开计算机，启动生物信号采集处理系统，进入"刺激频率对骨骼肌收缩的影响"模拟实验菜单（参见实验 5.2）。

【注意事项】

1. 制作好的肌肉标本，应放在任氏液中浸泡一段时间，实验中经常给标本滴加任氏液，保持标本良好的兴奋性。

2. 每次刺激的时间不宜过长，每次刺激之后应让肌肉松弛一段时间，再进行下一次刺激。

3. 电极要与肌肉密切接触。

【实验结果】

标记不同的收缩曲线，然后进行剪辑、打印。

【思考题】

1. 比较骨骼肌和心肌收缩有什么不同特点，分析其原因。

2. 本实验能否用一只蛙做在体实验，怎么制作标本和与仪器进行连接？

📝 思考题解析

（陈韬）

实验 14.2　不同类型缺氧动物模型的制备

缺氧指的是当组织供氧减少或不能充分利用氧时，导致组织代谢、功能和形态结构发生异常变化的病理过程。机体对外界氧的摄取、结合、运输和利用 4 个环节中任何一个环节发生障碍，都可造成机体缺氧。缺氧根据发生的原因和血氧变化的特点分为 4 型：乏氧性缺氧、血液性缺氧、循环性缺氧和组织性缺氧。

将小鼠放入有钠石灰的密闭缺氧瓶中可以模拟乏氧性缺氧。CO 与血红蛋白的亲和力远大于 O_2 与血红蛋白的亲和力，给小鼠吸入大量的 CO，可形成碳氧血红蛋白而失去携氧能力，发生 CO 中毒。亚硝酸盐可将血红蛋白中 Fe^{2+} 氧化为 Fe^{3+}，从而使其失去结合氧的能力，产生血液性缺氧。氰化物可破坏组织的呼吸链，从而使组织利用氧的能力减弱，产生组织性缺氧。

【实验目的】

学习各型缺氧动物模型复制的方法，了解缺氧的分类；观察不同类型缺氧中机体的变化；掌握各类型缺氧的概念、发生机制及特点。

【实验对象】

小鼠。

【器材与药品】

小鼠缺氧瓶（250 mL 带塞锥形瓶或广口瓶），一氧化碳发生装置一套，刻度吸管（2 mL、5 mL），1 mL 注射器，酒精灯，6 号针头，手术剪、组织镊、眼科镊各一把；钠石灰，甲酸，浓硫酸，氢氧化钠，5% 亚硝酸钠，1% 亚甲蓝，0.1% 氰化钾溶液。

【方法与步骤】

1. 正常对照组：取正常小鼠一只，观察动物的各项指标［动物一般状态、活动情形，呼吸频率（每 10 s 的次数）、深度，皮肤与口唇颜色］。处死动物后立即从眶静脉取血 2 滴于装有 7 mL 蒸馏水的试管内混匀，观察其颜色。打开胸腹腔，观察其内脏颜色，并与其他类型的缺氧小鼠比较。

2. 乏氧性缺氧

取钠石灰少许（约 5 g）及小鼠一只放入缺氧瓶内。观察动物的一般情况、呼吸、皮肤与口唇颜色，然后塞紧瓶塞，记录时间。以后每 3 min 重复观察上述指标一次（如有其他变化则随时记录），直到动物快死亡时从眶静脉取血 2 滴于装有 7 mL 蒸馏水的试管内混匀，观察其颜色。打开胸腹腔，观察其内脏颜色，并与其他类型的缺氧小鼠比较。

3. 血液性缺氧

（1）一氧化碳中毒性缺氧

① 取小鼠一只放入广口瓶中，观察动物的一般情况、呼吸、皮肤与口唇颜色。

② 在一氧化碳发生装置的烧瓶内加入甲酸 3 mL；将分液漏斗置于关闭状态，并在其内加入浓硫酸 2 mL。用酒精灯加热烧瓶，待烧瓶中的甲酸沸腾时，用连有橡皮管的广口瓶的瓶塞塞紧，同时开启分液漏斗的开关，使其内的浓硫酸缓慢滴下。记录此时时间。浓硫酸可以与加热的甲酸脱水产生一氧化碳，一氧化碳经橡皮管进入广口瓶内。当小鼠剧烈抽搐时，熄灭灯火。观察瓶内小鼠的情况直至其死亡。记录小鼠的死亡时间。

③ 待动物快死亡时立即从眶静脉取血 2 滴于装有 7 mL 蒸馏水的试管内混匀，观察其颜色。打开胸腹腔，观察其内脏颜色，并与其他类型的缺氧小鼠比较。

（2）亚硝酸盐中毒缺氧

① 取体重相近、性别相同的小鼠 2 只，用苦味酸标记，区分为甲鼠、乙鼠，观察动物的一般情况、呼吸、皮肤与口唇颜色。

② 甲鼠腹腔注射 5% 亚硝酸钠（0.5 g/kg），记录注射时间并进行观察（观察内容同上），待动物快死亡时立即从眶静脉取血 2 滴于装有 7 mL 蒸馏水的试管内混匀，观察其颜色。等动物死亡后记录死亡时间。打开胸腹腔，观察其内脏颜色，并与其他类型的缺氧小鼠比较。

③ 乙鼠腹腔注射 5% 亚硝酸钠（0.5 g/kg），同时在腹腔的另一侧注射 1% 亚甲蓝（0.2 g/kg），记录注射时间并进行观察。从眶静脉取血 2 滴于装有 7 mL 蒸馏水的试管内混匀，观察其颜色。打开胸腹腔，观察其内脏颜色，并与其他类型的缺氧小

鼠比较。

4. 组织中毒性缺氧

（1）取小鼠一只，称重。观察动物的一般情况、呼吸、皮肤与口唇颜色。

（2）由腹腔（左下腹）注入 0.1% 氰化钾溶液（10 mg/kg），立即观察上述指标。待动物快死亡时立即从眶静脉取血 2 滴于装有 7 mL 蒸馏水的试管内混匀，观察其颜色。打开胸腹腔，观察其内脏颜色，并与其他类型的缺氧小鼠比较。

5. 实验结果　将上述实验结果记录在表 14-1 中。

表 14-1　不同类型缺氧结果比较

缺氧类型	呼吸频率及深度	唇、耳、尾、皮肤黏膜颜色	全身情况
正常对照			
乏氧性缺氧			
CO 中毒性缺氧			
亚硝酸盐中毒性缺氧			
氰化物中毒性缺氧			

【注意事项】

1. 复制乏氧性缺氧时，缺氧瓶一定要密闭，可用凡士林涂在瓶塞外。瓶内钠石灰必须能有效地吸收 CO_2。

2. 复制 CO 中毒时，CO 产生量应保持适中，可稍微加热，但应防止 CO 产生过快致小鼠迅速死亡，影响观察。CO 为有毒气体，实验中应注意防护。

3. 氰化钾有剧毒，勿沾染皮肤、黏膜，特别是有破损处。操作过程中严防氰化物污染。试验后将物品洗涤干净。

4. 小鼠腹腔注射应稍靠左下腹，勿损伤肝脏，也应避免将药液注入肠腔或膀胱。

5. 每只动物取血的量必须一致。

【思考题】

1. 本次实验复制了哪些类型的缺氧？其发生的原因和机制是什么？

2. 各实验模型中小鼠的皮肤及血液颜色有何不同变化？为什么？

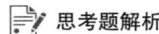 思考题解析

（李莉　沈明华）

实验 14.3　影响心输出量的因素

心输出量是指每分钟一侧心室所射出的血量，即每搏输出量与心率的乘积，是衡量心功能的重要指标。每搏输出量反映了心肌收缩力与做功的大小，并取决于前负荷（心室舒张末期容积）、心肌收缩能力和后负荷（动脉血压）。因此，影响心输出量的主要因素是心室舒张末期容积、心肌收缩能力、动脉血压和心率。

心室收缩前负荷是指心肌尚未收缩时所遇到的阻力，与心室舒张末期容积直接有关。若回心血量增加，心室舒张末期容积增加，心肌收缩前遇到的前负荷增加，

心肌纤维初长度拉长，则心肌收缩力加强，每搏输出量增加。后负荷指心肌收缩时所遇到的总外周阻力，即动脉血压。后负荷增加时可使心室搏出量减少，但射血后心室内剩余血量将增多，则心室舒张末期容积增加，可通过异长自身调节加强心肌收缩，使搏出量回升。心肌收缩能力是指心肌内在收缩机制改变所引起的收缩力量的改变，与前、后负荷无关，受去甲肾上腺素、乙酰胆碱等神经递质和体液因素的影响。在一定范围内心率增加，心输出量增加；但超过了一定范围心舒张期充盈不足，可引起前负荷下降、搏出量减少，故心输出量反而减少。

【实验设计要求】

可选用蛙或蟾蜍（也可选用豚鼠、兔、猫）的离体心脏，旨在消除神经反射和机体体液因素对心率的影响。因此，该实验设计主要考虑心室舒张末期容积、心肌收缩能力、动脉血压和心率对心输出量的影响。

可结合上述原理设计实验方案，探讨改变前负荷、后负荷、心肌收缩能力或心率对每搏输出量的影响（可设计某一因素或多个因素），并对心脏机能进行评价。实验设计格式如下（可根据具体情况有所增减）：

【实验目的】

通过离体蛙心（或其他小动物的心脏）灌流，观察心室舒张末期容积（前负荷）、动脉血压（后负荷）、心肌收缩能力及心率对心输出量的影响；

掌握蛙等动物的动、静脉插管技术。

【立题依据】

要求在上述原理的基础上，进一步阐述立题的理论依据与实验内容、拟采用的实验方法和技术路线（即通过何种仪器、技术与方法来改变心输出量，确定实验顺序，确定观察评价心脏泵血机能的指标）。

【实验对象】

自行确定。

【实验药品】

根据实验目的确定所需药品。

【仪器与器械】

参考相关实验列出本次实验所需仪器、设备和用具。

【方法与步骤】

1. 实验标本的制备

介绍两种离体心脏灌流标本的制备方法供参考：

（1）离体蛙心双管灌流标本的制备

① 破坏蛙或蟾蜍的脑和脊髓，仰卧位固定于蛙板上，按照 V 形切口剪去胸壁肌肉和骨骼，暴露心脏和主动脉。用玻璃分针将蛙心向前翻转暴露心脏背面，识别静脉窦、后腔静脉（下腔静脉）、肝静脉和前腔静脉。后腔静脉最粗，位于肝叶背侧的深部，需拨开肝叶才能看到（图 14-1）。分离两侧主动脉，用线结扎右主动脉并将其远心端剪断，再在左主动脉下穿一细线备用。

② 用蛙心夹夹住心尖部，将心脏轻轻提起，用已备好的左主动脉下方的细线，将左右前腔静脉、左右肺静脉一起结扎，并将其结扎外围远心端剪断（也可分别结

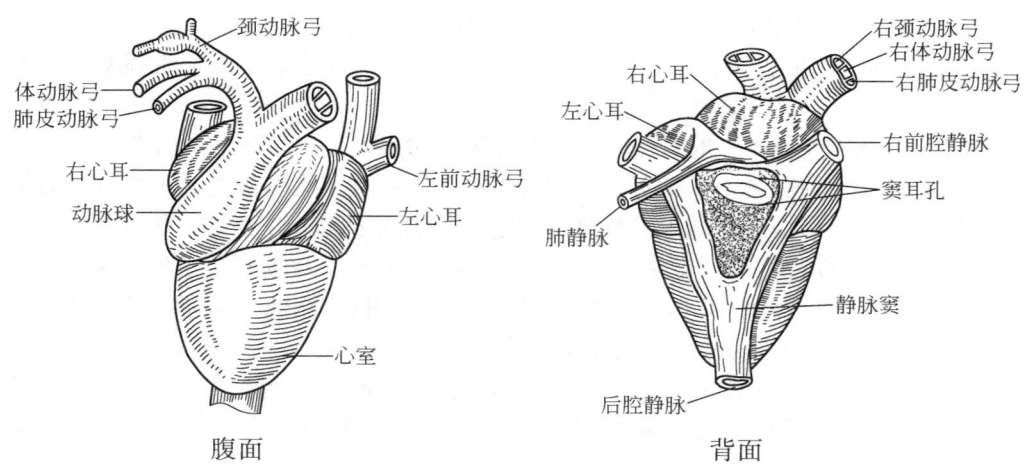

图 14-1　蛙心解剖图

扎剪断）。

　　用玻璃分针将心脏翻向头端，用线结扎左、右肝静脉（结扎时切忌伤及静脉窦），于结扎外围远心端将其剪断。在后腔静脉下穿一细线，打一活结备用。用眼科剪沿向心方向剪一斜口，随即将与恒压贮液瓶（预先装上任氏液，排尽整个管道内气体后关闭螺旋水夹）相连的塑料插管向心插入后腔静脉（勿伤及静脉窦），用备用线结扎固定插管。插管尾端经橡皮管连于贮液瓶上。

　　③　翻正心脏，在左主动脉上向心方向剪一小口，向心脏方向插入动脉插管（或细塑料管），用线结扎固定插管。插管尾端经橡皮管连一小玻璃滴管，此时可见液体从玻璃滴管中流出，将其固定于铁支架上，以便收集心脏搏出的灌流液。

　　手术完毕，旋开灌注胶管上的螺旋水夹，使任氏液流入心脏，待心脏内血液冲净后将螺旋水夹关小，以防贮液瓶中的任氏液过多流出（图 14-2）。

　　（2）豚鼠（兔、猫）离体心脏灌流标本的制备

　　①　取豚鼠一只，用木棒击昏（兔、猫则应全身麻醉），迅速打开胸腔，暴露心脏，由下腔静脉注入肝素生理盐水（100 U/kg）肝素化抗凝。

　　②　剪断肺动脉，做主动脉插管，利用恒流泵逆向灌流氧饱和的 Krebs-Henseleit 溶液。

　　③　从肺根部穿线结扎双侧肺静脉，剪去肺。

　　④　于左心房处开口，插入静脉插管，插管与恒压贮液瓶相连。

　　⑤　将心脏完全游离取出，移入保温灌流器中。逆向灌流 10～15 min 后，待心脏活动节律规则后，改为顺方向灌流。

　　2. 拟观察的实验项目观察参考性提示

　　（1）观察指标的确定与控制

　　①　恒压贮液瓶管口中心为零点。零点与心脏水平之间的垂直距离决定了心脏的灌流压，其高低表示了前负荷的大小。通过调整贮液瓶高低，可控制左心房的负荷。

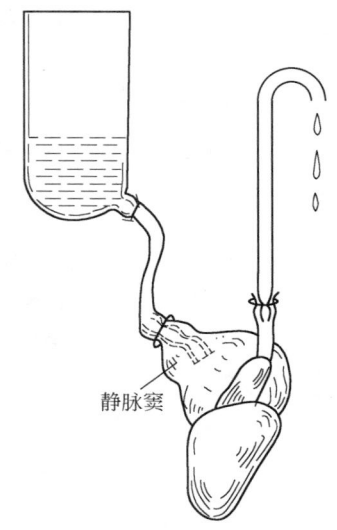

图 14-2　双管蛙心灌流

② 调整动脉插管的长短和末端高低，可控制左心室的后负荷。

③ 用刺激电极直接接触心脏，选用高于实验动物自主心率的刺激频率，以能引起心脏收缩的电刺激强度来控制心率。

（2）静脉回流量——前负荷（即心室舒张末期容积）对心输出量的影响

① 固定后负荷约在 20 cm 处，人工控制心率，缓慢抬高贮液瓶，观察直至动脉插管流出液明显增加（或减少）时将其固定，分别测定此时贮液瓶零点高于心脏的垂直距离（前负荷，cm），记录心输出量（即 1 min 内流出动脉插管的液体量）。

② 以前负荷为横坐标，心输出量为纵坐标，绘制心输出量 – 前负荷关系曲线。

（3）动脉血压（后负荷）对心输出量的影响

① 固定前负荷约 20 cm 处，人工控制心率，缓慢抬高动脉插管末端，观察到流出液明显减少或停止流出时将其固定，分别测定此时动脉插管末端高于心脏的垂直距离（后负荷，cm），记录心输出量。

② 以后负荷为横坐标，以心输出量为纵坐标，绘制心输出量 – 后负荷关系曲线。

（4）心肌收缩能力对心输出量的影响 参考上述（2）、（3）实验项目，利用肾上腺素设计实验观察心肌收缩能力对心输出量的影响。绘制滴注肾上腺素后的心输出量 – 后负荷关系曲线，与项目（3）的关系曲线作比较。

（5）心率对心输出量的影响 参考实验上述（1）中的①、②项，确定最合适的前负荷与后负荷，改变人工起搏频率，分别记录不同频率时的心输出量，绘制心输出量 – 心率关系曲线。

【注意事项】

1. 手术时不要损伤静脉窦。

2. 整个实验中贮液瓶零点不要太高，避免输液管道扭曲，输液管道中不能有气泡。

3. 心脏表面经常滴加任氏液，防止组织干燥。

【预期实验结果】

提示：根据功的计算公式：$W = p \cdot V$

心脏每搏所做功 = 总外阻力 × 每搏输出量

心脏每搏功的大小反映心脏收缩力量的大小。

【讨论与结论】

实验中如何找到最适前负荷？哪些因素会对心肌收缩性能有影响？分析讨论改变前负荷、后负荷及心肌收缩能力对每搏输出量的影响。

【参考文献】

按研究论文的要求和格式列出与本实验研究相关的主要参考文献。

（柴龙会 肖向红）

实验 14.4　大鼠（无创）血压、心电、呼吸和膈肌电活动的同步记录

动脉血压是指流动的血液对血管壁所施加的侧压力。测量人体动脉血压是用充了气的橡皮袋（袖带），由肢体外加压到足以压闭深部动脉的程度，然后放气，逐步降低袖带内的压力。当袖带内压力等于或略低于动脉内最高压力时，才有少量血液通过压闭区，在远端血管内引起湍流，于是用听诊器可在远侧血管壁听到震颤音并能触到脉搏，此时带内的压力即为收缩压。继续降压，直到袖带内压力与血管在心脏舒张时的压力相等之前，血液都是间歇地通过压闭区，所以一直都能听到声音。当带内压力等于或略低于舒张压时，血管处于张开状态，失去了造成湍流的因素而无声响，此时带内压为舒张压。根据此原理可利用特制的鼠无创血压装置测定鼠尾动脉血压（图 14-3，图 14-4）。

📺 **拓展知识** ◀
鼠无创尾动脉血压测量分析系统

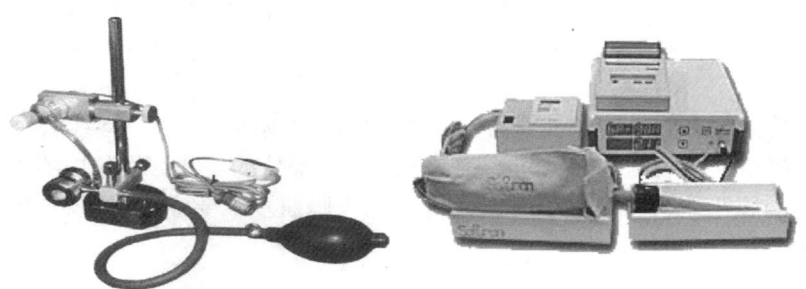

图 14-3　大鼠尾动脉血压测定装置

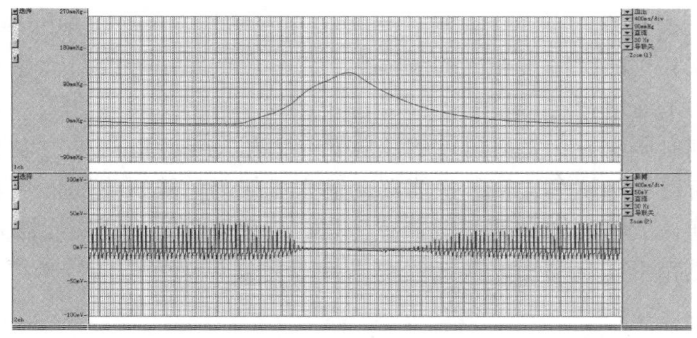

图 14-4　RM6240 生物信号波形：大鼠无创尾动脉血压测定
第 1 通道显示压力变化，第 2 通道显示脉搏变化，当加压时随着
压力升高脉搏逐渐减小，当放气时随着压力减小脉搏逐渐加大

心血管活动和呼吸器官的活动具有相关联的作用，内外环境的某一因素的变化势必影响到两大系统器官活动的改变。

【实验目的】

学习同步描记和分析哺乳动物（无创）血压、心电、呼吸和膈肌电活动的方法；

观察某些因素对血压、心电、呼吸运动、膈肌电活动的影响；

了解血压、心电、呼吸运动与膈肌电活动的关系。

【实验对象】

大鼠。

【实验药品】

20% 氨基甲酸乙酯（或 3% 戊巴比妥钠），3% 乳酸等。

【仪器与器械】

哺乳类手术器械一套，鼠手术台，气管插管（为 50 cm 长的橡皮管），CO_2 气体球胆，注射器（10、20 mL），计算机生物信号采集处理系统，鼠无创血压装置（包括鼠尾脉压套、压力表、高敏脉搏换能器），压力换能器，张力换能器，呼吸换能器，肌电引导电极（针形，用针灸针制成，上面套有绝缘套）等。

【方法与步骤】

📺 拓展知识 ◀
鼠无创尾动脉血压
的测定

1. 动物的固定、麻醉及气管插管

取大鼠一只，称重，用 20% 氨基甲酸乙酯（1 g/kg）或 3% 戊巴比妥钠（20～60 mg/kg）进行麻醉、固定。

2. 手术

（1）剪去颈部的毛，做气管插管，并分离出两侧迷走神经，穿线备用。

（2）膈肌电活动的引导　切开胸骨下端剑突部位的皮肤，沿腹白线剪开约暴露与之相连的膈小肌，将肌电引导电极直接插入膈肌（不要穿过膈肌），用动脉夹固定在剑突上。

3. 仪器、通道连接

（1）心电图引导　对四肢进行剪毛，参考兔或羊的 I、II、III 标准肢体导联（见实验 7.5.1），将 4 根针形电极分别插入四肢皮下，将心电图引导电极输入端的 3 个电极夹按正极接在右前（上）肢，负极接在左后（下）肢，地线接在右后（上）肢（标准导联 II）的次序接在鼠的肢体上。将导联的输出导线与计算机生物信号采集处理系统的 1 通道相连。

（2）无创血压引导　将血压计的压脉套至大鼠尾部近心端处，以压力换能器替换压力表，与鼠尾脉压套连接，换能器的输入导线与计算机生物信号采集处理系统的 2 通道相连；或将高敏脉搏换能器置于尾巴中上 1/3 处，使换能器表面对准尾巴腹侧，用尼龙扣带固定动物，换能器输入导线与计算机生物信号采集处理系统的 2 通道相连。

（3）呼吸运动的引导　将呼吸换能器与气管插管连接，其输入与张力换能器相连（或用细线的一端缚住胸部一撮毛，另一端与张力换能器相连），换能器的输入导线与计算机生物信号采集处理系统的 3 通道相连（见实验 8.3）。

📺 拓展知识 ◀
膈肌放电图形

（4）膈肌电活动的引导　电极导线与计算机生物信号采集处理系统的 4 通道相连。

4. 实验内容

打开计算机，各通道进入相应的实验菜单，进行下列实验内容：

（1）记录动物平静时各器官活动状况曲线。

（2）CO_2 浓度升高　将 CO_2 球胆开口靠近气管插管的一个侧管，增加吸入气中的 CO_2，观察各项指标有何变化。

（3）增大无效腔　在气管插管侧管上接 50 cm 长的橡皮管，然后堵住另一侧管，使无效腔增大，观察各项指标有何变化。

（4）增大气道阻力　在吸气末或呼气末，分别将气管插管侧管夹闭 2/3 或 1/3，使动物处于憋气状态，观察各项指标有何变化。

（5）H^+ 浓度升高的影响　静注 3% 乳酸 0.5～1 mL，观察各项指标有何变化。

（6）肺牵张反射　于吸气末向气管内打气，或呼气末从气管内抽气，观察各项指标有何变化。

（7）迷走神经的影响　先切断一侧迷走神经，再切断另一侧迷走神经，观察各项指标有何变化。

【注意事项】

1. 记录仪器应有良好的接地。为避免干扰，动物要加以固定并放置在软垫上。

2. 大鼠尾巴皮肤厚，脉搏很弱，测量时需适当给大鼠尾部加热，以扩张局部血管。

3. 一般收缩压比较容易观测到，而舒张压则不太容易观测到，必要时可另行使用多道（多于 4 道）记录仪同步记录脉搏波和压力脉套内的压力变化曲线。

【实验结果】

剪贴实验记录，分析不同条件下，动物机体的循环系统和呼吸系统的活动是如何达到统一、相互协调的。

（张维民）

实验 14.5　甲状腺激素对小鼠能量代谢的影响

机体所需要的能量来源于食物中的糖、脂肪和蛋白质。这些能源物质分子结构中的碳氢键蕴藏着化学能，在氧化过程中断裂，生成 CO_2 和 H_2O，同时释放出所蕴藏的化学能。动物机体利用这些能量除骨骼肌运动做功外其余都转变成热能维持体温或释放。如果在某一段时间内，避免动物做外功，则该段时间内产热量应该等于这些食物在代谢中所释放的能量。因此，此时测定单位时间内机体的产热量就可以代表机体的能量代谢。测定机体在单位时间内散发的总热量，通常有直接测热法和间接测热法。但直接测热法设备复杂，操作繁琐，现已很少用。间接测热法的原理是根据从化学反应中的物质不灭定律和定比定律得知化学反应中反应物的量和产物量之间呈一定的比例关系。同一个反应，只要其反应物和终产物不变，不论经过什么样的中间环节，也不管反应条件差异多大，这种定比关系是不会改变的。因此间接测定法利用定比关系，测出一定时间内动物体内氧化分解的糖、脂肪和蛋白质各有多少，再计算出它们所释放的热量。

根据定比定律可推知，机体的耗氧量是与能量代谢率成正相关的，所以通过测定动物消耗一定量氧气所需的时间获得每小时的耗氧量，然后根据呼吸商对应的氧热价即可推算机体的产热量和能量代谢率。

哺乳动物的甲状腺位于喉的后方，甲状软骨附近，分左右两叶，主要分泌 T_4（甲状腺素，四碘甲腺原氨酸）和 T_3（三碘甲腺原氨酸）两种甲状腺激素。甲状腺激素可显著提高动物的基础代谢率，增加动物的耗氧量。将灌服甲状腺激素或摘除甲状腺的动物置于密闭容器中，通过测定机体消耗一定量氧气所需要的时间，测出每小时的耗氧量，同时测定血液中甲状腺激素的浓度，从而计算出小鼠的能量代谢率，观察、了解甲状腺激素对机体代谢的调节作用。

14.5.1　实验动物代谢能的测定

【实验目的】

掌握甲状腺摘除的方法；了解甲状腺激素对动物机体能量代谢的影响以及能量代谢的间接测定方法和原理。

【实验对象】

小鼠。

【实验药品】

钠石灰（用纱布包好），液体石蜡或凡士林，甲状腺激素制剂，生理盐水等。

【仪器与器械】

广口瓶（500 mL）或干燥器，橡皮塞，温度计，20 mL 注射器，水检压计，弹簧夹，乳胶管，充有 O_2 的球胆，鼠笼，鼠饮水器，注射器或灌胃管，哺乳动物手术器械一套，天平等。

【方法与步骤】

1. 实验动物的分组和处理

将健康小鼠（年龄相近、性别相同、体重约 20~25 g）平均分为对照组、给药组（甲亢组）、手术组（甲低组）和假手术组，每组 10~15 只，按表 14–2 处理。

表 14–2　实验动物的分组和处理

1组（对照）	2组（甲亢）	3组（甲低）	4组（假手术）
灌胃法灌服生理盐水（连续 1~2 周）	灌胃法灌服甲状腺激素制剂（每日 5~10 mg，连续 1~2 周）	摘除甲状腺	手术，但不摘甲状腺

手术组用乙醚或戊巴比妥钠麻醉后，仰卧固定，剪去颈部被毛，碘酒消毒后沿颈部中线切开皮肤 1 cm（切口略高于甲状软骨下缘），钝性分离肌肉等组织，在喉头甲状软骨下方、气管两侧，可看到 1 对长椭圆形的甲状腺，甲状腺呈深的红褐色。结扎腺体旁边的血管，分离并摘除甲状腺，然后缝合皮肤，并涂以碘酒；假手术组和手术组类似，但不摘除甲状腺。4 组动物在相同饲养条件下饲喂 1~2 周后，分别称重，以间接测定法测定各组小鼠的耗氧量并加以比较。

2. 实验装置的连接与检查

按图 14–5 连接并检查小鼠能量代谢测定装置。在注射器内涂抹少量液体石蜡，往返推拉数次，使液体石蜡在注射器内壁形成均匀薄层，以防漏气。另外，在广口瓶塞周围、温度计及玻璃管出口处也涂少量液体石蜡或凡士林，使整个装置密封。

然后，以注射器推进一定气体，通过观察水检压计水柱液面判断是否漏气。

3．实验内容

（1）将 4 种处理的小鼠禁食 12 h 后，称重放入广口瓶内的小动物笼内，加塞密闭，待小鼠比较安静时开始下一步。

（2）打开夹子与三通开关，使氧气球胆与注射器及广口瓶同时连通，用注射器抽取略超过 20 mL 的氧气。

（3）拨动三通开关，关闭氧气球胆通道，保持注射器与广口瓶的通道仍开放，让动物适应瓶内环境 3～5 min。然后将注射器

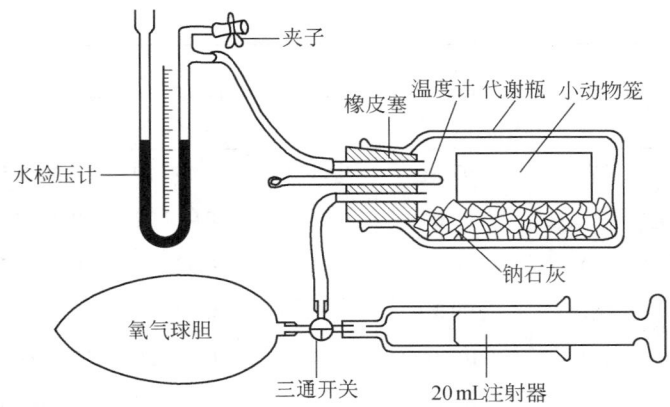

图 14-5 小鼠能量代谢的测定装置

推到 20 mL 刻度处，关闭夹子。记录此时的时间及广口瓶内的温度。

（4）将注射器向前推进 2～3 mL，若系统是密封的，此时水检压计水柱升高。随后因小鼠消耗 O_2，而呼出的 CO_2 被钠石灰吸收，故广口瓶内气体逐渐减少，水检压计的液面回降。待两侧液面水平时，再将注射器推进 2～3 mL……如此反复，直至推完 10 mL，待两侧液面水平时，记下时间，可知消耗 10 mL O_2 总共花费的时间，据此可折算出小鼠每小时耗氧量（V）。

（5）血清甲状腺激素的测定（选做） 耗氧量测定完毕后，等小鼠恢复饲养几小时，眼球采血，制备血清，以测定甲状腺激素水平（后述）。

4．计算能量代谢率

（1）将每小时耗氧量（V）校正为标准状态下的气体容量（V_0）：

$$V_0 = K \cdot V$$

式中 K 为标准状态气体换算系数，根据实验时相应气压和温度从表 14-3 中查得。

表 14-3 标准状态（STPO）气体容积的换算系数

气压 /mmHg	气压 /kPa	气温 /℃						
		10	11	12	13	14	15	16
675	90.0	0.845 10	0.841 33	0.837 53	0.833 70	0.829 85	0.825 98	0.822 08
680	90.7	0.851 45	0.847 66	0.843 83	0.839 98	0.836 11	0.832 21	0.828 29
685	91.3	0.857 80	0.853 98	0.850 13	0.846 26	0.842 37	0.838 45	0.834 51
690	92.0	0.864 14	0.860 31	0.856 43	0.852 54	0.848 63	0.844 69	0.840 72
695	92.7	0.870 49	0.866 63	0.862 73	0.858 82	0.854 89	0.850 92	0.846 93
705	94.0	0.883 18	0.879 28	0.875 34	0.871 38	0.867 40	0.863 39	0.859 36
710	94.7	0.889 53	0.885 60	0.881 64	0.877 66	0.873 66	0.869 63	0.865 58
715	95.3	0.895 88	0.891 93	0.887 94	0.883 94	0.879 92	0.875 87	0.871 79
720	96.0	0.902 22	0.898 25	0.894 24	0.890 2	0.886 18	0.882 10	0.878 01

续表

气压 /mmHg	气压 /kPa	气温 /℃						
		10	11	12	13	14	15	16
730	97.3	0.914 92	0.910 90	0.906 85	0.902 78	0.898 69	0.894 58	0.890 44
735	98.0	0.921 26	0.917 22	0.913 15	0.909 06	0.904 95	0.900 81	0.896 65
740	98.7	0.927 61	0.923 55	0.919 45	0.915 34	0.911 21	0.907 05	0.902 87
745	99.3	0.933 96	0.929 87	0.925 76	0.921 62	0.917 47	0.913 29	0.909 08
750	100.0	0.940 30	0.936 20	0.932 06	0.929 16	0.923 73	0.919 52	0.915 30
755	100.7	0.946 65	0.942 52	0.938 36	0.934 18	0.929 98	0.925 76	0.921 51
760	101.3	0.953 00	0.948 5	0.944 66	0.940 46	0.956 24	0.932 00	0.927 73
765	102.0	0.959 34	0.955 17	0.950 96	0.946 74	0.942 50	0.938 23	0.933 94
770	102.7	0.965 69	0.961 49	0.968 53	0.953 02	0.923 73	0.944 47	0.940 16

气压 /mmHg	气压 /kPa	气温 /℃						
		17	18	19	20	21	22	23
675	90.0	0.818 13	0.814 14	0.810 13	0.806 07	0.801 97	0.797 82	0.793 62
680	90.7	0.824 32	0.820 32	0.816 28	0.812 20	0.808 08	0.803 90	0.799 68
685	91.3	0.830 51	0.826 49	0.822 43	0.818 33	0.814 19	0.809 99	0.805 75
690	92.0	0.836 71	0.832 66	0.828 58	0.824 46	0.820 30	0.816 08	0.811 82
695	92.7	0.842 90	0.838 83	0.834 73	0.830 59	0.826 41	0.822 17	0.817 89
700	93.3	0.849 10	0.845 01	0.840 88	0.836 72	0.832 52	0.828 26	0.823 96
705	94.0	0.855 29	0.851 18	0.847 04	0.842 85	0.838 26	0.834 35	0.830 03
710	94.7	0.861 48	0.857 35	0.853 19	0.848 98	0.844 73	0.840 4	0.836 09
715	95.3	0.867 68	0.863 52	0.859 34	0.855 11	0.850 84	0.846 52	0.842 16
720	96.0	0.873 87	0.869 70	0.865 49	0.861 24	0.856 95	0.852 61	0.848 23
725	96.7	0.880 06	0.875 87	0.871 64	0.867 37	0.863 06	0.858 70	0.854 30
730	97.3	0.886 26	0.882 04	0.877 79	0.873 50	0.869 17	0.864 79	0.860 37
735	98.0	0.892 45	0.888 21	0.883 49	0.879 63	0.875 28	0.870 8	0.866 43
740	98.7	0.898 46	0.894 38	0.890 09	0.885 76	0.881 39	0.876 79	0.872 50
750	100.0	0.911 03	0.906 73	0.902 40	0.898 02	0.893 61	0.889 14	0.884 64
755	100.7	0.917 2	0.912 90	0.908 55	0.904 51	0.899 72	0.895 23	0.890 71
760	101.3	0.923 42	0.919 07	0.914 70	0.910 28	0.905 83	0.901 32	0.896 77
765	102.0	0.929 61	0.925 62	0.920 85	0.916 41	0.911 94	0.907 41	0.902 84
770	102.7	0.935 80	0.931 42	0.927 00	0.922 54	0.918 05	0.913 50	0.908 91

续表

气压 /mmHg	气压 /kPa	气温 /℃						
		24	25	26	27	28	29	30
675	90.0	0.789 33	0.785 05	0.780 68	0.776 25	0.771 75	0.767 19	0.762 55
680	90.7	0.795 41	0.791 08	0.786 70	0.782 4	0.777 72	0.773 14	0.768 48
685	91.3	0.801 46	0.797 11	0.772 70	0.788 23	0.783 69	0.779 08	0.774 40
690	92.0	0.807 50	0.803 13	0.798 71	0.794 21	0.789 66	0.785 03	0.780 33
695	92.7	0.813 55	0.809 16	0.804 71	0.800 20	0.795 62	0.790 98	0.786 26
700	93.3	0.819 60	0.815 79	0.810 72	0.806 19	0.801 59	0.796 93	0.792 19
705	94.0	0.825 65	0.821 22	0.816 73	0.812 18	0.807 56	0.802 87	0.798 12
710	94.7	0.831 70	0.827 24	0.822 73	0.818 16	0.813 52	0.808 82	0.804 04
715	95.3	0.837 74	0.833 27	0.828 74	0.824 15	0.819 49	0.814 77	0.809 97
720	96.0	0.843 80	0.839 30	0.834 75	0.830 14	0.825 46	0.820 72	0.815 90
725	96.7	0.849 84	0.845 32	0.840 76	0.836 12	0.831 43	0.826 66	0.821 83
730	97.3	0.855 89	0.851 35	0.846 76	0.842 1	0.837 39	0.832 61	0.827 76
735	98.0	0.861 93	0.857 38	0.852 7	0.848 10	0.843 36	0.838 56	0.833 68
740	98.7	0.867 89	0.863 41	0.858 78	0.854 09	0.849 33	0.844 51	0.839 61
745	99.3	0.874 03	0.869 43	0.864 78	0.860 07	0.855 30	0.850 45	0.845 54
750	100.0	0.880 08	0.875 46	0.870 79	0.866 06	0.861 26	0.856 40	0.851 47
755	100.7	0.886 12	0.881 49	0.876 80	0.872 05	0.867 23	0.862 35	0.857 40
760	101.3	0.892 17	0.881 49	0.882 81	0.878 03	0.873 20	0.868 30	0.863 32
765	102.0	0.898 22	0.893 54	0.888 81	0.884 02	0.879 16	0.874 25	0.869 25
770	102.7	0.904 27	0.899 57	0.894 82	0.890 01	0.885 13	0.880 19	0.875 18

（2）假定小鼠所食为混合食物，呼吸商（RQ）为 0.82，相应的氧热价为 20.188 kJ/L。

（3）小鼠每小时产热量　$Q = V_0 \times 20.188$。

（4）小鼠体表面积 S 可从表 14-4 查到。体重 20 g 以下者可按 Rubner 公式计算：
$$S = 0.0913 \cdot m^{2/3}$$
式中：m 为体重，以 kg 为单位；S 以 m^2 为单位。

表 14-4　小鼠体表面积

体重 /g	20	21	22	23	24	25	26	27	28	29	30
体表面积 /m²	0.0067	0.0069	0.0072	0.0074	0.0076	0.0078	0.0080	0.0082	0.0084	0.0086	0.0088

（5）小鼠能量代谢率 $k = Q/S$，k 的单位为 kJ/（$m^2 \cdot h$）。

【注意事项】

1. 整个管道系统必须严格密闭，以防漏气。

2. 保持动物安静，最好给动物避光。

3. 测量期间，不要接触管道和广口瓶，以免影响实验结果。

4. 钠石灰要新鲜干燥。

5. 用空气代替氧气也可，但结果准确性会降低。

6. 动物对缺氧的敏感性会随着室温升高而增加，故实验室温度在 20～25℃ 为宜。

7. 本实验也可将每只小鼠分别放入 100 mL 广口瓶中，瓶口密封后，立即计时，观察动物的活动状况，记录存活时间，比较不同处理后的小鼠耗氧程度，从而推测它们代谢的差异性。

8. 按 Rubner 公式计算体表面积时，不同动物的常数不同，如小（大）鼠为 0.091，豚鼠为 0.098，猫为 0.098，兔为 0.101，狗为 0.112。

9. 如果用大鼠（体重 100～120 g）为实验对象，每日灌服甲状腺激素片剂的量增加至 30～40 mg/ 只。

【实验结果】

统计各组动物的实验数据，计算平均能量代谢率，比较各处理组实验结果并分析原因。

【思考题】

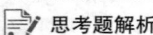

1. 能量代谢率为什么以单位体表面积而不以体重为计算标准？

2. 能量代谢间接测定法的原理是什么？

3. 甲状腺激素对动物的能量代谢有何影响？其作用机制是什么？

14.5.2　甲状腺激素的放射免疫测定

被测抗原（Ag，如 T_4）与放射性同位素标记的抗原（$^※$Ag，如 ^{125}I–T_4）对它们的特异性抗体（Ab，T_4 抗血清）具有竞争性结合能力。

$$Ag$$
$$+$$
$$^※Ag + Ab \rightleftharpoons ^※Ag\text{-}Ab$$
$$\Updownarrow$$
$$Ag\text{-}Ab$$

当 Ab 的量一定，且少于 $^※$Ag 与未标记抗原（Ag）之和时，Ag 的量愈大，$^※$Ag 与抗体结合生成的结合物（$^※$Ag-Ab）的量就愈少。这样 $^※$Ag-Ab 的量同 Ag 的量之间就存在着一定的函数关系。以已知标准抗原（T_4）的不同浓度为横坐标，以其相应结合百分率为纵坐标，绘制标准（剂量反应）曲线。以被检样品（如动物血清）中的 T_4 和 ^{125}I-T_4 对一定量的 T_4 抗血清中的抗体产生竞争性结合，然后使用沉淀剂将抗原 - 抗体结合物沉淀，测定沉淀物的放射强度（CPM），计算被检样品的

抗原 – 抗体结合率，即可在标准曲线上查到相应的 T_4 含量。也可将标准曲线经过 logit 转换为直线，然后用回归方程计算出激素的含量。

【实验目的】

通过测定动物血清（或血浆）或甲状腺组织培养液中甲状腺素（T_4）含量，初步掌握放射免疫法（radio-immuno-assay，RIA）的测定原理和方法。

【实验对象】

各种动物血清（血浆）或甲状腺组织培养液。

【实验药品】

T_4 放射免疫测定试剂盒，巴比妥缓冲液等。

试剂配制：

（1）巴比妥缓冲液（0.075 mol/L，pH 8.6） 称取 15.6 g 巴比妥钠溶于 900 mL 蒸馏水中，用 6 mol/L HCl 调节 pH 至 8.6，加 0.1 g NaN_3、0.5 g 牛血清蛋白，最后加蒸馏水至 1 L。

（2）T_4 标准工作液 分别用 0.5 mL 缓冲液，将 5 瓶标准冻干品稀释为 20、40、80、160、320 μg/L 的系列 T_4 标准工作液，4℃冰箱保存备用。

（3）^{125}I–T_4 应用液 用缓冲液将 ^{125}I–T_4 冻干品稀释为约 100 CPM/ μL 浓度。

（4）T_4 抗血清应用液 按药盒要求滴度，将 T_4 抗血清冻干品稀释，4℃冰箱保存备用。

（5）免疫沉淀剂（30% PEG 溶液） 将分子量为 6 000 的聚乙二醇（PEG）60 g 溶于缓冲溶液中，定容为 200 mL，4℃冰箱保存备用。

【仪器与器械】

γ 计数器，微量移液器（50、100、1 000 μL）及吸头，测定管，试管架，防水记号笔，恒温水浴，试管振荡器，蠕动泵，离心机和冰箱等。

【方法与步骤】

1. 将测定管编号，零标准空白管（B_0）和空白管（N）各 3 管，T_4 不同浓度标准管（20、40、80、160、320 μg/L）和样品管（S）均为双管平行。

2. 按操作程序表（表 14–5）加入各项试剂，并做相应处理。

表 14–5　T_4 放射免疫测定操作程序表　　　　　　　　　　　　单位：μL

试剂　　　　　　管的编号	标准管质量浓度 /（μg/L）						空白管	样品管
	0	20	40	80	160	320		
T_4 标准品		50	50	50	50	50		
样品（如血清）								50
缓冲液							100	
^{125}I–T_4（标记物）	100	100	100	100	100	100	100	100
T_4 抗血清（抗体）	100	100	100	100	100	100		100
在振荡器上每管振荡 30 s，置于 37℃水浴中保温 1 h；取出冷却，然后加入以下试剂								

续表

| 管的编号 | 标准管质量浓度 / (μg/L) | | | | | | 空白管 | 样品管 |
试剂	0	20	40	80	160	320		
去 T_4 血清	50						50	
免疫沉淀剂（PEG）	500	500	500	500	500	500	500	500

振荡混匀，3 000 r/min 离心 20 min

3. 按以上程序处理完后，在已离心的测定管中任取 3 管置于 γ 计数器测定其放射性强度，求其平均值即代表每管的总放射性强度（T）。

4. 将各管上清液抽去（包括已测定的 3 管），然后置于 γ 计数器测定每管沉淀物的放射性强度（B）。

【注意事项】

1. 所有试剂均须预冷，避免反复冻溶。

2. 加样器必须校准。加不同试剂、样品时必须更换吸头，避免交叉污染对实验结果的影响。

3. 测定管应用聚苯乙烯或聚氯乙烯试管，而玻璃试管常因管壁厚薄不一致而影响 γ 计数。

4. 试剂尽量加到试管下部，靠近液面，但吸头不要接触液面。加样后必须混匀。

5. 抽吸上清液时，必须小心吸尽，切勿吸走沉淀物，以免影响结果。

6. 在操作过程中应注意防护，切勿使 ^{125}I 标记物液体外溢，测定后将污染的试管放在指定器具内，避免对周围环境的放射性污染。

【实验结果】

1. 按下列公式分别计算标准管结合百分率和样品管结合百分率。

$$标准管结合百分率（B/B_0）= \frac{各标准管（B）CPM - 空白管（N）CPM}{零标准管（B_0）CPM - 空白管（N）CPM} \times 100\%$$

$$样品管结合百分率（S/B_0）= \frac{各样品管（S）CPM - 空白管（N）CPM}{零标准管（B_0）CPM - 空白管（N）CPM} \times 100\%$$

注：（1）式中 B、S 分别表示在存在 T_4 标准品（或样品）未标记抗原竞争的情况下，标记抗原和抗体的结合率；B_0 表示在没有未标记抗原存在的情况下，标记抗原和抗体的结合率；N 表示只有标记抗原，而无抗体的非特异性结合的放射强度。

（2）结合百分率亦可用 $B（S）/T \times 100\%$ 表示（T 通过上述步骤 3 测得）。

2. 以已知标准抗原（T_4）的不同浓度为横坐标，以其相应结合百分率为纵坐标，绘制标准曲线（图 14-6）。

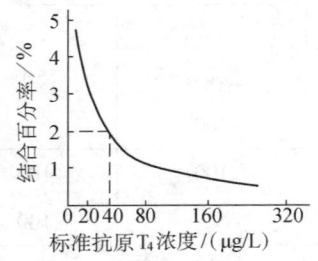

图 14-6　T_4 放射免疫测定的标准曲线

3. 以样品的结合百分率，从标准曲线中查找对应的 T_4 值。

4. 讨论血液中甲状腺激素浓度与小鼠能量代谢的关系，如何证明甲状腺激素对能量代谢的调控作用。

（王丙云　杜荣　秦健）

实验 14.6　下丘脑 – 腺垂体 – 卵巢轴组织学特征及其周期性活动的研究

当鱼类达到性成熟年龄以后，除一生只产一次卵的鱼类如鲑鳟鱼类外，它们的卵巢发育、成熟与产卵等过程都呈周期性变化（称为性周期）。很多研究表明卵巢的周期性活动受下丘脑 – 腺垂体 – 卵巢轴的调控。卵巢的生卵机能和内分泌机能都直接受脑垂体的调节，由脑垂体间叶细胞分泌促性腺激素 GtH（包括促卵黄生成激素即 ConA–Ⅰ GtH 和促性腺成熟激素即 ConA–Ⅱ GtH）调节着卵的生长和成熟、滤泡分泌雌激素和孕激素，排卵和产卵、卵子的退化及被吞食、黄体的形成及分泌和调节着性周期的变化过程。如果切除脑垂体，卵泡的发育即停止，卵巢的内分泌机能也被抑制。近年来由于放射免疫测定法的应用，可准确地测定两种促性腺激素分泌具有周期性变化。研究还证明如果刺激下丘脑某些部位（如下丘脑侧结节核中部的一些神经分泌细胞）可引起脑垂体促性腺激素的分泌，电毁损这些部位或切除垂体柄可使垂体促性腺激素分泌减少，并使其分泌失去周期性变化，卵巢也萎缩。说明下丘脑和脑垂体存在着一定的关系。研究发现鲫鱼的下丘脑侧结节核中部的一部分神经分泌细胞的形态在一年的周期中发生明显的变化，而且这种变化与脑垂体促性腺激素的嗜碱性细胞分泌周期和性腺发育周期变化相符合。性腺在促性腺激素影响下，可分泌性腺类固醇激素，在性腺发育和成熟中有促进作用，并对脑垂体促性腺激素和下丘脑有反馈性作用，在性腺生长和走向成熟阶段血液中少量的雌激素对脑垂体和在下丘脑的分泌作用有正反馈作用，而临近排卵时期，因雌激素的过量分泌而对脑垂体、下丘脑的分泌起到抑制作用。

▶▷ 视频
鱼脑垂体切片观察

【实验目的】

利用组织学研究的方法结合放射免疫测定血液中激素含量的方法，研究某种鱼类的下丘脑 – 垂体 – 性腺作用轴中的对应关系和特征。

【实验对象】

鲤科鱼类（种类不限）。

【实验药品】

每种研究方法所涉及的药品（需补充）。

【仪器与器械】

每种研究方法所涉及的仪器与器械（需补充）。

【方法与步骤】

相关知识的准备

（1）鱼类各期卵巢及其卵母细胞的结构特征（图 14–7）。

（2）草鱼脑垂体结构特征　草鱼的脑垂体属于背腹型垂体，可分为神经垂体和

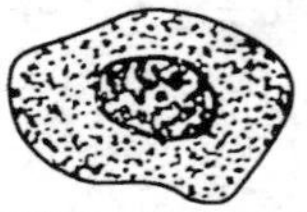

①第Ⅰ时相卵母细胞

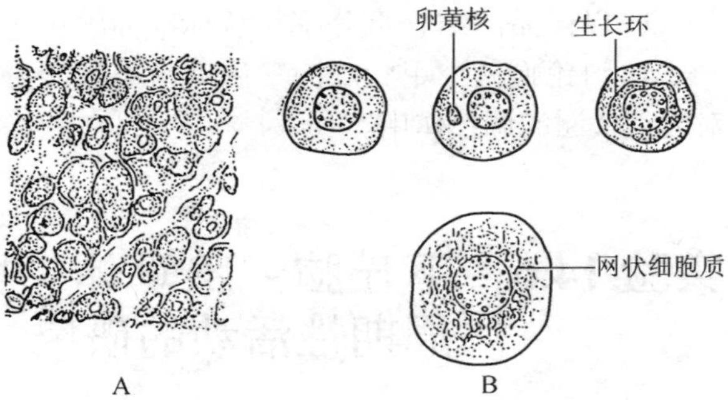

②A. 第Ⅱ卵巢期; B.第Ⅱ时相卵母细胞

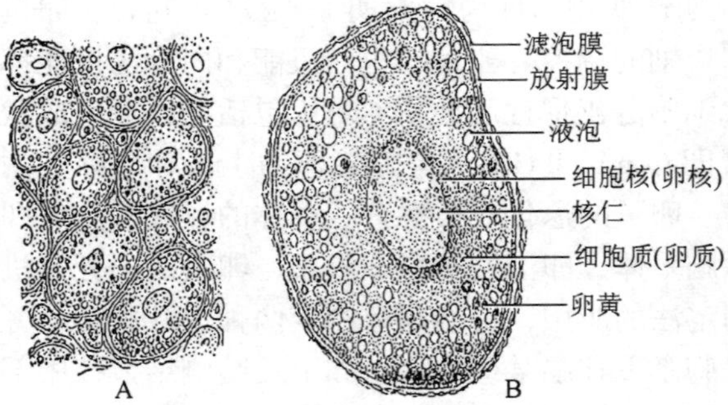

③A. 第Ⅲ期卵巢; B.第Ⅲ时相卵母细胞

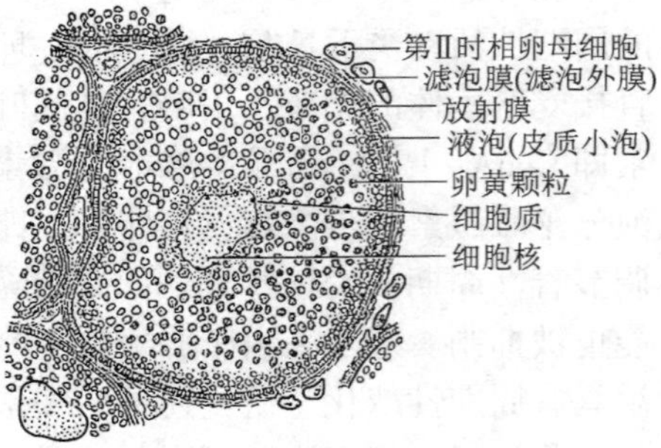

④第Ⅳ期卵巢(一次产卵类型)

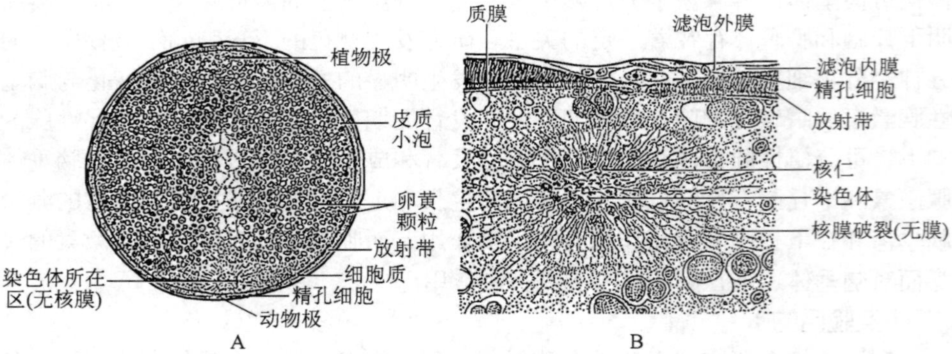

⑤A.成熟卵(第Ⅴ时相); B.卵子成熟中期

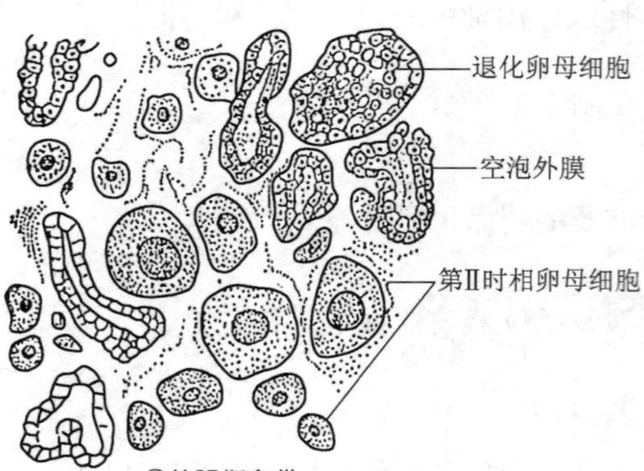

⑥第Ⅵ期卵巢

图 14-7 发育阶段的各期卵巢及卵母细胞结构

腺垂体两大部分（图 14-8）。

神经垂体直接与下丘脑相连，是下丘脑的神经分泌细胞的轴突向腺垂体延伸所形成，它包括漏斗柄以及伸入到腺垂体各部的神经分支。

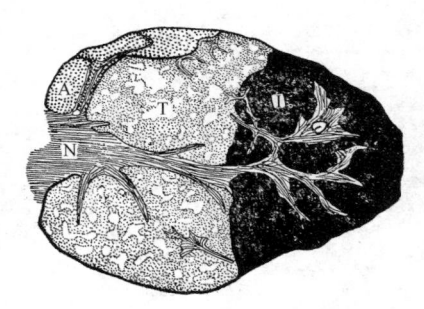

A. 前叶；T. 间叶；I. 过渡叶；N. 神经垂体。

图 14-8　性成熟草鱼脑垂体分区示意图

腺垂体以一层结缔组织与神经垂体分开。分为前叶、间叶和后叶（过渡叶）三部分。

前叶并非位于垂体的最前方，而是与下丘脑最为靠近的一部分。它的位置相当于高等脊椎动物垂体的结节部。

间叶与前叶相连，是腺垂体三叶居中的一叶。它的结构相当于高等脊椎动物脑垂体的前部。后叶也称过渡叶，是距间脑最远的一块，是脑垂体最前端的一部分，它相当于高等脊椎动物脑垂体的中间部。

腺垂体的 3 个叶中的间叶的大小，其分泌细胞的结构、形状特征和分泌物在性未成熟鱼和性成熟鱼之间，以及性成熟鱼在生殖季节或非生殖季节都有很大的差异，与鱼类的繁殖有密切关系。间叶在性未成熟鱼类中体积不超过腺垂体的 50%，细胞分化不明显，难以与其他两叶细胞相区分。性成熟鱼此部分体积超过 50%。

在高倍镜下观察，间叶细胞由嗜碱性细胞、嗜酸性细胞、嫌色细胞组成。其中嗜碱性细胞的数量在性未成熟鱼中仅占 20%～30%，细胞较小，直径 6～9 μm，染色极淡，细胞质中无（或有极少）分泌颗粒，核居中。在性成熟鱼中，此类细胞占此区的 70% 左右，细胞大，大者直径 10～20 μm，小者 7～9 μm。细胞往往相挤呈多角形。胞质中有分泌颗粒染成蓝色或红色；在生殖季节常出现一或数个空腔，表明有分泌物排出；更有甚者出现细胞解体。在产后鱼中，空泡则更多或更大，说明此类细胞在产卵活动中排出得更多。

嗜酸性细胞夹在嗜碱性细胞中间，是一群排列紧密的细胞群。嫌色细胞夹在嗜酸性细胞和嗜碱性细胞中间，细胞质染上极淡的红色或无色。

（3）鲫鱼下丘脑侧结节核的神经分泌细胞的形态在一年周期中发生显著的变化，可划分为 4 个时期：

① 恢复期：4—5 月，细胞大小为（11.4～20.5）μm×（7.8～15.9）μm，细胞质稠密，没有分泌颗粒，尼氏体显著，胞质有皱褶或呈不规则形状，可见多核胞体。

② 充满期：5—6 月，细胞体积相对增大，尼氏体消失，细胞单核，细胞质充满分泌颗粒。

③ 排空期：10 月上旬，细胞大小近似于充满期，但分泌颗粒排离胞体，唯细胞膜仍完整，胞质呈现空腔，尚存少量的分泌颗粒。

④ 衰退期：10 月下旬到第二年 4 月，细胞缩小，呈圆形或不规则的菱形。

【分析讨论与结论】

根据实验结果分析说明被研究的鱼类在一个生殖周期中下丘脑 - 垂体 - 性腺作用轴的特征，各部分活动的相互关系，该鱼生殖活动的调控机制。

（李大鹏）

第 *15* 章

设计性实验

实验 15.1 蚯蚓腹神经索动作电位的观察

蚯蚓的腹神经索中的巨纤维也是研究动作电位的好材料。它的腹神经索中有 3 条巨纤维：在一条巨纤维的两侧各有一条侧巨纤维（图 15-1），这些纤维将感觉传入，并与运动神经元发生突触联系，使纵肌产生收缩。中央巨纤维接受蚯蚓体表前 1/3 的感觉传入（约 40 个体节），侧巨纤维接受蚯蚓后部体表的感觉传入。感觉信息的冲动在巨纤维进行双向传导，调控运动神经元，使躯体回缩。蚯蚓的巨纤维在一次动作电位期间产生的电流较大，我们可以用粗电极进行细胞外记录。进行实验之前需将蚯蚓用 10% 的乙醇麻醉（10～20 min），用清水将蚯蚓洗干净。将蚯蚓背位固定（腹面朝上，以后同），开始解剖。沿躯体两侧剪下有腹神经索附着的腹部皮肤，4～6 cm 长。然后分离

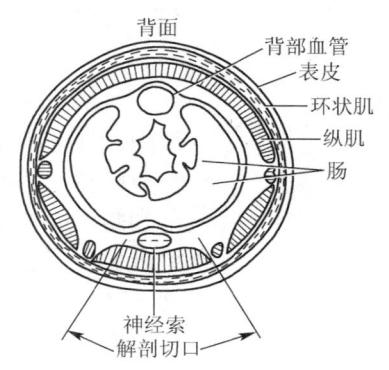

图 15-1 蚯蚓身体的横切片结构示意图

腹神经索，用蚯蚓的生理盐水（0.8% 的 NaCl 溶液）湿润腹部皮肤上的腹神经索，清除腹神经索周围的组织，用蚯蚓的生理盐水清洗标本。请你以蚯蚓的腹神经索中的巨纤维为实验材料设计：

（1）单根神经纤维动作电位的"全或无"现象和动作电位传导速度的测定。

（2）将蚯蚓腹神经索浸没在不同温度的液体石蜡 / 蚯蚓生理盐水混合液中，测定腹神经索在不同温度下动作电位的时程、振幅、传导速度和不应期。

（李大鹏　杨秀平）

实验 15.2 引起神经兴奋的矩形方波刺激的强度和持续时间关系的测量

任何刺激要引起组织兴奋必须在强度、持续时间、强度对时间变化率三个方面达到最小值，这称为刺激的三要素。三个要素中的一个或两个值变化，其余的值也会发生相应的变化。为研究这三个要素之间的关系，生理实验中常利用矩形方波电刺激，因为矩形方波电刺激的强度（波幅）对时间（波宽）变化率最高，而且不同强度和持续时间的矩形方波的上升（或下降）支的斜率都是一样的，即强度对时间变化率是固定不变的，因此就可以单纯地分析矩形方波的强度和持续时两个因素间的关系。研究发现在一定范围内引起组织兴奋所需的刺激强度与该刺激的作用时间呈反变关系 。但超出此范围，当刺激强度低于某一最小临界值，刺激持续时间再长也不能引起组织兴奋，该最小刺激强度称为基强度；相反，当刺激强度很大时，若刺激持续时间很短，同样也不能引起组织兴奋。因此，基强度作用所需的时间称为利用时；而两倍基强度刺激引起组织兴奋所需的最短刺激持续时间称为时值，它实际上是两倍基强度下的利用时。基强度（阈强度）、时值反映了组织、细胞的兴奋性的大小。

现请你利用蛙坐骨神经为实验材料，在已知其基强度的条件下，设计实验观察

刺激强度与其持续时间的关系，以加深对基强度、利用时和时值的理解。

（李大鹏）

实验 15.3　有关血型的测定

血型（blood group）是指血细胞膜上存在的特异性抗原的类型。在 ABO 血型系统中，红细胞膜上抗原分 A 和 B 两种抗原，而血清抗体分抗 A 和抗 B 两种抗体。A 抗原加抗 A 抗体或 B 抗原加抗 B 抗体，则产生凝集现象。血型鉴定是将受试者的红细胞加入标准 A 型血清（含有抗 B 抗体）与标准 B 型血清（含有抗 A 抗体）中，观察有无凝集现象，从而测知受试者红细胞膜上有无 A 或 / 和 B 抗原。在 ABO 血型系统，根据红细胞膜上是否含 A、B 抗原而分为 A、B、AB、O 四型。已知甲的血型为 A 型（或为 B 型），现在又无标准血清，设计实验来判断乙的血型。

（李大鹏）

实验 15.4　雄性激素对红细胞数量的影响

成年动物的红细胞数量和血红蛋白浓度存在性别差异，表现为雄性动物的红细胞数量比雌性动物的高，这一现象是否与雄性激素有关？雄激素一方面可直接刺激骨髓造血，促进有关血红蛋白合成酶系的活性，加速血红蛋白合成和有核红细胞分裂；另一方面可促进肾脏分泌 EPO，增强 EPO 作用，从而促进骨髓造血。本实验可采用慢性实验法，设计自身对照，取末梢血，进行红细胞计数和血红蛋白浓度测定，对比注射雄性激素前后动物红细胞数量和血红蛋白浓度的变化，进一步了解雄性激素对红细胞数量的影响。

（肖向红　柴龙会）

实验 15.5　缺氧条件下动物系列生理指标的测定

动物机体是一个统一的整体，其内环境经常维持在一个相对稳定的"稳态"中。当环境的因素发生变化时，动物机体的机能从整体到各系统、器官乃至细胞或分子水平的活动都会发生一系列变化，表现出相应的生理、生化指标变化。充足的氧气是动物进行代谢必需的，轻度缺氧时动物可通过调节呼吸、血液和血液循环系统而逐渐适应，但严重缺氧时动物必须通过应激反应，调动多种激素和因子的分泌及多个器官系统的活动，以满足其对氧气的需要。这些活动的变化都可反映到动物的各项生理生化指标上。根据现有的实验室条件和自身能力，拟定一份对不同供氧条件下动物的较为全面的体检方案，并加以实施，写出体检报告并分析其机能调节的适应性。

（郭慧君　王春阳　秦健　杜荣）

实验 15.6　外源性胆囊收缩素对动物摄食行为的调控

胆囊收缩素（CCK）是一种脑肠肽，参与胃肠道功能的调节，并作为饱感信号起到抑制食欲的作用，是外周摄食调节的主要生理因子。实验证实，CCK-A 受体存在于迷走传入神经末梢和幽门括约肌的环形肌细胞膜上。CCK-A 对摄食活动的抑制作用可能是：① CCK 通过激活迷走传入神经末梢上的 CCK 受体，直接把外周饱感信号传入摄食中枢而抑制进食；② CCK 先通过刺激幽门括约肌收缩抑制胃的排空，间接地刺激胃部迷走传入神经而抑制进食。关于外源性 CCK 能引起外周抑制食欲作用的途径有几种推测：①静脉注射 CCK 引起前列腺素合成增加，而引起食欲抑制；②大剂量的 CCK 可以刺激垂体分泌血管升压素和催产素而导致呕吐；③ CCK 有可能通过旁分泌或神经分泌的途径保证局部 CCK 的浓度大大高于循环血液中的浓度，足以激发迷走神经纤维和幽门括约肌上的 CCK 受体，将饱感信号传入中枢；④ CCK 可促进降钙素（CT）的分泌而引起大鼠、小鼠、猴和人产生强烈的厌食反应；⑤ CCK 抑制摄食的作用可被阿片受体的拮抗剂纳洛酮所对抗，阿片受体可能是 CCK 抑制摄食最用的一个中间环节。

CCK 的拮抗剂有肽类、丙谷胺类和苯二氮䓬。其中丙谷胺类如氯戊米特、氯谷胺等对 CCK-A 受体的亲和力高，选择性强，能选择性阻断 CCK 受体，促进摄食，口服生物利用度好，体内作用时间长。脑中有许多神经递质如 5- 羟色胺（5-HT）、乙酰胆碱、多巴胺等与 CCK 之间存在着相互增强作用，共同调控饱感的产生。根据上述资料，选择从某一方面证明 CCK 对动物的摄食行为有调控作用。阐述拟进行实验的理论根据、技术路线和试验方法。

（李大鹏）

实验 15.7　生长素促进动物生长作用的观察

动物（猪、羊、兔、禽、鼠等）机体的生长受多种因素的影响，其中生长素（GH）是起关键作用的调节因素。GH 的分泌受下丘脑生长素释放激素（GHRH）和生长素释放抑制激素（生长抑素，GHRIH）的双重调控。给动物口服半胱胺可以耗竭动物体内的 GHRIH，使血液中的 GH 及其他代谢激素水平升高，从而促进动物的生长。根据实验室的条件和自己的能力，设计一个实验，以观察生长素对动物生长发育的促进作用，并探讨血液中生长素水平与动物生长发育之间的关系。阐述拟采取的技术路线和试验方法的原理，分析并讨论实验结果。

（李大鹏）

实验 15.8　关于下丘脑 – 垂体 – 靶腺轴功能关系的实验设计

下丘脑 – 垂体 – 甲状腺轴、下丘脑 – 垂体 – 肾上腺轴和下丘脑 – 垂体 – 性腺轴是动物机体调节过程中的三个重要环节。下丘脑激素调节垂体激素的分泌，垂体激素调节靶腺激素的分泌，从上到下，一环控制一环；反过来，靶腺激素对下丘脑、垂体激素的分泌可发挥反馈调节作用，大多属于负反馈调节，根据反馈路线长短分为长反馈（指靶腺激素对下丘脑或垂体的反馈作用）、短反馈（指垂体激素对下丘脑的反馈作用）和超短反馈（指下丘脑激素对其自身的反馈作用）。

　　通过制备动物的下丘脑悬液、垂体悬液和甲状腺悬液，可获得相应激素的粗制品，用于培养垂体和靶腺组织（细胞）或注射动物机体。各种不同的处理均会导致动物机体或组织细胞中相应激素含量的变化。根据实验室的条件和自己的能力，设计一个实验，在分子、细胞或整体水平研究动物下丘脑 – 垂体 – 靶腺轴（如甲状腺、肾上腺或性腺）的调节关系。分析阐述下丘脑、垂体和靶腺轴之间的调节机制。

（杜荣　秦健）

附　录

附录 1　常用生理溶液、试剂、药物的配制与使用

1. 常用生理溶液的成分及配制方法

附表 1-1　配制生理代用液所需的基础溶液及所加量　　单位:mL(已注明的除外)

原液成分及质量分数	任氏溶液(Ringer's)	乐氏溶液(Locke's)	台氏溶液(Tyrode's)
20% NaCl	32.5	45.6	40.0
10% KCl	1.4	4.2	2.0
10% $CaCl_2$	1.2	2.4	2.0
1% NaH_2PO_4	1.0	—	5.0
5% $MgCl_2$	—	—	2.0
5% $NaHCO_3$	4.0	2.0	20.0
葡萄糖	2.0 g(可不加)	1.0~2.5 g	1.0 g
蒸馏水加至	1 000	1 000	1 000

附表 1-2　几种生理代用液中的固体成分的含量　　单位:g(已注明的除外)

成分	任氏溶液(Ringer's)用于两栖类	乐氏溶液(Locke's)用于哺乳类	台氏溶液(Tyrode's)用于哺乳类小肠	克-亨溶液(Krebs-Henseleit's)用于血管	生理盐水 两栖类	生理盐水 哺乳类
NaCl	6.5	9.0	8.0	6.9	6.5	9.0
KCl	0.14	0.42	0.2	0.35	—	—
$CaCl_2$	0.12	0.24	0.2	0.28	—	—
$NaHCO_3$	0.2	0.1~0.3	1.0	2.09	—	—
NaH_2PO_4	0.01	—	0.05	—	—	—
$MgCl_2$	—	—	0.1	—	—	—
$MgSO_4$	—	—	—	0.29	—	—
丙酮酸钠	—	—	—	0.22	—	—
葡萄糖	2.0(可不加)	1.0~2.5	1.0	2.0	—	—
蒸馏水加至	1 000 mL	1 000 mL	1 000 mL	1 000 mL	1 000 mL	1 000 mL
pH	7.2	7.3~7.4	7.3~7.4	7.3~7.4		

附表 1-3　最常用的几种淡水鱼生理代用液配方　　　　　单位:g(已注明的除外)

成　分	Burnslock(1958)	Wolf(1963)	Jaeger(1965)[*]
NaCl	5.9	7.2	6.0
KCl	0.25	0.38	0.12
CaCl$_2$	0.28	0.162	0.14
MgSO$_4$·7H$_2$O	0.29	0.23	—
NaHCO$_3$	2.1	1.0	0.2
KH$_2$PO$_4$	1.6	—	—
NaH$_2$PO$_4$·2H$_2$O	—	0.41	0.01
葡萄糖	—	1.0	2
蒸馏水加至	1 000 mL	1 000 mL	1 000 mL

[*] 特别适合于鱼类心脏。

　　山本（1949，适用于鳀、鲤、鲫等）配制的生理盐水：0.75% NaCl，0.02% KCl，0.02% CaCl$_2$，0.002% NaHCO$_3$，也适用于鱼类的心脏灌流。

　　配制生理盐水时应将上述各种成分先分别溶解后，再逐一混合，CaCl$_2$（或 NaHCO$_3$）最后加入，最后再加蒸馏水至 1 000 mL。最好能新鲜配制使用或在低温中保存，配制生理盐水的蒸馏水最好能预先充气。

　　还可采用下列简易的配制方法：以最常用的 Burnslock 淡水鱼类生理盐水为例，先配制 3 种贮备液各 500 mL：

A 液：　　NaCl　　　　　　　29.5 g
　　　　　KCl　　　　　　　　1.25 g
　　　　　MgSO$_4$·7H$_2$O　　1.45 g　　加蒸馏水至 500 mL
　　　　　KH$_2$PO$_4$　　　　8.00 g

B 液：　　CaCl$_2$　　　　　　1.4 g　　加蒸馏水至 500 mL

C 液：　　NaHCO$_3$　　　　　10.5 g　　加蒸馏水至 500 mL

　　使用时 A、B、C 各取 10 mL 加入 70 mL 蒸馏水中。

　　各种生理盐溶液的用途：

　　生理盐水：即与血清等渗的 NaCl 溶液，在冷血动物应用 0.6% ~ 0.65%，在温血动物应用 0.85% ~ 0.9%。

　　任氏溶液：用于蛙及其他冷血动物。

　　乐氏溶液：用于温血动物之心脏、子宫及其他离体脏器。用作灌注液者须于用前通入氧气泡 15 min。低钙乐氏液（含无水氯化钙 0.05 g）用于离体小肠及豚鼠的离体支气管灌注。

　　台氏溶液：用于温血动物之离体小肠。

2. 消毒液、洗液的配制

2.1　常用消毒药品的配制方法及用途

附表 1–4　常用消毒药品的配制方法及用途

消毒药品名称	常配浓度及方法	用　途
新洁而灭	1∶1 000	洗手，消毒手术器械
来苏尔	3% ~ 5%	器械消毒，实验室地面、动物笼架、实验台消毒
（煤酚皂溶液）	1% ~ 2%	洗手，皮肤洗涤
石炭酸（酚）	5%	器械消毒，实验室消毒
	1%	洗手，手术部位皮肤洗涤
漂白粉	10%	消毒动物排泄物、分泌物、严重污染区域
	0.5%	实验室喷雾消毒
生石灰	10% ~ 20%	污染的地面和墙壁的消毒
福尔马林	36% 甲醛溶液	实验室蒸气消毒
	10% 甲醛溶液	器械消毒
乳酸	4 ~ 8 mL/m³	实验室蒸气消毒
碘酒	碘 3.0 ~ 5.0 g	皮肤消毒，待干后 75% 乙醇擦去
	碘化钾 3.0 ~ 5.0 g	
	75% 乙醇加至 100 mL	
高锰酸钾液	高锰酸钾 10 g	皮肤消毒洗涤
	蒸馏水 100 mL	
硼酸消毒液	硼酸 2 g	洗涤直肠、鼻腔、口腔、眼结膜等
	蒸馏水 100 mL	
呋喃西林消毒液	雷佛奴尔 1 g	各种黏膜消毒，创伤洗涤
	蒸馏水 100 mL	

2.2　常用各种洗液的配制方法及用途

（1）肥皂和水　为乳化剂，能除污垢，是常用的洗液，但须注意肥皂质量，以不含砂质为佳。

（2）重铬酸钾硫酸洗液　通常称为洗洁液或洗液，其成分主要为重铬酸钾与硫酸，是强氧化剂。

$$K_2Cr_2O_7 + 4H_2SO_4 \longrightarrow K_2SO_4 + Cr_2(SO_4)_3 + 3[O] + 4H_2O$$

因其有很强的氧化力，一般有机物如血、尿、油脂等类污遗迹可被氧化而除净。事先将溶液稍微加热，则效力更强。新鲜铬酸洗液为棕红色，若使用的次数过多，重铬酸钾就被还原为绿色的铬酸盐，效力减小，此时可加热浓缩或补加重铬酸钾，仍可继续使用。

配方：稀洗液   重铬酸钾   10 g

                  粗浓硫酸   200 mL

                  水   100 mL

       浓洗液   重铬酸钾   20 g

                  粗浓硫酸   350 mL

                  水   40 mL

配法：先取粗制重铬酸钾 20 g，放于大烧杯内，加普通水 100 mL 使重铬酸钾溶解（必要时可加热溶解）。再将粗制浓硫酸（200 mL）缓缓沿边缘加入上述重铬酸钾溶液中即成。加浓硫酸时须用玻璃棒不断搅拌，并注意防止液体外溢。若用瓷桶大量配制，注意瓷桶内面必须没有掉瓷，以免强酸烧坏瓷桶。**配时切记，不能把水加于浓硫酸内**（将因浓硫酸遇水瞬间产生大量的热量使水沸腾，体积膨胀而发生暴溅）。

使用时先将玻皿用肥皂水洗刷 1~2 次，再用清水冲净倒干，然后放入洗液中浸泡约 2 h，有时还需加热，提高清洁效率。经洗液浸泡的玻皿，可先用自来水冲洗多次，然后再用蒸馏水冲洗 1~2 次即可。

附有蛋白质类或血液较多的玻皿，切勿用洗液，因易使其凝固，更不可对有乙醇、乙醚等的容器用洗液洗涤。

洗液对皮肤、衣物等均有腐蚀作用，故应妥善保存。使用时带保护手套。为防止吸收空气中的水分而变质，洗液贮存时应加盖。

3. 脱毛剂的配制

① 硫化钠 3 份，肥皂粉 1 份，淀粉 7 份，加水混合，调成糊状软膏。

② 硫化钠 8 g，淀粉 7 g，糖 4 g，甘油 5 g，硼砂 1 g，水 75 g，调成稀糊状。

③ 硫化钠 8 g 溶于 100 mL 水内，配成 8% 硫化钠水溶液。

④ 硫化钡 50 g，氧化锌 25 g，淀粉 25 g，加水调成糊状。或硫化钡 35 g，面粉或玉米粉 3 g，滑石粉 35 g，加水调成糊状。

⑤ 生石灰 6 份，雄黄 1 份，加水调成黄色糊状。

⑥ 硫化碱 10 g（染土布用），生石灰（普通）15 g，加水至 100 mL，溶解后即可使用。

上述①~③配方，对兔、大鼠、小鼠等小动物脱毛效果较佳。脱一块 15 cm×12 cm 的被毛，只需 5~7 mL 脱毛剂，2~3 min 即可用温水洗净脱去的被毛。第⑥种配方对狗的脱毛效果较佳。

4. 特殊试剂的保存方法

4.1 氯化乙酰胆碱

本试剂在一般水溶液中易水解失效，但在 pH 为 4 的溶液中则比较稳定。如以 5%（4.2 mol/L）的 NaH_2PO_4 溶液配成 0.1%（6.1 mol/L）左右的氯化乙酰胆碱溶液贮存，用瓶子分装，密封后存放在冰箱中，可保持药效约 1 年。临用前用生理盐水稀释至所需浓度。

4.2　盐酸肾上腺素

肾上腺素为白色或类白色结晶性粉末，具有强烈的还原性，尤其在碱性液体中，极易氧化失效，只能以生理盐水稀释，不能以任氏液或台氏液稀释。盐酸肾上腺素的稀溶液一般只能存放数小时。如在溶液中添加微量（10 mmol/L）抗坏血酸，则其稳定性可显著提高。肾上腺素与空气接触或受日光照射，易氧化变质，应贮藏在遮光、阴凉、减压环境中。

4.3　磷酸组胺

本品为无色长菱形的结晶，在日光下易变质，在酸性溶液中较稳定。可以仿照氯化乙酰胆碱的贮存方法贮存，临用前以生理盐水稀释至所需浓度。

4.4　催产素及垂体后叶激素

它们在水溶液中也易变质失效。但如以 0.25%（0.4 mol/L）的醋（盐）酸溶液配制成每 1 mL 含催产素或垂体后叶激素 1 U 的贮存液，用小瓶分装，灌封后置冰箱中保存（4℃左右，不宜冰冻），约可保持药效 3 个月。临用前用生理盐水稀释至适当浓度。如发现催产素或垂体后叶激素的溶液中出现沉淀，则不可使用。

4.5　胰岛素

本品在 pH 为 3 时较稳定，如需稀释，亦可用 0.4 mol/L 盐酸溶液做稀释液。

5. 常用血液抗凝剂的配制及用法

5.1　肝素

肝素的抗凝血作用很强，常用来作为全身抗凝剂，特别是在进行微循环方面动物实验时，肝素应用更有重要意义。

纯的肝素 10 mg 能抗凝 100 mL 血液（按 1 mg 等于 100 个国际单位，10 个国际单位能抗凝 1 mL 血液计）。如果肝素的纯度不高，或过期，所用的剂量应增大 2～3 倍。用于试管内抗凝时，一般可配成 1% 肝素生理盐水溶液，取 0.1 mL 加入试管内，加热 80℃烘干，每管能使 5～10 mL 血液不凝固。

作全身抗凝时，一般剂量为：大鼠 2.5～3 mg/200～300 g 体重，兔或猫 10 mg/kg，狗 5～10 mg/kg。如果肝素的纯度不高，或过期，所用的剂量应增大 2～3 倍。

5.2　草酸盐合剂

配方：	草酸铵	1.2 g
	草酸钾	0.8 g
	福尔马林	1.0 mL
	蒸馏水加至	100 mL

配成 2% 溶液，每 1 mL 血加草酸盐 2 mg（相当于草酸铵 1.2 mg，草酸钾 0.8 mg）。用前根据取血量将计算好的量加入玻璃容器内烤干备用。如取 0.5 mL 于试管中，烘干后每管可使 5 mL 血不凝固。此抗凝剂量适于作红细胞比容测定。能使血凝过程中所必需的钙离子沉淀达到抗凝的目的。

5.3　枸橼酸钠

常配成 3%～8% 水溶液，也可直接用粉剂。

　　枸橼酸钠可使钙失去活性，故能防止血凝。但其抗凝作用较差，其碱性较强，不适作化学检验之用。一般用 1 : 9（即 1 份溶液，9 份血）用于红细胞沉降和动物急性血压实验（用于连接血压计时的抗凝）。不同动物，其浓度也不同：狗为 5% ~ 6%，猫为 2%+ 硫酸钠 25%，兔为 5%。

5.4　草酸钾

　　每 1 mL 血需加 1 ~ 2 mg 草酸钾。如配制 10% 水溶液，每管加 0.1 mL 则可使 5 ~ 10 mL 血液不凝固。

6. 几种实验动物常用麻醉药物的参考剂量

　　常用的鱼类麻醉剂和使用剂量如下：

　　（1）乙醚　剂量 10 ~ 20 mL/L。

　　（2）特戊醇　剂量 5 ~ 6 mL/L。

　　（3）尿烷（氨基甲酸乙酯）　剂量 5 ~ 40 mg/L。

　　（4）MS-222（烷基磺酸盐，又称间位氨基苯甲酸乙酯）　目前最通用的鱼类麻醉剂，特别适用于鱼类手术过程麻醉，但价格较高，需从国外进口，剂量 1 : 10 000 到 1 : 45 000。

　　（5）喹那啶　麻醉效果也好，剂量 0.01 ~ 0.03 mL 溶于等量的丙酮内加入 1 L 水中。但麻醉后鱼还保持某种程度的反射性反应，故不太适宜用于手术过程长的麻

附表 1-5　几种实验动物常用麻醉药的给药参考剂量　　　　　　　　　　单位:mg/kg

药物名称	给药途径	狗	猫	兔	豚鼠	大鼠	小鼠	鸟类
戊巴比妥钠	静脉	25 ~ 35	25 ~ 35	25 ~ 40	25 ~ 30	25 ~ 35	25 ~ 70	
	腹腔	25 ~ 35	25 ~ 40	35 ~ 40	15 ~ 30	30 ~ 40	40 ~ 70	
	肌内	30 ~ 40						50 ~ 100
苯巴比妥钠	静脉	80 ~ 100	80 ~ 100	100 ~ 160				
	腹腔	80 ~ 100	80 ~ 100	150 ~ 200				
硫喷妥钠	静脉	20 ~ 30	20 ~ 30	30 ~ 40	20	20 ~ 50	25 ~ 35	
	腹腔		50 ~ 60	60 ~ 80				
氯醛糖	静脉	100	50 ~ 70	60 ~ 80		50	50	
	腹腔	100	60 ~ 90	80 ~ 100		60	60	
氨基甲酸乙酯（乌拉坦）	静脉	100 ~ 2 000	2 000	1 000	1 500			
	腹腔	100 ~ 2 000	2 000	1 000	1 500	1 250	1 250	
	肌内							1 250
氨基甲酸乙酯 + 氯醛糖	静脉			400 ~ 500+ 40 ~ 50				
	腹腔					100+10	100+10	
水合氯醛	静脉	100 ~ 150	100 ~ 150	50 ~ 70（慢）				
	腹腔				400	400	400	

醉，如用 MS-222 和喹那啶混合麻醉，效果就很好。

（6）妥开利注射液　用于手术前骨骼肌松弛作用，剂量：鱼类肌肉注射（0.3~0.6 mg/kg）。保持有呼吸水情况下，可维持 4~8 h。

降低水温（如加冰）加上麻醉剂的效果更佳。

鱼浸入麻醉剂后活动性减弱，身体失去平衡，鳃盖活动减弱以致消失，对外界刺激无反应。应根据试验目的而决定鱼的麻醉程度。如进行注射药物或抽取血样，只需要轻度麻醉，并用稀释的麻醉液不断灌注鱼鳃部，使鱼持续保持麻醉状态。

鱼经麻醉液处理后移入清水中，通常 1 min 左右苏醒，鳃盖开始恢复呼吸动作。如果移入清水中 1 min 后仍未苏醒与恢复呼吸动作，就要进行人工呼吸，用新鲜流水直接注入口腔和鳃部，并用手帮助鱼的口部进行呼吸动作。

7. 给药量

附表 1-6　几种动物不同注射途径的最大注射剂量

给药途径	小鼠 /(mL·10 g^{-1})	大鼠 /(mL·100 g^{-1})	豚鼠 /(mL/只)	兔 /(mL·kg^{-1})	狗 /(mL·kg^{-1})
皮下	0.1~0.2	0.3~0.5	0.5~2.0	0.5~1.0	3~10
肌内	0.05~0.1	0.1~0.2	0.2~0.5	0.1~0.3	2~5
腹腔	0.1~0.2	0.5~1.0	2~5	2~3	5~15
静脉	0.1~0.2	0.3~0.5	1~5	2~3	5~15

附表 1-7　不同体重实验动物的一次最大灌胃量

实验动物	体重 /g	一次最大灌胃量 /mL	实验动物	体重 /g	一次最大灌胃量 /mL
小鼠	20~24	0.8	兔	2 000~2 400	100.0
	25~30	0.9		2 500~3 500	150.0
	30 以上	1.0		3 500 以上	200.0
大鼠	100~199	3.0	狗	10 000~15 000	200.0~500.0
	200~245	4.0~5.0	豚鼠	250~300	4.0~5.0
	250~300	6.0		300 以上	6.0
	300 以上	8.0			

附录 2　实验动物的生理指标

1. 常用实验动物的一般生理常数参考值

附表 2–1　常用实验动物的一般生理常数参考值

动物	体温（直肠温度）/℃	呼吸频率/（次·min⁻¹）	潮气量/mL	心率/（次·min⁻¹）	血压（平均动脉压）/kPa	总血量（占体重比例）/%
兔	38.5 ~ 39.5	10 ~ 15	19.0 ~ 24.5	123 ~ 304	13.3 ~ 17.3	5.6
狗	37.0 ~ 39.0	10 ~ 30	250 ~ 430	100 ~ 130	16.1 ~ 18.6	7.8
猫	38.0 ~ 39.5	10 ~ 25	20 ~ 42	110 ~ 140	16.0 ~ 20.0	7.2
豚鼠	37.8 ~ 39.5	66 ~ 114	1.0 ~ 4.0	260 ~ 400	10.0 ~ 16.1	5.8
大鼠	38.5 ~ 39.5	100 ~ 150	1.5	261 ~ 600	13.3 ~ 16.1	6.0
小鼠	37.0 ~ 39.0	136 ~ 230	0.1 ~ 0.23	328 ~ 780	12.6 ~ 16.6	7.8
鸡	40.6 ~ 43.0	22 ~ 25		178 ~ 458	16.0 ~ 20.0	
蟾蜍		不定		36 ~ 70		5.0
青蛙		不定		36 ~ 70		5.0
鲤鱼				10 ~ 30		

2. 常用实验动物血液主要生理常数

附表 2–2　常用实验动物血液主要生理常数

动物	红细胞数/（10¹² · L⁻¹）	白细胞数/（10⁹ · L⁻¹）	血小板/（10¹⁰ · L⁻¹）	血红蛋白/（g · L⁻¹）	红细胞比容/%
兔	6.9	7.0 ~ 11.3	38 ~ 52	123（80 ~ 150）	33 ~ 50
狗	8.0（6.5 ~ 9.5）	11.5（6 ~ 17.5）	10 ~ 60	112（70 ~ 155）	38 ~ 53
猫	7.5（5.0 ~ 10.0）	12.5（5.5 ~ 19.5）	10 ~ 50	120（80 ~ 150）	28 ~ 52
豚鼠	9.3（8.2 ~ 10.4）	5.5 ~ 17.5	68 ~ 87	144（110 ~ 165）	37 ~ 47
大鼠	9.5（8.0 ~ 11.0）	6.0 ~ 15.0	50 ~ 100	105	40 ~ 42
小鼠	7.5（5.8 ~ 9.3）	10.0 ~ 15.0	50 ~ 100	110	39 ~ 53
鸡	3.8	19.8		80 ~ 120	
蟾蜍	0.38	24.0	0.3 ~ 0.5	102	
青蛙	0.53	14.7 ~ 21.9		95	
鲤鱼	0.8（0.6 ~ 1.3）	4.0		105（94 ~ 124）	

3. 常用实验动物白细胞分类计数参考值

附表 2–3　常用实验动物白细胞分类计数参考值　　　单位:%

动物种类	中性粒细胞	嗜酸性粒细胞	嗜碱性粒细胞	淋巴细胞	单核细胞
兔	32.0	1.3	2.4	60.2	4.1
狗	66.8	2.6	0.2	27.7	2.7
猫	59	6.9	0.2	31	2.9
豚鼠	38.0	4.0	0.3	55.0	2.7
大鼠	25.4	4.1	0.3	67.4	2.8
小鼠	20.0	0.9		78.9	0.2
蟾蜍	7.0	27.0	7.0	51.0	8.0
鸡	13.3 ~ 25.8	1.4 ~ 2.5	2.4	64.0 ~ 76.1	5.7 ~ 6.4
鸽	23.0	2.2	2.6	65.6	6.6
鲤鱼	55.4	0.2		36.3	8.1

附录 3　气体及能量代谢的校正与换算表

附表 3-1　各种温度下的水蒸气张力　　　　　单位:mmHg

温度 /℃	0.1℃									
	0	1	2	3	4	5	6	7	8	9
0	4.58	4.61	4.65	4.68	4.71	4.75	4.78	4.82	4.85	4.89
1	4.92	4.96	4.99	5.03	5.06	5.10	5.14	5.17	5.21	5.25
2	5.29	5.32	5.36	5.40	5.44	5.48	5.52	5.55	5.59	5.63
3	5.67	5.71	5.75	5.80	5.84	5.88	5.92	5.96	6.00	6.48
4	6.09	6.13	6.17	6.22	6.26	6.30	6.35	6.39	6.44	6.48
5	6.53	6.57	6.62	6.67	6.71	6.76	6.81	6.85	6.90	6.95
6	7.00	7.04	7.09	7.14	7.19	7.24	7.29	7.34	7.39	7.44
7	7.49	7.55	7.60	7.65	7.70	7.75	7.81	7.86	7.91	7.97
8	8.02	8.08	8.13	8.19	8.24	8.30	8.35	8.41	8.47	8.53
9	8.58	8.64	8.70	8.76	8.82	8.88	8.94	9.00	9.06	9.12
10	9.18	9.24	9.30	9.36	9.43	9.49	9.55	9.62	9.68	9.74
11	9.81	9.87	9.94	10.01	10.07	10.14	10.21	10.27	10.34	10.41
12	10.48	10.55	10.62	10.69	10.76	10.83	10.90	10.97	11.04	11.11
13	11.19	11.26	11.33	11.41	11.48	11.56	11.63	11.71	11.78	11.86
14	11.94	12.01	12.09	12.17	12.25	12.33	12.41	12.49	12.57	12.65
15	12.73	12.81	12.89	12.97	13.06	13.14	13.22	13.31	13.39	13.48
16	13.56	13.65	13.74	13.82	13.91	14.00	14.09	14.18	14.27	14.36
17	14.45	14.54	14.63	14.72	14.82	14.91	15.00	15.10	15.19	15.23
18	15.38	15.48	15.57	15.67	15.77	15.87	15.97	16.07	16.17	16.27
19	16.37	16.47	16.57	16.67	16.78	16.88	16.98	17.09	17.19	17.30
20	17.14	17.51	17.62	17.73	17.84	17.95	18.06	18.17	18.28	18.39
21	18.50	18.62	18.73	18.84	18.96	19.07	19.19	19.31	19.42	19.54
22	19.66	19.78	19.90	20.02	20.14	20.26	20.39	20.61	20.63	20.76
23	20.88	21.01	21.14	21.26	21.39	21.52	21.65	21.78	21.91	22.04
24	22.18	22.31	22.45	22.58	22.72	22.85	22.99	23.13	23.27	23.41
25	23.25	23.69	23.83	23.97	24.11	24.26	24.40	24.55	24.69	24.84
26	24.99	25.13	25.28	25.43	25.58	25.74	25.89	26.04	26.19	26.35

续表

温度 /℃	0.1℃									
	0	1	2	3	4	5	6	7	8	9
27	26.50	26.66	26.82	26.98	27.13	27.29	27.45	27.61	27.78	27.94
28	28.10	28.27	28.43	28.60	28.77	28.93	29.10	29.27	29.44	29.61
29	29.78	29.96	30.13	30.31	30.48	30.66	30.84	31.01	31.19	31.37
30	31.55	31.74	31.92	32.10	32.29	32.47	32.66	32.85	33.04	33.22
31	33.42	33.61	33.80	33.99	34.19	34.38	34.58	34.77	34.97	35.17
32	35.37	35.57	35.77	35.98	36.18	36.39	36.59	36.80	37.01	37.22
33	37.43	37.64	37.85	38.06	38.28	38.49	38.71	38.93	39.15	39.36
34	39.59	39.81	40.03	40.25	40.48	40.70	40.93	41.16	41.39	41.62
35	41.85	42.08	42.32	42.55	42.79	43.03	43.27	43.51	43.75	43.99
36	44.23	44.48	44.72	44.97	45.22	45.46	45.71	45.97	46.22	46.27
37	46.73	46.99	47.24	47.50	47.76	48.02	48.28	48.55	48.81	49.08
38	49.35	49.61	49.88	50.16	50.43	50.70	50.98	51.25	51.53	51.81
39	52.09	52.37	52.65	52.94	53.22	53.51	53.80	54.09	54.38	57.67
40	54.97	55.26	55.56	55.85	56.15	56.45	56.76	57.06	57.36	57.67
41	57.98	58.29	58.60	58.91	59.22	59.54	59.85	60.17	60.49	60.81
42	61.13	61.46	61.78	62.11	62.43	62.76	63.10	63.43	63.76	64.10
43	64.43	64.77	65.11	65.45	65.80	66.14	66.49	66.84	67.19	67.54
44	67.89	68.24	68.60	68.96	69.33	69.68	70.04	70.40	70.77	71.13
45	71.50	71.87	72.25	72.62	72.99	73.37	73.75	74.13	74.51	74.90
46	75.28	75.67	76.06	76.45	76.84	77.24	77.63	78.03	78.43	78.83
47	79.23	79.64	80.04	80.45	80.86	81.27	81.69	82.10	82.52	82.94
48	83.36	83.78	84.21	84.63	85.06	85.49	85.92	86.36	86.79	87.23
49	87.67	88.11	88.55	89.90	89.45	89.90	90.35	90.80	91.25	91.71
50	92.17	92.63	93.09	93.56	94.03	94.50	94.97	95.44	95.91	96.39

注：1 mmHg = 0.133 kPa。

参 考 文 献

［1］陈克敏.实验生理科学教程［M］.北京：科学出版社，2001.

［2］丁报春，尤家騄，马建中.生理科学实验教程［M］.北京：人民卫生出版社，2007.

［3］高兴亚，戚晓红，董榕，等.机能实验学［M］.3版.北京：科学出版社，2018.

［4］龚永生.医学机能实验学［M］.2版.北京：高等教育出版社，2019.

［5］胡还忠，牟阳灵.医学机能学实验教程［M］.4版.北京：科学出版社，2016.

［6］金天明.动物生理学实验教程［M］.北京：清华大学出版社，2012.

［7］雷治海.动物解剖学［M］.北京：科学出版社，2015.

［8］林浩然，刘晓春.鱼类生理学实验技术和方法［M］.广州：广东高等教育出版社，2006.

［9］林浩然.鱼类生理学［M］.广州：中山大学出版社，2011.

［10］刘少金，胡祁生.生理学实验指导［M］.武汉：武汉大学出版社，2001.

［11］刘宗柱，战新梅.动物生理学实验［M］.北京：高等教育出版社，2017.

［12］陆源，夏强.生理科学实验教程［M］.2版.杭州：浙江大学出版社，2012.

［13］栾新红.动物生理学实验指导［M］.北京：高等教育出版社，2012.

［14］沈岳良，陈莹莹.现代生理学实验教程［M］.3版.北京：科学出版社，2006.

［15］孙敬方.动物实验方法学［M］.北京：人民卫生出版社，2001.

［16］孙久荣，黄玉芝.生理学实验［M］.北京：北京大学出版社，2005.

［17］王国杰.动物生理学实验［M］.4版.北京：中国农业出版社，2008.

［18］王鸿利.实验诊断学［M］.2版.北京：人民卫生出版社，2010.

［19］魏香，谢佐平，苏付荣.生理学实验指导［M］.北京：清华大学出版社，2005.

［20］温海深.现代动物生理学实验技术［M］.青岛：中国海洋大学出版社，2009.

［21］伍莉，黄庆洲.动物生理学实验［M］.重庆：西南师范大学出版社，2013.

［22］萧家思.医用机能实验指导［M］.北京：高等教育出版社，2000.

［23］解景田，刘燕强，崔庚寅.生理学实验［M］.4版.北京：高等教育出版社，2016.

［24］杨秀平，肖向红，李大鹏.动物生理学［M］.3版.北京：高等教育出版社，2016.

［25］张才乔.动物生理学实验［M］.2版.北京：科学出版社，2014.